计算机类本科规划教材

Linux 系统程序设计教程

主　编　王　凯

副主编　杨　光　窦　乔　杨俊伟
余新桥　孙　斌

電子工業出版社
Publishing House of Electronics Industry
北京 • BEIJING

内 容 简 介

本书基于 Linux 内核，以 RedHat Linux 平台为例，介绍 Linux 系统程序设计的基础知识，为准备学习 Linux 系统程序开发的初学者提供方便快捷的途径。

全书共 12 章。第 1 章介绍 Linux 操作系统的基本使用方法；第 2 章介绍 Linux 平台下进行 C 语言开发需要的各种工具；第 3 章介绍 Linux 平台下常用的编程基础知识；第 4～6 章介绍文件、文件属性、目录文件相关的编程理论和方法；第 7、8 章介绍进程和线程的编程方法；第 9～11 章介绍信号、管道、信号量、共享内存、消息队列、套接字 6 种进程间通信方式；第 12 章介绍两个贯穿本书大多数知识点的综合案例。

本书可作为高等院校计算机科学与技术、软件工程、物联网工程等相关专业“Linux 程序设计”相关课程的教材，同时可供本科高年级学生自学使用，也可以作为相关工程技术人员和计算机爱好者的参考书。

图书在版编目（CIP）数据

Linux系统程序设计教程/王凯主编. —北京：电子工业出版社，2019.1
计算机类本科规划教材
ISBN 978-7-121-35855-5

Ⅰ. ①L… Ⅱ. ①王… Ⅲ. ①Linux操作系统－高等学校－教材 Ⅳ. ①TP316.85

中国版本图书馆 CIP 数据核字(2018)第 292039 号

责任编辑：凌　毅
印　　刷：三河市双峰印刷装订有限公司
装　　订：三河市双峰印刷装订有限公司
出版发行：电子工业出版社
　　　　　北京市海淀区万寿路 173 信箱　邮编：100036
开　　本：787×1 092　1/16　印张：18　字数：496 千字
版　　次：2019 年 1 月第 1 版
印　　次：2023 年 11 月第 9 次印刷
定　　价：45.00 元

凡所购买电子工业出版社图书有缺损问题，请向购买书店调换。若书店售缺，请与本社发行部联系。联系及邮购电话：(010)88254888，88258888。

质量投诉请发邮件至 zlts@phei.com.cn，盗版侵权举报请发邮件至 dbqq@phei.com.cn。

本书咨询联系方式：(010)88254528，lingyi@phei.com.cn。

前　言

Linux 内核最初是由芬兰人 Linus Benedict Torvalds 在赫尔辛基大学上学时编写的。1991 年，Linus Benedict Torvalds 第一次发布了 Linux 内核，随后采用 GPL 协议，自此以后越来越多的程序员参与了 Linux 内核代码的编写和修改工作。目前 Linux 系统在服务器和超级计算机领域占据绝对主导地位，在手机系统领域（Android）也是占据了近三分之二的市场，另外在车载终端、智能电视等智能设备方面也占据了很大的市场份额。因此，对于 Linux 系统的使用和编程，是计算机爱好者和嵌入式领域工程技术人员非常重要的一项技能。

本书主要介绍基于 Linux 平台的文件、进程、进程间通信相关的编程理论和方法，共 12 章。第 1 章介绍 Linux 操作系统的基本使用方法；第 2 章介绍 Linux 平台下进行 C 语言开发需要的各种工具；第 3 章介绍 Linux 平台下常用的编程基础知识；第 4～6 章介绍文件、文件属性、目录文件相关的编程理论和方法；第 7、8 章介绍进程和线程的编程方法；第 9～11 章介绍信号、管道、信号量、共享内存、消息队列、Socket 6 种进程间通信方式；第 12 章介绍两个贯穿本书大多数知识点的综合案例。

本书的内容包括知识讲解和技能训练，并以案例为核心，将知识与技能有机地结合在一起。本书以典型的 Linux 系统综合案例为主线贯穿全书展开各部分的知识讲解。在每一章中除介绍相关知识外，还辅以若干个小案例的训练，从而将知识转化为解决问题的技能。

本书各章节关系图如下：

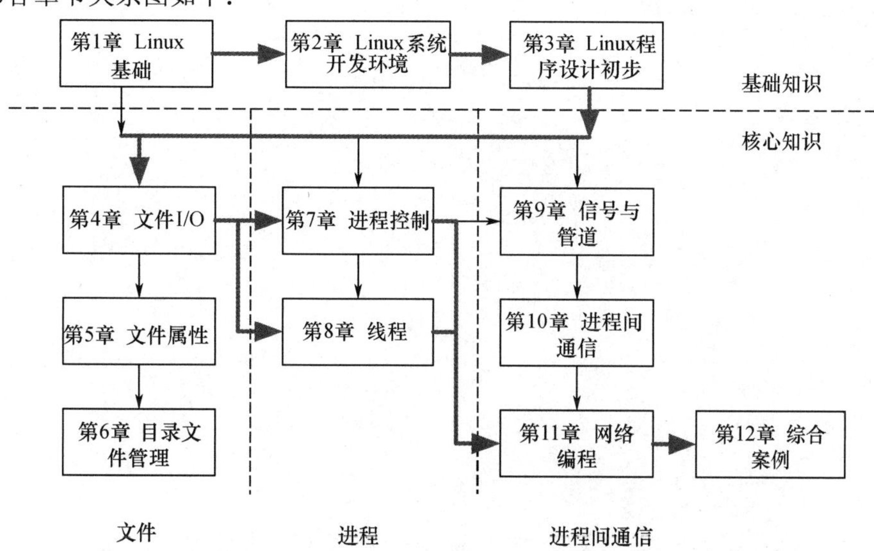

*粗线走向为综合案例贯穿本书的各个章节顺序。

*细线走向为本书中相对独立的三大知识体系：文件（第 4、5、6 章），进程（第 7、8 章），进程间通信（第 9、10、11 章）；第 1、2、3 章是这三大知识体系的支撑。

本书主要针对具有一定的 C 语言编程基础的读者，可作为高等院校计算机科学与技术、软件工程、物联网工程等相关专业“Linux 程序设计”相关课程的教材，同时可供本科高年级学生自学使用，也可以作为相关工程技术人员和计算机爱好者的参考书。

本书配有电子课件、源程序代码、习题解答等教学资源，读者可以登录华信教育资源网（www.hxedu.com.cn）注册后免费下载。

参与编写本书的都是具有丰富一线教学经验的老师，在操作系统、Linux 管理与应用、C/C++编程开发、嵌入式软件开发、移动应用软件开发等领域具有多年的教学和实践经验。本书由王凯担任主编，杨光、窦乔、杨俊伟、余新桥、孙斌担任副主编，其中余新桥负责编写第1章，王凯负责编写第2、3、11章，孙斌负责编写第4、5、6章，杨俊伟负责编写第8章，杨光负责编写第7、9、10章，窦乔负责编写第12章。全书最后由王凯负责统稿和定稿。此外，李瑛达、陈艳秋、张福艳、李宁宁、高志君、郑纯军、贾宁等为本书做了大量的工作，在此表示感谢。

由于时间和作者的水平有限，书中难免有错误和不妥之处，请各位读者，特别是同行专家批评指正（E-mail：wk3113@163.com）。

编者

2018年12月

目　　录

第 1 章　Linux 基础

操作系统是程序运行的平台和基础，因此读者首先要对 Linux 系统有一定的了解，才能进一步掌握在 Linux 系统上进行 C 语言程序设计的技能，完成 Linux 网络传输系统的开发。

本章设置了一个 SSH（Secure Shell）虚拟终端及登录的案例作为学习本章知识点后要完成的任务。该案例主要涉及远程登录访问基于 Linux 系统的服务器端，并使用常用命令对其操作。该案例要求在 Windows 中远程访问虚拟机的 Linux 系统，使用命令创建本书中所需的各章节目录，然后将这些目录下载到 Windows 的某个文件夹中。该案例涉及 Linux 命令及 SSH 客户端软件。

本章内容主要包括 UNIX/Linux 的发展历史和特点、库函数、系统调用及 Linux 常用命令。

1.1　UNIX/Linux 简介

UNIX 与 Linux 是当今主流的操作系统，通过它们的发展历史和特点，可以了解到 UNIX/Linux 系统从诞生到发展壮大的全过程，并可以理解它们成为主流操作系统的原因。

1.1.1　UNIX 简介

UNIX 是一种多用户、多任务、功能强大的操作系统，这个强大的操作系统的形成是逐步发展起来的。

1965 年，麻省理工学院、AT&T 贝尔实验室和通用电气合作进行了一个操作系统项目 Multics（Multiplexed Information and Computing System），Multics 被设计运行在 GE-645 大型主机上，但是由于整个目标过于庞大，1969 年该项目以失败告终。

AT&T 贝尔实验室的 Ken Thompson 为 Multics 系统编写了一个“Space Travel”游戏，运行速度很慢且耗费昂贵。项目失败后，为使游戏能继续运行，Ken 和 Dennis Ritchie 在贝尔实验室的一台 PDP-7 上用汇编语言开发了一个操作系统原型，用来运行这个游戏。

1971 年，Ken 申请了一台 PDP-11/24，并在其上开发了 UNIX 的第 1 版。1973 年，Ken 与 Dennis Ritchie 认为汇编语言编写的系统不容易移植，于是他们用 C 语言重新编写了 UNIX 的第 3 版内核。

UNIX 的产生引起了学术界的广泛兴趣，所以 UNIX 的第 5 版源代码被提供给各大学作为教学之用，成为当时操作系统课程中的范例。各大学及公司开始通过 UNIX 源代码对 UNIX 进行了各种各样的改进和扩展。于是，UNIX 开始广泛流行。

1978 年，加州大学伯克利分校推出了以第 6 版为基础并加上一些改进和新功能的 UNIX 版本。这就是著名的“1 BSD（1st Berkeley Software Distribution）”，从而开创了 UNIX 的另一个分支：BSD 系列。同时期，AT&T 成立 USG（UNIX Support Group），将 UNIX 变成商业化的产品。从此，伯克利分校的 UNIX 便和 AT&T 的 UNIX 分庭抗礼，UNIX 就分为 System 和 BSD 这两大主流，各自蓬勃发展。

1982 年，AT&T 基于第 7 版开发了 UNIX System Ⅲ的第一个版本，这是一个商业版本，仅供出售。为了解决 UNIX 版本混乱的情况，AT&T 综合了其他大学和公司开发的各种 UNIX，开发了 UNIX System V Release 1，这个新的 UNIX 商业发布版本不再包含源代码。

同时，其他一些公司也开始为自己的小型机或工作站开发商业版本的 UNIX 系统，有些选择 System V 作为基础版本，有些则选择了 BSD。BSD 的一名主要开发者 Bill Joy 在 BSD 基础上开发了 SunOS，并最终创办了 Sun Microsystems 公司。

BSD UNIX 不断增强的影响力引起了 AT&T 的关注，1992 年，USL（UNIX Systems Laboratories）正式对 BSD（Berkeley Software Design，Inc.）提起诉讼，声称 BSD 剽窃了他们的源代码。后来 AT&T 卖掉了 UNIX 系统实验室，接手的 Novell 公司允许伯克利分校自由发布自己的 BSD，但前提是必须将来自 AT&T 的源代码完全删除，于是诞生了 4.4 BSD Lite 版。这个版本不存在法律问题，于是 4.4 BSD Lite 版成为了现代 BSD 系统的基础版本。

此后的几十年中，UNIX 版权所有者不断变更，授权者的数量也在增加。很多大公司在取得了 UNIX 的授权之后，开发了自己的 UNIX 产品，比如 IBM 的 AIX、HP 的 HPUX、Sun 的 Solaris 和 SGI 的 IRIX。

UNIX 因其安全可靠、高效强大的特点在服务器领域得到了广泛的应用。直到 GNU/Linux 开始流行前，UNIX 一直是科学计算、大型机、超级计算机等所用的主流操作系统。

1.1.2 UNIX 体系结构

UNIX 系统的体系结构如图 1.1 所示。

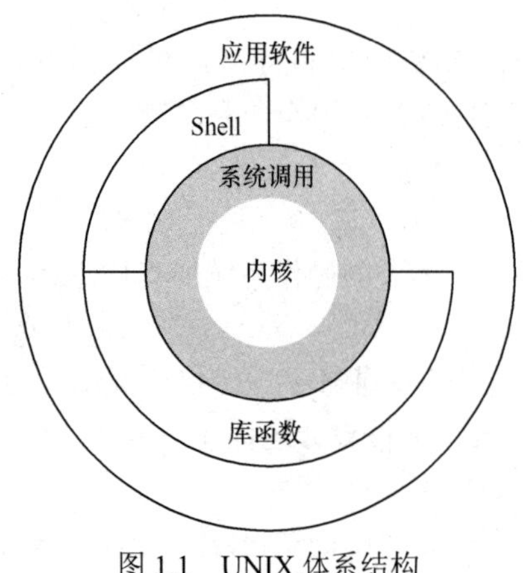

图 1.1 UNIX 体系结构

内核：一组软件的集合，用来控制计算机硬件资源，提供程序运行环境。

系统调用：获取内核服务的接口。

Shell：一个特殊的应用程序，是用户和内核之间交互的界面。

库函数：构建在系统调用之上，获取一些功能的接口。

应用软件：用户使用的应用程序，基于 Shell、系统调用或库函数实现。

1.1.3 Linux 简介

UNIX 系统因其可靠和功能强大等特点广泛应用于服务器领域，同时又由于其价格昂贵，因此对于广大的 PC 用户，软件行业的大型供应商始终没有给出有效的解决方案。正在此时，出现了 MINIX 系统。

MINIX 系统是由荷兰人 Andrew S.Tanenbaum 于 1987 年开发的，主要用于学生学习操作系统原理，并且是免费使用的。

Linux 系统的创始者 Linus Benedict Torvalds 在芬兰大学学习的时候使用的就是 MINIX 系统。1991 年初，Linus 开始在一台 386 兼容微机上学习 MINIX 系统。通过学习，他逐渐不能满足于 MINIX 系统的性能，并开始酝酿开发一个新的免费操作系统。1991 年 10 月 5 日，Linus 在 comp.os.minix 新闻组上发布消息，正式向外宣布 Linux 内核系统的诞生。

Linux 系统刚开始时并不叫作 Linux，Linus 给他的操作系统取名为 FREAX，其英文含义是怪诞的、怪物、异想天开等。在他将新的操作系统上传到 ftp.funet.fi 服务器时，管理员 Ari Lemke 很不喜欢这个名称，认为既然是 Linus 开发的操作系统，就取其谐音 Linux 作为该操作系统的名称，于是 Linux 这个名称就开始流传开来。

Linux 系统主要版本的变迁见表 1.1。

表 1.1　Linux 系统主要版本的变迁

时间	版本	特　点
1994 年 3 月	Linux 1.0	仅支持单 CPU 系统
1995 年 3 月	Linux 1.2	第一个包含多平台（Alpha，Sparc，Mips 等）支持的官方版本
1996 年 6 月	Linux 2.0	包含很多新的平台支持，但最重要的是，它是第一个支持 SMP（对称多处理器）体系的内核版本
1999 年 1 月	Linux 2.2	SMP 系统上性能的极大提升，同时支持更多的硬件
2001 年 1 月	Linux 2.4	进一步提升了 SMP 系统的扩展性，同时集成了很多用于支持桌面系统的特性：USB，PC 卡（PCMCIA）的支持，内置的即插即用，等等
2003 年 12 月	Linux 2.6	模块子系统、统一设备模型和 PnP 支持模块子系统的改变；稳定性有所提高；NUMA、NPTL 的支持；新的调度器算法；支持更多的设备等
2011 年 7 月	Linux 3.0	改进了对虚拟化和文件系统的支持，对于内核开发并没有表现出里程碑似的特征
2015 年 4 月	Linux 4.0	实时内核补丁，可以实时修补内核，而无须重启；改进图形支持，支持显示端口的音频输出，改良风扇控制；开始对 Carrizo APU 进行开发；改进对 N 系显示方案的支持；存储系统方面的改进，包括 pNFS、Btrfs RAID 5/6 的相关支持；支持更多的硬件，包括 Intel Quark SoC 以及更多 ARM 设备、IBM z13，改进了对东芝系列笔记本电脑、罗技输入设备的支持

1.1.4　Linux 版本说明

关于 Linux 的版本有两种不同的叫法：一种是内核版本，一种是发行版本。

1. 内核版本

内核指的是一个提供硬件抽象层、磁盘及文件系统控制、多任务等功能的系统软件。一个内核不是一套完整的操作系统，只有基于 Linux 内核且增加了一些外围功能的软件才能叫操作系统。

Linux 内核使用 3 种不同的版本编号方式。

第一种方式用于 1.0 版本之前（包括 1.0）。第一个版本是 0.01，紧接着是 0.02、0.03、0.10、0.11、0.12、0.95、0.96、0.97、0.98、0.99 和之后的 1.0。

第二种方式用于 1.0 版本之后到 2.6 版本，数字由 3 部分“A.B.C”组成，A 代表主版本号，B 代表次主版本号，C 代表较小的末版本号。只有在内核发生很大变化时，A 才变化。可以通过数字 B 来判断 Linux 系统是否稳定，偶数的 B 代表稳定版，奇数的 B 代表开发版。C 代表一些 bug 修复、安全更新、新特性和驱动的次数。以版本 2.4.0 为例，2 代表主版本号，4 代表次版本号，0 代表改动较小的末版本号。在版本号中，序号的第二位为偶数的版本表明这是一个可以使用的稳定版本，如 2.2.5，而序号的第二位为奇数的版本一般有一些新的东西加入，是一个并不稳定的测试版本，如 2.3.1。稳定版本的版本号来源于上一个测试版本的升级版本号，而一个稳定版本发展到完全成熟后就不再发展。

第三种方式从 2004 年的 2.6.0 版本开始使用，即使用“time-based”的方式。在 Linux 2.6 的开发过程中，内核版本的编号方式发生了很大的变化。主要的变化在于第二个数字已经不再用于表示一个内核是稳定版本还是正在开发中的版本。因此，内核开发者在当时的 2.6 版本中对内核进行了大幅改进。只有在内核开发者必须对内核的重大修改进行测试时，才会采用一个新的内核分支 2.7。这种 2.7 的分支要么产生新的版本，要么丢弃所修改的部分而回到 2.6 版本。这样一来，两个具有相同版本号、不同发布号的内核就可能在核心部件和基本算法上有很大的差别，于是具有新发布号的内核可能潜藏着不稳定性和各种错误。为了解决这个问题，内核开发者可能发布带有补丁程序的内核版本，并用第 4 位数字表示带有不同补丁的内核版本，如 2.6.35.12。因此，2.6 版本是一种“A.B.C.D”格式，前两个数字 A.B 即“2.6”保持不变，C 随着新版本的发布而增加，D 代表一些 bug 修复、安全更新、新特性和驱动的次数。3.0 版本之后采用“A.B.C”格式，B 随着新版本的发布而增加，C 代表一些 bug 修复、安全更新、新特性和驱动的次数。第三种方式中不再使用偶数代表稳定版本、奇数代表开发版本的命名方式，如 3.7.0 代表的不是开发版本，而是稳定版本。

2．发行版本

一些组织或厂家将 Linux 系统的内核与外围实用程序和文档包装起来，并提供一些系统安装界面和系统配置、设定与管理工具，这样就构成了一种发行（distribution）版本，实际上就是 Linux 内核再加上外围实用程序组成的一个大软件包。

发行版本的版本号随发布者的不同而不同，如 SUSE、RedHat、Ubuntu、Slackware 等，RedHat Linux 9.0 或 Ubuntu 10.10 指的就是一种发行版本号。

1.1.5　Linux 特点

1．开放性

开放性是指系统遵循世界标准规范，特别是遵循开放系统互连（OSI）国际标准。凡遵循国际标准所开发的硬件和软件，都能彼此兼容，从而方便地实现互连。

2．多用户

多用户是指系统资源可以被不同用户各自使用，即每个用户对自己的资源（例如，文件、设备）有特定的权限，互不影响。Linux 和 UNIX 都具有多用户的特性。

3．多任务

多任务是现代计算机的最主要的一个特点。它是指计算机同时执行多个程序，而且各个程序的运行互相独立。Linux 系统调度每一个进程，平等地访问微处理器。由于 CPU 的处理速度非常快，因此各种应用程序好像在并行运行。事实上，从微处理器执行应用程序中的一组指令到 Linux 调度微处理器再次运行这个程序之间只有很短的时间延迟，用户是感觉不出来的。

4．良好的用户界面

Linux 为用户提供了两种系统界面：用户界面和系统调用。

Linux 的传统用户界面是基于文本的命令行界面，即 Shell，用户可以通过 Shell 程序与内核进行交互。除此之外，Shell 还有很强的程序设计能力，用户可以方便地用它编制程序，从而为用户扩充系统功能提供了更高级的手段。

Linux 还为用户提供了图形用户界面。通过鼠标、菜单、窗口、滚动条等工具，Linux 为用户呈现一个直观、易操作、交互性强的友好的图形化界面。

系统调用是包围在内核外层的界面，用户可以在编程时直接使用 Linux 系统提供的系统调用。系统通过这个界面为用户程序提供底层的、高效率的服务。

5．设备独立性

设备独立性是指操作系统把所有外部设备统一当成文件来看待，只要安装好设备驱动程序，任何用户都可以像使用文件一样，操纵、使用这些设备，而不必知道它们的具体存在形式。

具有设备独立性的操作系统，通过把每一个外围设备看作一个独立文件来简化增加新设备的工作。当需要增加新设备时，系统管理员就在内核中增加必要的连接。这种连接（也称作设备驱动程序）保证每次调用设备提供服务时，内核以相同的方式来处理它们。当新的或更好的外部设备被开发并交付给用户时，在这些设备连接到内核后，用户就能不受限制地立即访问它们。

设备独立性的关键在于内核的适应能力。不具有设备独立性的操作系统只允许一定数量或一定种类的外部设备连接。而具有设备独立性的操作系统能够容纳任意种类及任意数量的外部设备，因为每一个外部设备都是通过其与内核的专用连接独立进行访问的。

Linux 是具有设备独立性的操作系统，其内核具有高度适应能力。随着更多的程序员加入 Linux 编程，会有更多外部设备加入各种 Linux 内核和发行版本中。另外，由于用户可以免费得到 Linux 的内核源代码，因此用户可以修改内核源代码，以便适应新增加的外部设备。

6. 丰富的网络功能

完善的内置网络是 Linux 的一大特点。Linux 在通信和网络功能方面优于其他操作系统：其他操作系统不包含如此紧密地和内核结合在一起的连接网络的能力，也没有内置这些联网特性的灵活性。Linux 为用户提供了完善的、强大的网络功能。

首先，Linux 免费提供了大量支持 Internet 的软件。Internet 是在 UNIX 中建立并繁荣起来的，用户能用 Linux 与世界上的其他人通过 Internet 进行通信。

其次，用户能通过一些 Linux 命令完成内部信息或文件的传输。

最后，Linux 不仅允许进行文件和程序的传输，它还为系统管理员和技术人员提供了访问其他系统的窗口。通过这种远程访问的功能，系统管理员和技术人员能够有效地为多个系统服务，即使那些系统位于相距很远的地方。

7. 可靠的系统安全

Linux 采取了许多安全技术措施，包括对读写进行权限控制、带保护的子系统、审计跟踪、核心授权等，为网络多用户环境中的用户提供了必要的安全保障。

8. 良好的可移植性

可移植性是指将操作系统从一个平台转移到另一个平台时它仍然能按其自身的方式运行的能力。

Linux 是一种可移植的操作系统，能够在从微型计算机到大型计算机的任何环境中和任何平台上运行。可移植性为运行 Linux 的不同计算机平台与其他任何机器进行准确而有效的通信提供了手段，不需要另外增加特殊的和昂贵的通信接口。

1.2 库函数与系统调用

操作系统提供应用程序要求的服务，所有的操作系统都提供多种服务的入口点，程序由此向内核请求服务。各种版本的 UNIX 都提供定义明确、数量有限、可直接进入内核的入口点，这些入口点被称为系统调用。从图 1.2 中可以看出，系统调用是紧贴内核的一层，可以说系统调用是程序获取内核服务的接口，Linux 的不同版本提供了 240～260 个系统调用，见附录 A。

从用户角度观察，系统调用和库函数之间的区别不是特别重要。它们都以 C 函数形式出现，提供给用户一种功能实现的接口，需要用户输入指定的参数，调用结束得到指定的返回值。

从实现者角度观察，两者的区别就很大了。

● 库函数是在系统调用上层的函数，库函数一般指程序员可以使用的通用函数。虽然这些函数可能会调用一个或多个内核的系统调用，但是它们并不是内核的入口点。例如，printf函数会调用 write 系统调用以输出一个字符串，但函数 strcpy（复制一字符串）和 atoi（将 ASCII 转换为整数）并不使用任何系统调用。

● 在 Linux 下，每个系统调用由两部分组成。

① 核心函数：是实现系统调用功能的代码，作为操作系统的核心驻留在内存中，是一种共享代码，运行在核心态。

② 接口函数：是提供给应用程序的 API，以库函数的形式存在于 Linux 的库 lib.a 中，该库中存放了所有系统调用的接口函数的目标代码，用汇编语言书写。其主要功能是把系统调用号、入口参数地址传给相应的核心函数，并使用户态下运行的应用程序陷入核心态。

用户编写程序时，有时可以调用库函数也可以调用系统调用来实现具体的功能。

总之，可以这样理解：系统调用与库函数从形式上来说是一样的，都以 C 语言函数形式存在，但系统调用比库函数更底层；或许从用户角度来看它们完成的功能相同，然而从实现者角度来看差别很大。

另外，Linux 系统中使用的外部命令本质上就是可执行文件，这些可执行文件是使用系统调用或库函数编写的程序经过编译生成的。

系统调用、库函数、外部命令之间的关系如图 1.2 所示。

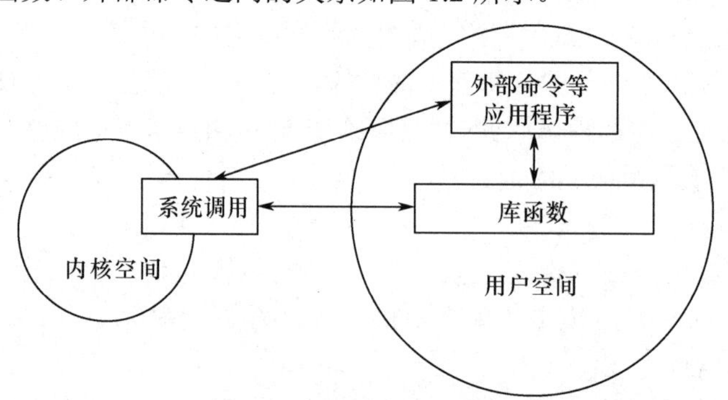

图 1.2　系统调用、库函数、外部命令之间的关系

1.3　Linux 常用命令

作为 Linux 的用户，掌握常用的 Shell 命令是必要的。尽管现在所提供的图形化界面操作起来更加直观、方便，但是 Shell 命令所提供的功能更加强大，执行效率更高。而且在很多环境下，只能进行 Shell 命令操作。下面介绍常用的 Linux 命令，供本章项目的完成和后续章节的学习参考。

1.3.1　用户和用户组命令

1. useradd 命令

【格式】useradd　[选项]　用户名

【功能】新建用户账号。只有超级用户才能使用此命令。

【选项】

-c　　全称　　指定用户的全称，即用户的注释信息。

-d　　主目录　　指定用户的主目录。

-g　　组 ID　　指定用户所属的主要组。

-G　　组 ID　　指定用户所属的附加组。

-s　　登录 Shell　　指定用户登录后启动的 Shell 类型。

-u　　用户 ID　　指定用户的 ID。

【举例】

```
# useradd   NewUser
```

【说明】

当不使用任何选项时，Linux 系统将按照默认值新建用户。系统将在/home 目录新建与用户同名的子目录作为该用户的主目录，并且还将新建一个与用户同名的组作为该用户的主要组。该用户的登录 Shell 为 Bash，UID 由系统决定。

使用 useradd 命令新建用户账号，将在/etc/passwd 文件和/etc/shadow 文件中增加新用户的记录。如果同时还新建了同名的组，那么将在/etc/group 文件和/etc/gshadow 文件中增加记录。

2．passwd 命令

【格式】passwd [-dkls][-u <-f>][用户名]

【功能】设置密码。

【选项】

-d　　用户名　　删除密码。本参数仅有超级用户才能使用。

-k　　用户名　　只能在密码过期失效后设置。

-l　　用户名　　锁住密码。

-s　　用户名　　列出密码的相关信息。本参数仅有超级用户才能使用。

-u　　用户名　　解开已上锁的账号。

-f　　用户名　　强制执行。

【举例】

```
#passwd   NewUser
```

屏幕将出现如下提示信息：

```
Changing password for user NewUser.
New UNIX password:
Retype new UNIX password:
passwd: all authentication tokens updated successfully.
```

注意：在输入密码时屏幕上是不会出现任何提示的。

【说明】

passwd 命令让用户可以更改自己的密码，而超级用户则能用它管理系统用户的密码。只有超级用户可以指定用户名，普通用户只能变更自己的密码。

3．userdel 命令

【格式】userdel　[-r]　用户名

【功能】删除指定的用户账号，只有超级用户才能使用此命令。

【选项】

-r　　用户名　　系统不仅将删除此用户账号，并且还将用户的主目录也一并删除。

如果不使用“-r”选项，则仅删除此用户账号。

【举例】

```
# userdel   -r   NewUser
```

【说明】

如果在新建该用户时创建了同名的组，而该组当前没有其他用户，那么在删除用户的同时也将一并删除这个组。正在使用系统的用户不能被删除，必须在终止该用户所有的进程后才能删除该用户。

4．groupadd 命令

【格式】groupadd [选项]　组名

【功能】新建组，只有超级用户才能使用此命令。

【选项】

-g　　组 ID　　指定新建组的 ID。

【举例】

```
# groupadd   NewUsers
```

【说明】

利用 groupadd 命令新建组时，如果不指定 GID，则其 GID 由系统指定。groupadd 命令的执行结果将在/etc/group 文件和/etc/gshadow 文件中增加一行记录。

5．groupdel 命令

【格式】groupdel　组名

【功能】删除指定的组，只有超级用户才能使用此命令。在删除指定组之前，必须保证该组群不是任何用户的主要组，否则需要首先删除那些以此组作为主要组的用户，才能删除该组。

【举例】

```
# groupdel   NewUsers
```

1.3.2　文件和目录命令

1．mkdir 命令

【格式】mkdir　[选项]　目录

【功能】创建目录。

【选项】

-m　访问权限　　设置目录的权限。

-p　目录树　　　一次创建多级目录。

【举例】

```
# mkdir   -p   directory/list
```

2．mv 命令

【格式】mv　[选项]　源文件或目录　目的文件或目录

【功能】移动或重命名文件或目录。

【选项】

-b　若存在同名文件，则覆盖之前先备份原来的文件。

-f　强制覆盖同名文件。

【举例】

```
# mv   neu   neusoft
# mv   neusoft   ../
```

3．cp 命令

【格式】cp　[选项]　源文件或目录　目的文件或目录

【功能】复制文件或目录。

【选项】

-b 若存在同名文件，则覆盖之前先备份原来的文件。

-f 强制覆盖同名文件。

-r 按递归方式，保留原目录结构进行复制。

【举例】

```
# cp -b  neu  neusoft
```

4．rm 命令

【格式】rm [选项] 文件或目录

【功能】删除文件或目录。

【选项】

-f 强制删除，不出现确认信息。

-r 按递归方式删除目录。

【举例】

```
# rm  -rf  directory
```

5．chmod 命令

【格式 1】chmod 数字模式 文件

【格式 2】chmod 功能模式 文件

【功能】修改文件的访问权限。

数字模式为一组 3 位的数字，如表 1.2 所示。

表 1.2 文件权限的数字表示

字母表示	数字表示	权限	字母表示	数字表示	权限
---	0	无	r--	4	可读
--x	1	可执行	r-x	5	可读可执行
-w-	2	可写	rw-	6	可读可写
-wx	3	可写可执行	rwx	7	可读可写可执行

功能模式可由以下 3 部分组成。

对象： u 文件所有者

g 同组用户

o 其他用户

操作符： + 增加权限

\- 删除权限

= 赋予给定权限

权限： r 读取权限

w 写入权限

x 执行权限

【举例】

（1）查看 test 文件原来的详细信息：

```
# ls  -l  test
-rw-rw-r-- 1 root root 9 Mar 12 13:01 test
```

（2）修改 test 文件权限为删除写权限：

```
# chmod   g-w   test
```

（3）再次查看 test 文件的详细信息：

```
# ls   -l   test
-rw-r--r-- 1 root root 9 Mar 12 13:01 test
```

6. chgrp 命令

【格式】chgrp　组　文件

【功能】修改文件所属的组。

【举例】

（1）查看 test 文件原来的详细信息：

```
# ls   -l   test
-rw-rw-r-- 1 root root 9 Mar 12 13:01 test
```

（2）修改 test 文件所属组为 NewUser：

```
# chgrp   NewUsers   test
```

（3）再次查看 test 文件的详细信息：

```
# ls   -l   test
-rw-rw-r-- 1 root NewUsers 9 Mar 12 13:01 test
```

7. chown 命令

【格式】chown　文件所有者[.组]　文件

【功能】改变文件的所有者，也可以一并修改文件的所属组。

【举例】

（1）查看 test 文件原来的详细信息：

```
# ls   -l   test
-rw-rw-r-- 1 root root 9 Mar 12 13:01 test
```

（2）修改 test 文件所有者为 NewUser：

```
# chown   NewUser   test
```

（3）再次查看 test 文件的详细信息：

```
# ls   -l   test
-rw-rw-r-- 1 NewUser NewUsers 9 Mar 12 13:01 test
```

1.3.3　进程命令

1. ps 命令

【格式】ps　[选项]

【功能】显示进程的状态。无选项时，显示当前用户在当前终端启动的进程。

【选项】

-a	显示当前终端上所有的进程，包括其他用户的进程信息。
-e	显示系统中的所有进程，包括其他用户进程和系统进程的信息。
-l	显示进程的详细信息，包括父进程号、进程优先级等。
u	显示进程的详细信息，包括 CPU 和内存的使用率等。
x	显示后台进程的信息。
-t　终端号	显示指定终端上的进程信息。

【举例】

```
# ps   u
```

ps 命令的某次运行结果如图 1.3 所示。

```
[root@localhost root]# ps u
USER       PID %CPU %MEM   VSZ  RSS TTY      STAT START   TIME COMMAND
root     13349  3.0  0.7  5592 1396 pts/0    S    09:25   0:00 -bash
root     13384  3.0  0.3  2636  684 pts/0    R    09:25   0:00 ps u
```

图 1.3　ps 命令运行结果

主要输出项说明：

%CPU　　CPU 的使用率

%MEM　　内存的使用率

STAT　　进程的状态

START　　进程的开始时间

PID　　进程号

TIME　　进程的运行时间

TTY　　进程所在终端的终端号

2．kill 命令

【格式 1】kill　[选项]　进程号

【格式 2】kill　%作业号

【功能】终止正在运行的进程或作业。超级用户可终止所有的进程，普通用户只能终止自己启动的进程。

【选项】

-9　当无选项的 kill 命令不能终止进程时，可强行终止指定进程。

【举例】

```
#kill　2682
```

1.3.4　获取帮助信息

Linux 系统在安装过程中可以选择安装联机帮助手册，可以使用 man 命令来显示联机帮助手册的条目。

联机帮助手册共有 8 个常见章节（或称为段），如表 1.3 所示。

表 1.3　联机帮助手册章节

章节号	内　　容
1	用户命令（env、ls、echo、mkdir、tty）
2	系统调用或内核函数（link、sethostname、mkdir）
3	库函数（acosh、asctime、btree、locale）
4	与设备相关的信息（isdn_audio、mouse、tty、zero）
5	文件格式描述（keymaps、motd、wvdial.conf）
6	游戏（许多游戏是图形化的）
7	杂项（arp、boot、regex、unix utf8）
8	系统管理（debugfs、fdisk、fsck、mount、renice、rpm）

联机帮助手册还可能包括：9 表示 Linux 内核文档，n 表示新文档，o 表示旧文档，l 表示本地文档。

有时，某些条目会出现在多个章节中，如 mkdir 出现在章节 1 和 2 中，即代表有命令 mkdir，还有系统调用 mkdir。用户可以指定一个特定的章节，如使用命令“man 2 mkdir”可以查看确切的帮助信息。

在编程过程中，可以使用 man 命令查看比较常用的命令、系统调用、库函数、配置文件的帮助信息。

有关 man 命令的使用方法说明如下。

【格式】man[-adfhktwW] [-section] [-M path] [-P pager] [-S list] [-m system] [-p string] title…

【选项】

-a	显示所有匹配项。
-d	显示 man 查找手册文件时的搜索路径信息，不显示手册页面内容。
-f	同命令 whatis，将在 whatis 数据库查找以关键字开始的帮助索引信息。
-h	显示帮助信息。
-k	同命令 apropos，将搜索 whatis 数据库，模糊查找关键字。
-t	使用 troff 命令格式化输出手册页面。默认：groff 输出格式页面。
-w|-W	如果不带 title 参数，则打印 MANPATH 变量；如果带 title 参数，则打印找到的 title 所在的手册文件路径，默认搜索一个文件后停止。
-section	指定某个段内搜索相关条目，如果省略，则搜索所有的手册段。section 取值可以为 1～8，来指明要查看的帮助信息。
-M path	指定搜索手册的路径。
-P pager	使用程序 pager 显示手册页面，默认是/usr/bin/less。
-S list	指定搜索的领域及顺序。如 man 3:1 prinft，将先搜索 man 的第 3 章节，如果没搜到，再搜索 man 的第 1 章节。
-m system	依所指定的 system 名称而指定另一组的联机帮助手册。
-p string	指定通过 groff 格式化手册之前，先通过其他程序格式化手册。

【举例】

（1）显示 passwd 帮助手册文件的路径。

```
# man  -w  passwd
/usr/share/man/man1/passwd.1.gz
# man  -aw  passwd
/usr/share/man/man1/passwd.1.gz
/usr/share/man/man1/passwd.5.gz
```

通过名称“passwd.1.gz”知道这是 passwd 命令帮助手册，加入-a 获得所有帮助手册文件地址，默认只会查找一个。

（2）显示命令的帮助信息。

格式：man section 命令名

其中，section 可以为 1（用户命令），7（杂项命令），8（管理命令）。

如：

```
#man  1  passwd
#man  7  boot
#man  8  useradd
```

如果在所有章节中只有唯一一个条目，则可以不加 section，如“man ls”。

（3）显示库函数或系统调用帮助信息。

man 命令也可以用来查询函数的使用格式，这对于 Linux 下的 C 语言程序员来说，是非常有帮助的。系统调用在章节 2 中，库函数在章节 3 中。

```
#man  2  read
#man  3  fopen
```

有时会存在命令和系统调用的名称相同的情况，如 mkdir，此时如果直接使用“man mkdir”，则显示的是 mkdir 命令的帮助信息；如果要显示 mkdir 系统调用的帮助信息，则必须使用“man 2 mkdir”命令明确指定搜索第 2 章节。

（4）描述特定文件的结构。

文件帮助信息在章节 5 中，在-section 位置指明 5 则代表搜索文件帮助信息。

```
#man  5  passwd
```

这里用 5 指明要获取 passwd 文件的帮助信息，而不是 passwd 命令的帮助信息。

1.4 案例 1：通过 SSH 终端登录 Linux 系统

1.4.1 分析及设计

很多时候用户需要在 Windows 中远程访问虚拟机中的 Linux 系统，本案例通过这种方式使用命令创建本书中所需的各章节目录，然后将这些目录下载到 Windows 的某个文件夹中。

如果在一个局域网中有两台以上的计算机，则可以取其中一台安装任意发行版本的 Linux 系统作为服务器，其他计算机作为客户机，可以安装 Windows 或 Linux 系统。

如果只有一台计算机，则可以考虑在当前的操作系统中安装一个虚拟机，在虚拟机中安装 Linux 作为服务器。虚拟机软件可以考虑使用 VMware。以当前的操作系统作为客户机对服务器进行登录访问。

1.4.2 实施

1. 服务器端软件的安装

在 Linux 系统上安装 SSH 服务器软件，目前最流行的版本是 OpenSSH。具体安装方法可以参考官方网站 http://www.openssh.com 来进行安装。官方网站详细讲解了针对各种操作系统的 OpenSSH 的安装方法。

一般 Linux 系统安装完毕以后，默认就有 OpenSSH 软件和对应的客户端软件，可以使用命令“rpm -qa |grep ssh”查看系统中是否安装有 SSH 软件。如果已经安装，则使用命令“# service sshd start”开启 SSH 服务。

2. 客户端软件的安装

如果要在客户机上对 Linux 系统进行 SSH 登录访问或文件传输，则需要安装客户端软件。

① 如果客户机系统是 Windows 系统，这里推荐使用 SSH Secure Shell Client 客户端软件。该客户端软件安装简单，使用也非常方便。打开该软件后，可以直接在图形登录界面上输入要连接的服务器的用户名和密码，默认端口为 22，便可以登录。

登录以后可以打开命令行窗口，直接以命令方式操作服务器，就像操作本地机器一样。当然，也可以在图形界面下实现服务器和客户机之间的文件上传和下载，就像在本地机器上进行文件复制一样。

② 如果客户机是 Linux 系统，默认就有 OpenSSH 客户端软件。可以通过以下命令登录服务器：

```
#ssh  用户名@服务器IP地址
```

然后根据提示输入密码，就可以登录服务器进行命令行操作。

如果要实现客户机和服务器之间的上传和下载，则可以直接在客户端软件命令行界面中使用命令“scp”。

文件上传格式：

```
# scp   -r   本地文件路径   用户名@服务器IP地址：绝对路径
```

文件下载格式：

```
# scp   -r 用户名@服务器IP地址：绝对路径   本地文件路径
```

3．Windows 系统访问 Linux 虚拟机

① 安装完 VMware 虚拟机软件后，打开 Windows 网络连接属性窗口，找到 VMware Network Adapter VMnet8 虚拟网卡，查看 IP，假设为 a.b.c.1。

② 在 VMware 软件中，按 Ctrl+D 组合键，弹出虚拟机设置窗口，网络适配器设置为 NAT，如图 1.4 所示。

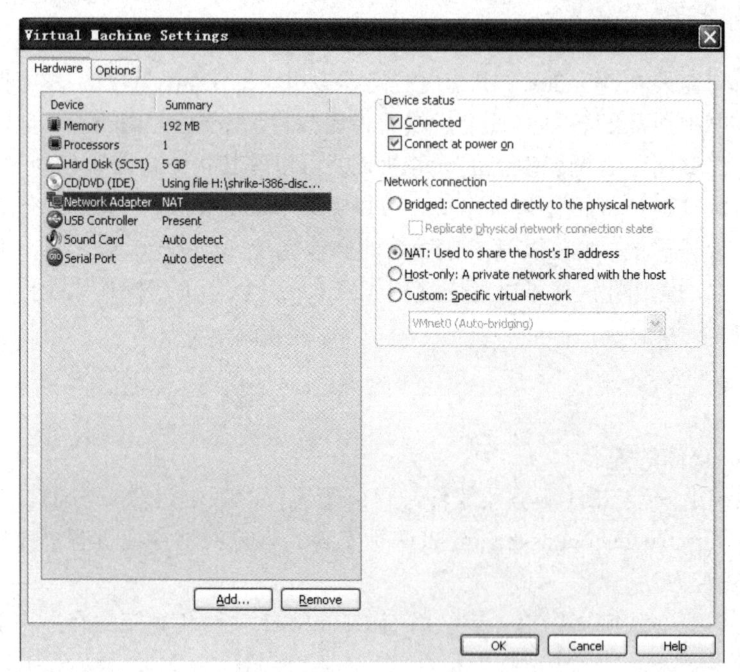

图 1.4　虚拟机设置窗口

③ 在 Linux 中使用“ifconfig”命令查看 IP，看是否与 a.b.c.1 在一个网段内。如果不在，则需要修改。

修改方法：打开网络配置窗口，编辑 eth0 设备的信息，静态设置 IP 地址为与 a.b.c.1 同一网段内的任一 IP 即可，如 a.b.c.5，子网掩码设为 255.255.255.0，网关为 a.b.c.254，如图 1.5 所示。

使用命令“/etc/init.d/network　restart”重启网卡配置。

④ 使用“ping　a.b.c.1”命令测试是否连通，如果收到类似的以下信息，则表明网络连通。

```
PING 192.168.0.1 (192.168.174.1) 56(84) bytes of data.
64 bytes from 192.168.0.1: icmp_seq=1 ttl=128 time=0.129 ms
64 bytes from 192.168.0.1: icmp_seq=2 ttl=128 time=0.142 ms
64 bytes from 192.168.0.1: icmp_seq=3 ttl=128 time=0.151 ms
```

如果不能连接，则尝试关闭 Windows 自带的防火墙及用户自己安装的防火墙。

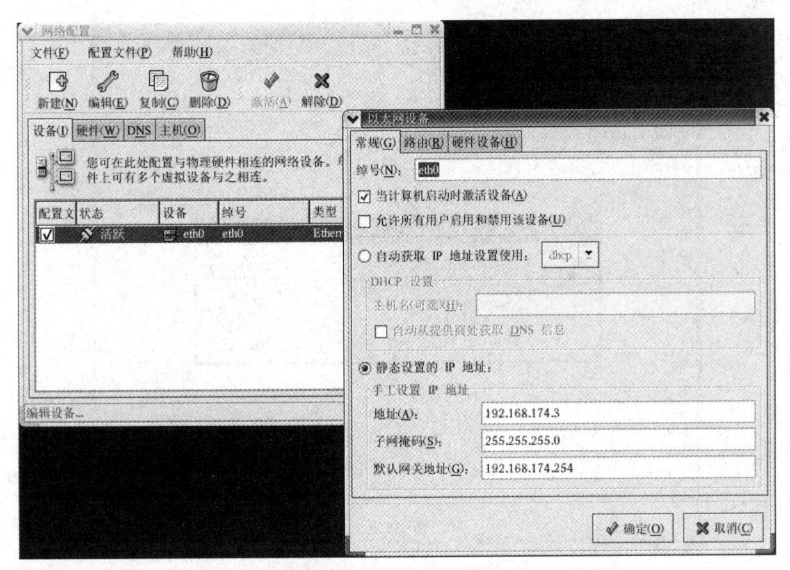

图 1.5 网络配置窗口

1.4.3 运行

1. 使用 SSH 命令行窗口访问 Linux 系统

在 Windows 中运行 SSH 软件的命令行程序，程序图标如图 1.6 所示。

运行程序后出现如图 1.7 所示的界面。

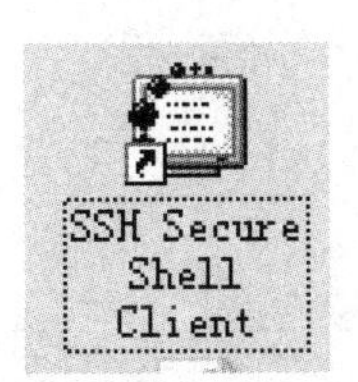

图 1.6 SSH 软件的命令行程序图标

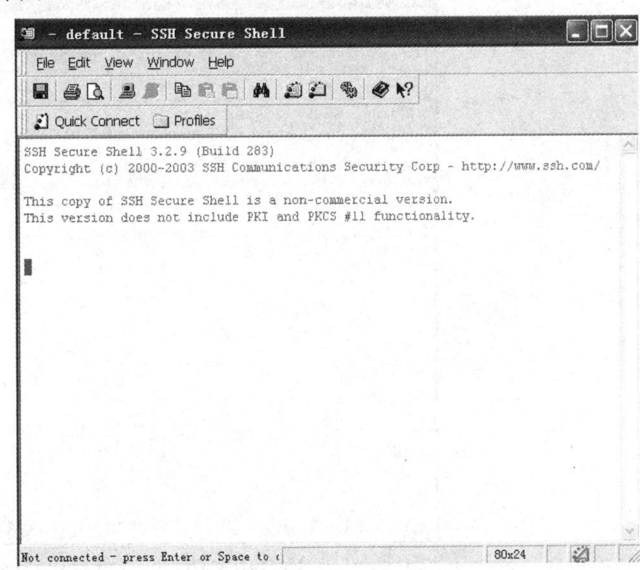

图 1.7 SSH 软件的命令行窗口

单击“Quick Connect”选项，出现如图 1.8 所示登录窗口，输入 Linux 系统的 IP 和登录的用户名，然后单击“Connect”按钮。

连接成功后会出现输入密码窗口，如图 1.9 所示。

密码验证无误后，登录成功，出现如图 1.10 所示窗口。

现在，用户就可以输入命令操作 Linux 系统了。

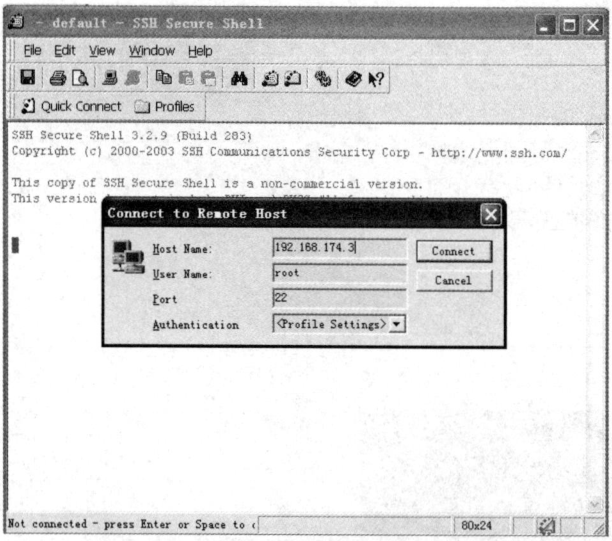

图 1.8　登录窗口

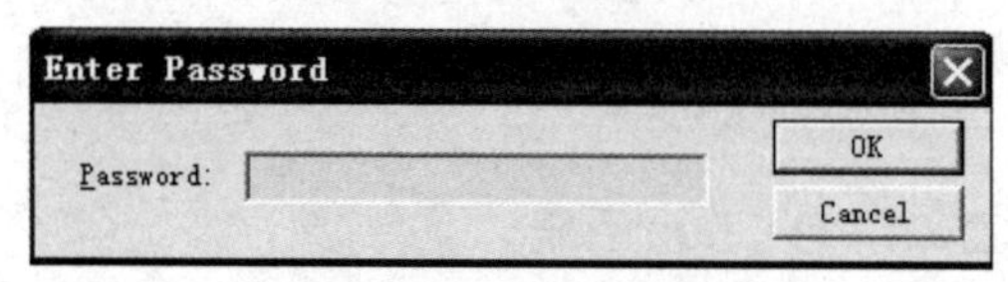

图 1.9　密码输入窗口

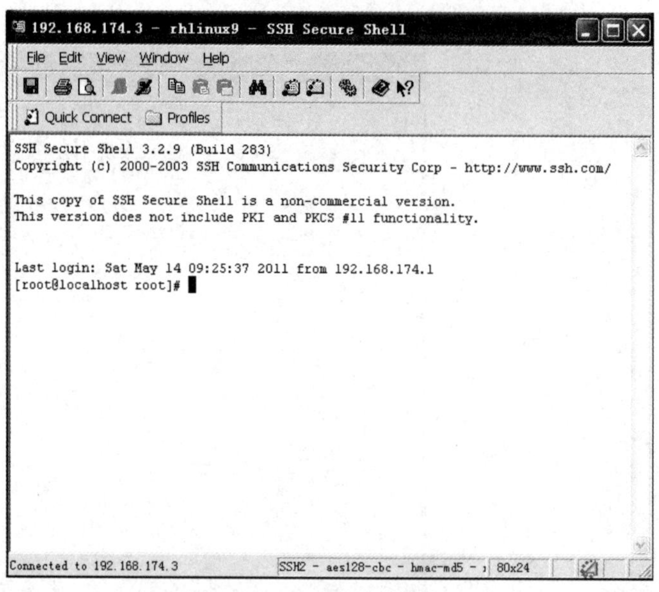

图 1.10　SSH 登录成功窗口

2. 创建章节目录

在/home 下创建目录 linuxprograms，并在该目录下创建 ch02～ch12 子目录。

```
# cd   /home
# mkdir   linuxprograms
# cd   linuxprograms
# mkdir   ch01
# mkdir   ch02
…
# mkdir   ch12
```

3．启动 SSH 图形界面窗口

单击 SSH 命令行窗口工具栏的图标，进入文件上传和下载的图形界面窗口，如图 1.11 所示。

图 1.11　SSH 软件的文件上传和下载窗口

该窗口左侧为 Windows 目录结构，右侧为 Linux 目录结构。在文件或文件夹上单击鼠标右键，通过菜单选项即可完成文件的上传和下载，如图 1.12 所示。

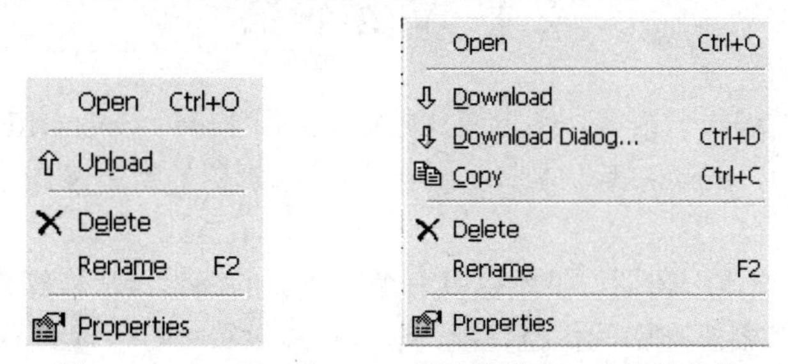

图 1.12　Windows 和 Linux 目录结构窗口的右键菜单

用户可自行完成将 Linux 下新创建的/home/linuxprograms 目录下载到 Windows 的某个文件夹的操作。

习　题

1．简述 Linux 系统的各种版本的命名方式。

2．简述 Linux 系统的特点。

3．简述系统调用与库函数的区别和联系。

4．完成如下命令：

（1）新建一个用户 tom 和用户组 student；

（2）新建文件 file；

（3）将文件 file 改名为 test，然后将文件 test 复制到/home 下；

（4）将/home/test 文件的拥有者修改为 tom，将文件所属组修改为 student。

第2章 Linux系统开发环境

在Windows系统中进行C语言程序开发都是通过图形化编程工具来编辑、编译、运行的。在Linux系统下进行C语言编程，也需要进行上述步骤，只不过使用的工具不同。通过本章的学习，可以掌握在Linux下进行项目开发使用的基本环境与工具，如Vi编辑器、GCC编译器、GDB调试器等。另外为了简化编译过程，还可以编写Makefile脚本。

一般一个项目提供给用户的都是可执行文件及相关的库文件，而不提供源代码文件（除开源软件外）。这里涉及库文件的概念，在本章也将对其进行介绍。

本章最后设计了一个“简易学生成绩计算”案例，读者可以通过该案例掌握在Linux下进行C语言程序开发的流程。该案例完成一个简易的学生成绩计算功能：从键盘输入*N*个学生的姓名、年龄、数学成绩和语文成绩4项信息；输入完*N*个学生的信息后，计算各个学生的总成绩和平均成绩；计算完毕后，输出每个学生的姓名、年龄、数学成绩、语文成绩、总成绩、平均成绩。要求将输入、计算、输出3个过程分别使用独立函数实现，3个函数分别保存在3个不同的源文件中。该案例主要涉及Vi编辑器、GCC编译器、Makefile文件和make命令相关知识，如果程序出现运行时错误，则还需要使用GDB调试器或其他方法进行调试。

2.1 Vi编辑器

Linux系统支持的编辑器很多，图形模式的如gedit、Kate、OpenOffice，文本模式的如Vi（Vim是Vi的增强版）、Emacs等。本节主要介绍Vi编辑器的常用操作方法（Vim兼容Vi的操作）。

Vi是一种全屏幕文本编辑器，虽然它没有图形界面的编辑器那样操作简单方便，但Vi编辑器在系统管理、服务器管理中的优越性能，永远是图形界面的编辑器不能比拟的。因为一般进行系统管理，或者当系统没有安装Windows桌面环境或桌面环境崩溃时，所以都需要文本模式下的编辑器Vi来管理系统。

由于Vi编辑器不是图形界面，因此图形界面中的一些鼠标单击操作或快捷键操作，在Vi中都是由Vi专用的命令完成的。

2.1.1 Vi编辑器的工作模式

关于Vi编辑器的工作模式有两类说法。一类说法是其有两种工作模式：插入模式和命令模式；另一类说法是其有3种工作模式：插入模式、命令模式、末行模式。实际上这两类说法是一致的，第二类说法中的末行模式也可以理解为命令模式。本节按照3种工作模式进行讲解。

（1）插入模式

插入模式也称为编辑模式，此时在屏幕的最后一行将出现“编辑”或“insert”字样。用户的按键操作在界面中显示为文档内容，与图形界面的文本输入相同。但是要注意，刚启动Vi时工作在命令模式下，需要进行转换后才能进入插入模式。

（2）命令模式

用户的按键操作在界面中没有任何字符显示，直接转换成对文档的控制操作，类似图形界面中用鼠标单击某些菜单项的功能。

（3）末行模式

用户在命令模式下输入“:”，那么以后用户的按键操作会在当前屏幕的最后一行出现，完成文档的一些辅助功能，类似图形界面中某些菜单项的功能。

这 3 种模式之间的转换方式如图 2.1 所示。

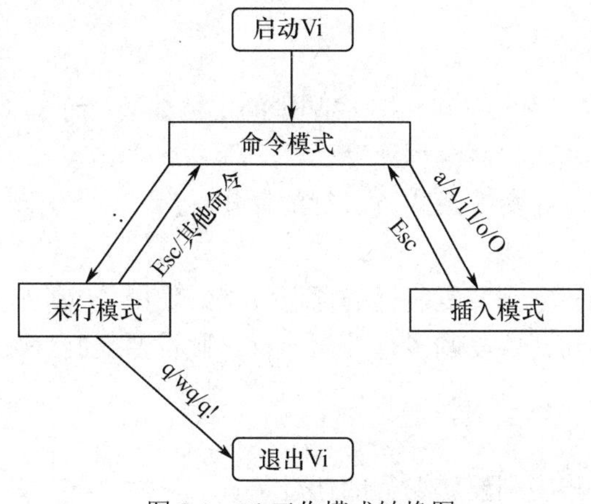

图 2.1　Vi 工作模式转换图

用户刚启动 Vi 时处于命令模式，在命令模式下可以通过 a/A/i/I/o/O 中的任意一个键进入插入模式。

a：即将插入的字符将处于光标所处当前位置后一个字符。

A：即将插入的字符将处于光标所处当前行尾。

i：即将插入的字符将处于光标所处当前位置前一个字符。

I：即将插入的字符将处于光标所处当前行首。

o：即将插入的字符将在光标所在行的下一行行首出现。

O：即将插入的字符将在光标所在行的上一行行首出现。

在插入模式下进行文本输入，输入完毕后通过按 Esc 键将工作模式切换到命令模式。

在命令模式下还可以通过输入“:”进入末行模式。在末行模式下，用户可以按 Esc 键或输入其他命令重新返回命令模式，还可以输入 q/wq/q!退出 Vi。

q：如果当前文件没有被修改过，将直接退出 Vi，否则会提示信息且并不退出 Vi。

wq：保存当前文件并退出 Vi。

q!：直接退出 Vi，即使当前文件被修改过，也不保存修改内容。

2.1.2　Vi 编辑器的基本用法

① 打开文件。

```
#vi 文件名
```

如果文件存在则直接打开，不存在则创建新文件（需做保存操作）。

打开文件后，Vi 处于命令模式，此时用户可以使用 a/A/i/I/o/O 中的任意一个键切换到插入模式，开始编辑文件。

在编辑过程中，用户如果要对文件做一些操作，则必须按 Esc 键首先转换到命令模式。Vi 的基本用法主要是各种命令的操作。以下所介绍的操作都要求在命令模式下进行，带有冒号的命令表明将进入末行模式。

② 保存文件并退出 Vi，可以使用命令“:wq”。

③ 编辑文件后，不保存文件并强制退出 Vi，使用命令“:q!”。

④ 保存文件但不退出 Vi，使用命令“:w”。

⑤ 当前文件另存为其他名字的文件，使用命令“:w 文件名”。

2.1.3 Vi 编辑器的高级用法

掌握了 Vi 的基本用法，用户就可以完成基本的文档编写；而 Vi 的高级用法可以使用户的程序编写过程事半功倍，从而提高编程速度。

以下所介绍的命令都是在**命令模式**下进行的操作。

（1）行复制

复制当前行：将光标移动到要复制行的任意位置，使用“yy”命令复制当前行。

复制多行：将光标移动到要复制多行的第一行，假设要复制行数为 n，使用“nyy”命令复制多行。

（2）行剪切

剪切当前行：将光标移动到要剪切行的任意位置，使用“dd”命令剪切当前行。

剪切多行：将光标移动到要剪切多行的第一行，假设要剪切行数为 n，使用“ndd”命令剪切多行。

（3）粘贴

将复制或剪切的内容粘贴在光标所在行的下一行，使用“p”命令。

将复制或剪切的内容粘贴在光标所在行的上一行，使用“P”命令。

（4）行删除

如果剪切后的内容不进行粘贴，则剪切操作相当于行删除。

（5）行定位

在编写程序过程中及编译调试过程中，如果程序行数很多，则经常会需要定位到某一行，假设定位到第 n 行，使用命令“nG”。

（6）显示或取消 Vi 的行号

显示行号使用“:set nu”命令，取消行号使用“:set nonu”命令。注意，显示出来的行号并不是所编辑文件的一部分。

（7）撤销刚才的操作

使用“u”命令撤销刚才的操作。

（8）重做刚才的操作

使用“.”命令重做刚才的操作。

（9）文件部分内容另存为另一个文件

如果需要将文件的部分内容保存为另一个文件，如将文件的第 m 行到第 n 行之间的内容保存为文件 f1，则使用命令“:m，n w f1”；如果将“m，n”去掉，则该命令将整个文件另存为另一个文件。

【例 2-1】Vi 编辑器的使用。

在 vitest 的目录下编写 test.c，fun1.c 和 fun2.c 这 3 个文件。

test.c 文件：

```
1. //test.c
2. #include <stdio.h>
3. int main()
4. {
5.      printf("in test.c begin\n");
6.      fun1();
7.      fun2();
8.      printf("in test.c end\n");
9. }
```

fun1.c 文件：

```
1. //fun1.c
2. #include <stdio.h>
3. void fun1()
4. {
5.       printf("in fun1\n");
6. }
```

fun2.c 文件：

```
1. //fun2.c
2. #include <stdio.h>
3. void fun2()
4. {
5.       printf("in fun2\n");
6. }
```

2.2 GCC 编译器

2.2.1 GCC 编译器介绍

1. GCC 编译器

程序员写好源程序后，需要通过编译、链接工具将该源程序转换成可执行文件。Linux 系统下主要的编译器是 GCC（GNU Compiler Collection）。

GCC 是一个用于编程开发的自由编译器。最初，GCC 只是一个 C 语言编译器，是 GNU C Compiler 的英文缩写。随着众多自由开发者的加入和 GCC 自身的发展，如今 GCC 已经是一个包含众多语言的编译器了。其中包括 C，C++，Ada，Object C 和 Java 等。所以，GCC 的含义也由原来的 GNU C Compiler 变为 GNU Compiler Collection，也就是 GNU 编译器套件的意思。当然，如今的 GCC 借助于它的特性，具有了交叉编译器的功能，即在一个平台下编译另一个平台的代码。

GCC 编译器能将 C、C++语言源程序和目标程序编译、链接成可执行文件，如果没有给出可执行文件的名字，则 GCC 将生成一个名为“a.out”的文件。

2. GCC 编译器识别的文件类别

在 Linux 系统中，可执行文件没有统一的后缀，系统从文件的属性来区分可执行文件和不可执行文件。而 GCC 则通过后缀来区别输入文件的类别，表 2.1 列出 GCC 所遵循的部分文件后缀的约定规则。

表 2.1　GCC 识别的文件类型

后缀名	文件类型
.c 为后缀的文件	C 语言源代码文件
.a 为后缀的文件	由目标文件构成的档案库文件
.C，.cc 或.cxx 为后缀的文件	C++源代码文件
.h 为后缀的文件	程序所包含的头文件
.i 为后缀的文件	已经预处理过的 C 源代码文件
.ii 为后缀的文件	已经预处理过的 C++源代码文件
.m 为后缀的文件	Object C 源代码文件
.o 为后缀的文件	编译后的目标文件
.s 为后缀的文件	汇编语言源代码文件
.S 为后缀的文件	经过预编译的汇编语言源代码文件

3．GCC 编译器的基本工作过程

虽然称 GCC 是 C 语言的编译器，但使用 GCC 将 C 语言源文件生成可执行文件的过程不仅仅是编译的过程，而且要经历 4 个相互关联的步骤：预处理（也称预编译，preprocessing）、编译（compilation）、汇编（assembly）和链接（linking）。

① 调用“cpp”进行预处理。在预处理过程中，对源代码文件中的文件包含（include）、预编译（如宏定义 define 等）语句进行分析。

② 调用“cc1”进行编译，这个阶段根据输入文件生成以“.s”为后缀的汇编代码文件。

③ 汇编过程是针对汇编语言的步骤，调用“as”进行工作。一般来讲，“.s”为后缀的汇编语言源代码文件经过预编译和汇编之后都生成以.o 为后缀的目标文件。

④ 当所有的目标文件都生成之后，GCC 就调用 ld 来完成最后的关键性工作，这个阶段就是链接。在链接阶段，所有的目标文件被安排在可执行程序中的恰当位置，同时，该程序所调用到的库函数也从各自所在的档案库中链接到合适的地方。

GCC 的基本执行过程如图 2.2 所示。

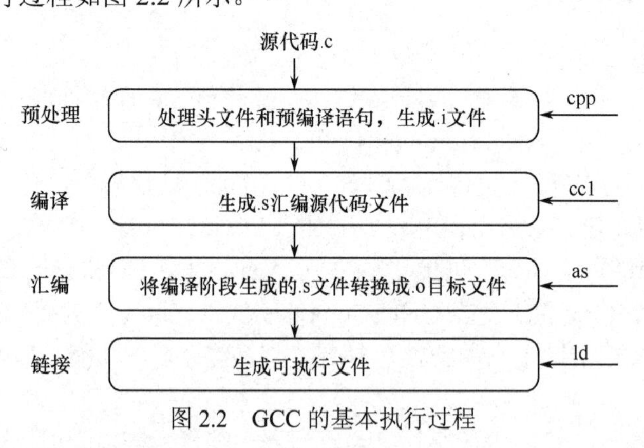

图 2.2　GCC 的基本执行过程

2.2.2　GCC 编译器基本用法

GCC 编译器最基本的使用格式为：

```
gcc   [option]   infile        //其中[ ]的意思是其位置的参数为可选参数
```

下面介绍几种最常用也最实用的 gcc 命令编译 C 语言程序的使用方法。

1. 将源文件生成可执行文件

命令格式为：

```
gcc  -o  outfile  infile
```

或

```
gcc  infile  -o  outfile
```

其中，infile是源文件，outfile是即将生成的可执行文件。此时源文件将经过GCC的4个基本过程生成可执行文件。

假设有某源文件hello.c，要将其生成可执行文件hello，可使用命令：

```
#gcc  -o  hello  hello.c
```

或

```
#gcc  hello.c  -o  hello
```

执行可执行文件hello使用命令：

```
#./hello
```

-o与outfile一定是相邻的。
一般outfile可以设成infile去掉后缀名的形式。
如果去掉“-o outfile”选项，则默认生成的可执行文件名字为a.out。

【例2-2】 GCC的基本用法。

将【例2-1】中的vitest目录复制为新的目录gcctest，将gcctest中的3个文件编译生成可执行文件test。

使用命令：

```
#gcc  -o  test  test.c  fun1.c  fun2.c
```

或

```
#gcc  test.c  fun1.c  fun2.c  -o  test
```

2. 将源文件生成目标文件（-c）

命令格式为：

```
gcc  -c  infile
```

其中，infile是源文件，生成的目标文件名字为源文件名后加后缀“.o”。

例如，将上述hello.c生成目标文件，使用命令：

```
#gcc  -c  hello.c
```

此命令即为GCC编译器4个基本过程执行完第3个步骤的情况，此时生成的目标文件由于没有与库函数进行链接，因此无法运行，不是可执行文件。

一般在一个工程中使用此命令。一个工程有很多函数，但只有一个main函数，其他的函数可能被写在工程的不同源文件中。

可以采取两种方法编译生成可执行文件。

方法1 按照正常的GCC命令进行编译，可以使用命令：

```
#gcc  -o  test1  test.c  fun1.c  fun2.c
```

生成可执行文件test1。

方法2 也可以采取如下方式：

```
#gcc  -c  fun1.c
#gcc  -c  fun2.c
#gcc  -c  test.c
#gcc  -o  test2  test.o  fun1.o  fun2.o
```

同样也可以生成可执行文件 test2。

两种方法有什么区别呢？

采用方法 1，如果 3 个文件中任何一个发生改变，则 3 个文件都要重新被编译一次，即每个文件都要执行一次 GCC 的 4 个基本过程。

而采用方法 2，3 个文件中哪个文件发生了变化，则可以将修改的文件执行 GCC 的 4 个基本过程，其他的文件只需要执行链接即可。

因此在工程源文件较多且代码量较大的情况下，采用方法 2 可以明显减少编译调试过程的时间。

在默认情况下，目标文件名是源文件名后加.o，如果要使用其他名字作为目标文件名，则可以添加“-o outfile”选项，其中 outfile 被称为目标文件名。

对于工程源文件较多的情况，如果每次都要按方法 2 将修改过的源文件重新编译，即便是输入命令也是很浪费时间的，此时可以将上述命令按规则写入 Makefile 文件。关于 Makefile 文件的写法将在 2.3 节进行介绍。

3．生成带有调试信息的可执行文件（-g）

常用的命令格式为：

```
gcc -g -o outfile infile
```

或

```
gcc -g infile -o outfile
```

此种情况即在生成可执行文件的命令基础上加一个“-g”参数，使得在编译时加上调试信息，以便供 GDB 调试器进行调试。

4．生成汇编文件（-S）

常用的命令格式为：

```
gcc -S infile
```

此时只进行了 GCC 的前两个过程，把文件编译到汇编代码，生成.s 文件。用户可以使用 Vi 查看生成的汇编文件结果，这对于研究汇编语言的程序员来说是很有帮助的。

5．生成.i 文件（-i）

常用的命令格式为：

```
gcc -E infile -o infile.i
```

此时只进行了 GCC 的第一个过程——预处理，这个过程将对文件进行预处理，对所有引入的 include 文件和 define 定义的常量进行代换。

这一步不生成结果文件，如果程序员需要生成结果文件保存，则可以使用“-o”选项或输出重定向得到结果文件，结果文件一般以.i 为后缀。

6．设置自定义头文件路径（-I dirname）

常用的命令格式为：

```
gcc -I dirname infile
```

将 dirname 所指出的目录加入程序头文件目录列表中，这是预编译过程中使用的参数。

在 C 语言程序中引用头文件有两种情况。

（1）#include <myinc.h>。

（2）#include "myinc.h"。

在第（1）种情况下，预处理程序 cpp 在系统预设包含文件目录（如/usr/include）中搜寻相应的文件。

在第（2）种情况下，cpp 首先在当前目录中搜寻头文件，然后再去系统预设包含文件目录（如/usr/include）中搜寻。

“-I　dirname”选项的作用是在系统预设头文件目录之前先到 dirname 目录中搜寻相应头文件。

在程序设计中，如果需要的这种包含文件分布在不同的目录中，就需要逐个使用“-I”选项给出搜索路径。

7．设置自定义库文件路径（-L　dirname）

常用的命令格式为：

```
gcc  -L  dirname  infile
```

将 dirname 所指出的目录加入库函数文件的目录列表中，dirname 是在链接过程中使用的参数。在预设状态下，链接程序 ld 在系统的预设路径（如/usr/lib）中寻找所需要的库文件，这个选项告诉链接程序，首先到-L 指定的目录中去寻找，然后到系统预设路径中寻找。如果库函数存放在多个目录下，就需要依次使用这个选项，给出相应的存放目录。

8．编译时加载库文件（-l　name）

常用的命令格式为：

```
gcc  -l  name  infile
```

如果工程中将自定义的函数做成库函数，那么在使用库函数内的函数时，gcc 命令需要加载自定义库函数，可以通过加载库文件路径或者直接加载自定义库函数。

一般 C 语言的库函数都以 libname.so 来命名共享库文件，用 libname.a 命名静态库文件。利用-l 参数加入库文件时，直接用-l　name 来引入，而前面的 lib 被省略。

在默认情况下，GCC 在链接时优先使用共享库，只有共享库不存在时才考虑使用静态库。如果需要的话，可以在编译时加上-static 选项，强制使用静态库。

9．增加警告信息

常用的命令格式为：

```
gcc  -Wall  infile
```

GCC 编译器通过该选项提示用户源程序中出现的警告，用户可以利用该选项来优化源程序。

2.3　Makefile 文件的使用

2.3.1　Makefile 文件

一个工程中可能有多个源文件。各个源文件按类型、功能、模块分别放在若干个子目录中。各个源文件最终要生成可执行文件。

虽然可以使用 gcc 命令将所有的源文件生成可执行文件，但是编写、调试时需要反复输入大量的命令，自然就会降低开发的效率。所以用户可以在一个名字为 Makefile 的文件中定义一系列的规则来指定需要编译的文件（如哪些文件需要先编译，哪些文件需要后编译，哪些文件需要重新编译，甚至进行更复杂的功能操作），这样用户每次只需要输入 make 命令，即可根据 Makefile 文件中的规则编译工程文件，从而极大地提高了软件开发的效率。

Makefile 文件需要按照某种语法进行编写，文件中需要说明如何编译各个源文件并链接生成可执行文件，并要求定义源文件之间的依赖关系。Makefile 文件是许多编译器（包括Windows 下的编译器）维护编译信息的常用方法，只是在 IDE 中，用户是通过友好的界面修改 Makefile 文件而已。

2.3.2 Makefile 文件的命名

默认的情况下，make 命令会在工作目录（执行 make 命令的目录）下按照文件名顺序寻找 Makefile 文件读取并执行，查找的文件名顺序为：GNUmakefile，makefile，Makefile。

通常应该使用“makefile”或“Makefile”作为一个 Makefile 的文件名。推荐使用“Makefile”，首字母大写比较明显，一般在一个目录中或靠近当前目录的一些重要文件（README，Changelist 等），寻找时会比较容易发现。不推荐使用“GNUmakefile”文件名，因为以此命名的文件只有“GNU make”命令才可以识别，而其他版本的 make 命令只会在工作目录下寻找“makefile”和“Makefile”这两个文件。

如果缩写的 Makefile 脚本的名字不是以上 3 个文件中的任何一个，那么还可以通过 make 命令的“-f”选项来指定 make 命令读取的 Makefile 文件。

给 make 命令指定 Makefile 文件的格式为：

```
#make  -f  NAME
```

它指定文件“NAME”作为执行 make 命令时读取的 Makefile 文件。也可以通过多个“-f”选项来指定多个需要读取的 Makefile 文件，多个 Makefile 文件将按照被指定的顺序进行链接并被 make 命令解析执行。当通过“-f”选项指定 make 命令读取 Makefile 文件时，make 命令就不再自动查找这 3 个标准命名的 Makefile 文件。

例如，假设有自定义文件名为 mymakefile 的 Makefile 文件，可以使用如下命令执行：

```
#make  -f  mymakefile
```

2.3.3 Makefile 文件的调用

用户每次只需要输入 make 命令即可根据当前目录下 Makefile 文件中的规则编译工程文件，极大提高了软件开发的效率。

make 是一个命令工具，其最主要也是最基本的功能就是解释 Makefile 文件，从而描述源程序之间的相互关系并自动维护编译工作。一般来说，大多数的 IDE 都有这个命令，比如：Delphi 的 make 命令，Visual C++的 nmake 命令，Linux 下 GNU 的 make 命令。

make 命令的工作方式通常如下：

① 读入主 Makefile 文件（主 Makefile 文件中可以引用其他 Makefile 文件）；

② 读入被包含（include）的其他 Makefile 文件；

③ 初始化文件中的变量；

④ 推导隐含规则，并分析所有规则；

⑤ 为所有的目标文件创建依赖关系链；

⑥ 根据依赖关系，决定哪些目标要重新生成；

⑦ 执行生成命令。

2.3.4 Makefile 文件的内容

在一个完整的 Makefile 文件中，包含 5 项内容：显式规则、隐含规则、变量定义、指示符和注释。下面就对这 5 项内容进行简单介绍。

1. 显式规则

Makefile 文件的显式规则描述了如何更新一个或多个目标文件。书写 Makefile 文件时，需要明确给出目标文件、目标的依赖文件列表以及更新目标文件所需要的命令（有些规则没有命令，这样的规则只是纯粹描述了文件之间的依赖关系）。

语法格式为：

```
目标文件：依赖文件列表
<tab>更新目标文件使用的命令
```

注意：

① <tab>位置用按键盘上的 Tab 键替换。

② <tab>字符开始的行，make 命令会将其交给系统 Shell 程序去解释执行。

【举例】编写 Makefile 文件将 hello.c 生成可执行文件 hello。

```
hello:hello.c
	gcc -o hello hello.c
```

此 Makefile 文件的目标是 hello，hello 依赖 hello.c，生成 hello 使用命令“gcc -o hello hello.c”，这行程序 make 命令会交给 Shell 去执行。

2. 隐含规则

隐含规则是 make 命令根据一类目标文件（典型的是根据文件名的后缀）而自动推导出来的规则。隐含规则不需要在 Makefile 命令中明确给出重建特定目标文件所需要的细节描述。例如，make 命令对 C 文件的编译过程是由.c 源文件编译生成.o 目标文件。当 Makefile 文件中出现一个.o 目标文件时，make 命令会使用这个通用的方式将后缀为.c 的文件编译成目标的.o 文件。

Makefile 文件的隐含规则很多，这里只做简单介绍。

【举例】

```
foo: foo.o    bar.o
	gcc -o foo foo.o bar.o
```

此时虽然 Makefile 文件中没有写出 foo.o 及 bar.o 文件的生成规则，但是根据隐含规则，make 命令将自动寻找 foo.c 及 bar.c 并调用 cc 命令将源文件生成 foo.o 和 bar.o。

另外，Makefile 文件还支持一些预设的自动化变量，这些变量只能出现在规则的命令中，常见的自动化变量如下：

$^ ——所有的依赖文件，以空格分开，不包含重复的依赖文件；

$< ——第一个依赖文件的名称；

$@——目标的完整名称。

3. 变量定义

在编程时经常使用变量，Makefile 文件中也有变量，只不过 Makefile 文件中仅仅用一个字符或字符串作为变量来代表一段文本串。

当定义了一个变量代表一段文本串后，Makefile 文件后续在需要使用此文本串的地方，通过引用这个变量就可以表示这段文本串。

变量的引用方式是“$（变量名）”或“${变量名}”。例如，“$(foo)”或“${foo}”就是取变量“foo”的值。变量的引用可出现在 Makefile 文件的目标、依赖、命令、绝大多数指示符和新变量的赋值中。

【举例】

```
objects = program.o foo.o utils.o
```

```
program: $(objects)
      gcc -o program $(objects)
$(objects): defs.h
```

此 Makefile 文件中定义的变量 objects 代表一段文本串“program.o foo.o utils.o”，在下面应用这 3 个.o 文件时，直接使用“$(objects)”来引用即可。

4．指示符

指示符指明 make 命令在读取 Makefile 文件过程中所要执行的一个动作。

（1）引用另一个 Makefile 文件

Makefile 文件中使用“include”指示符来读取一个给定文件名的 Makefile 文件。make 命令在处理“include”指示符时，将暂停对当前使用指示符“include”的 Makefile 文件的读取，而转去依次读取由“include”指示符指定的文件列表，直到完成所有这些文件以后再回过头继续读取指示符“include”所在的 Makefile 文件。

include 的语法格式为：

```
include    其他Makefile文件名
```

通常指示符“include”用在以下场合：

● 有多个不同的程序，由不同目录下的几个独立的 Makefile 文件来描述其重建规则。它们需要使用一组通用的变量定义或模式规则。通用的做法是将这些共同使用的变量或模式规则定义在一个文件中（没有具体的文件命名限制），在需要使用的 Makefile 文件中使用指示符“include”来包含此文件。

● 当根据源文件自动产生依赖文件时，可以将自动产生的依赖关系保存在另外一个文件中，主 Makefile 文件使用指示符“include”包含这些文件。

如果指示符“include”指定的文件不是以斜线开始的（即绝对路径，如/usr/src/Makefile...），而且当前目录下也不存在此文件，那么 make 命令将根据文件名试图在以下几个目录依次查找：命令行选项“-I”或“--include-dir”指定的目录、“/usr/gnu/include”、“/usr/local/include”和“/usr/include”。

（2）指定 Makefile 文件中的有效部分

Makefile 文件中使用条件判断语句指定其中的有效部分，条件判断语句的语法有以下两种。

① 不包含“else”分支。

```
CONDITIONAL-DIRECTIVE
      TEXT-IF-TRUE
endif
```

② 包含“else”分支。

```
CONDITIONAL-DIRECTIVE
      TEXT-IF-TRUE
else
      TEXT-IF-FALSE
endif
```

而对于“CONDITIONAL-DIRECTIVE”来说，可以有如下关键字来测试不同的条件。

● 判断参数是否相等，格式为：

```
ifeq (ARG1，ARG2)
```

● 判断参数是否不相等，格式为：

```
ifneq (ARG1，ARG2)
```

● 判断一个变量是否已经定义，格式为：

```
ifdef VARIABLE-NAME
```

● 判断一个变量是否未定义，与 ifdef 正好相反，格式为：

```
ifndef VARIABLE-NAME
```

通过条件判断，用户可以根据一个变量的值决定处理或忽略 Makefile 文件中的某一特定部分。

例如，对变量“CC”进行判断，其值如果是“gcc”，那么在程序链接时使用库“libgnu.so”或“libgnu.a”，否则不链接任何库。Makefile 文件中的条件判断部分如下：

方法 1

```
……
libs_for_gcc = -lgnu
normal_libs =
……
foo: $(objects)
ifeq ($(CC)，gcc)
     $(CC) -o foo $(objects) $(libs_for_gcc)
else
     $(CC) -o foo $(objects) $(normal_libs)
endif
……
```

方法 2

```
……
libs_for_gcc = -lgnu
normal_libs =
……
ifeq ($(CC)，gcc)
    libs=$(libs_for_gcc)
else
    libs=$(normal_libs)
endif
foo: $(objects)
    $(CC) -o foo $(objects) $(libs)
……
```

（3）定义一个多行命令

定义变量的另外一种方式是使用“define”指示符，它可以定义一个包含多行字符串的变量。

语法格式为：

```
define 变量名
变量值
endef
```

【举例】

```
define two-lines
echo foo
echo $(bar)
endef
```

其中，two-lines 变量的值包括两行，如果将 two-lines 变量作为命令执行，相当于：

```
two-lines = echo foo; echo $(bar)
```

Shell 会将变量“two-lines”的值作为一个完整的 Shell 命令行来处理，即使用分号“;”分开在同一行中的两个命令，而不是作为两个命令行来处理。

5．注释

Makefile 文件中将“#”字符后的内容作为注释内容（和 Shell 脚本一样）处理。

如果此行的第一个非空字符为“#”，那么此行为注释行。注释行的结尾如果存在反斜线(\)，那么下一行也被作为注释行。

一般在书写 Makefile 文件时推荐将注释作为一个独立的行，而不要和 Makefile 文件的有效行放在一行中书写。

当在 Makefile 文件中需要使用字符“#”时，可以使用反斜线加“#”（\#）来实现（对特殊字符“#”的转义），其表示将“#”作为一字符而不是注释的开始标志。

2.3.5 make 命令的特殊用法

以上介绍了 Makefile 文件中常见的内容，一个 Makefile 文件中可能不止有一条规则，make 命令默认执行 Makefile 文件中的第一条规则，并根据第一条规则去寻找并执行其他规则。

如果想让 make 命令不执行 Makefile 文件中的第一条规则，而去执行其他规则，则需要在 make 命令后加上要执行规则的目标。

例如，某 Makefile 文件中包含以下规则：

```
hello:hello.o
	gcc -o hello hello.o
hello.o:hello.c
	gcc -c hello.c
clean:
	rm   hello   hello.o -f
```

默认 make 命令执行第一条规则 hello，再根据第一条规则中的依赖文件 hello.o 去执行第二条规则。由于第一条和第二条规则已经满足了 hello 的生成，因此不去执行第 3 条规则。

如果要执行第 3 条规则，则需要在 make 命令后加上第 3 条规则的目标 clean 作为选项，即：

```
make clean
```

则只执行第 3 条规则。

通常 Makefile 文件中都会包含 clean 规则，目的是删除中间生成的临时文件或最终的可执行文件，并且一般 rm 命令都会带有“-f”选项，所以一定要将 Makefile 文件中的 clean 所在的规则设置好，以免误删文件。

2.4 GDB 调试器

编写源程序后通过编译器可以生成可执行程序。如果在编译过程中出现错误，则可以通过编译器提示信息判断错误；但如果编译过程中没有错误，而在执行过程中出现错误，则用户很难知道是什么位置出错了，此时就需要通过调试方法判断程序错误。

2.4.1 输出调试

在源程序的适当位置加入输出语句，如：

```
printf("something you want\n");   //记得加\n
```

可在适当位置多加几条类似的输出语句，在执行过程中可以根据输出语句是否出现来确定在哪个位置出现错误。

还可以在 printf 中输出有关变量的值或地址，以此来判断变量的值是否正确。

2.4.2 GDB 调试器

在 Windows 系统中，类似 VC 开发环境提供了调试工具，可以用来进行程序单步调试。Linux 系统中也有类似的调试工具，不过是字符界面的，即 GDB 调试器。

1．GDB 简介

GDB 可以为用户做 4 件事情，帮助用户找出程序中的错误：

① 运行程序，设置所有的能影响程序运行的因素；

② 保证程序在指定的条件下停止；

③ 当程序停止时，可以检查发生了什么；

④ 改变程序，这样用户就可以试着修正某个 bug 引起的问题，然后继续查找另一个 bug。

2．GDB 使用

首先使用 gcc 命令的“-g”选项编译源程序，生成带调试信息的可执行文件，如 hello：

```
#gcc -g  hello.c -o hello
```

在命令行输入：

```
#gdb  hello
```

进入 GDB 调试环境，如下：

```
[root@localhost linux]# gdb
GNU gdb Red Hat Linux (5.3post-0.20021129.18rh)
Copyright 2003 Free Software Foundation,Inc.
GDB is free software, covered by the GNU General Public License, and you are
welcome to change it and/or distribute copies of it under certain conditions.
Type "show copying" to see the conditions.
There is absolutely no warranty for GDB.  Type "show warranty" for details.
This GDB was configured as "i386-redhat-linux-gnu".
(gdb)
```

GDB 是字符界面的调试工具，使用 GDB 是通过命令来完成的。以下介绍几个常用的 GDB 命令。

（1）帮助命令

记住 GDB 的所有命令是很困难的事情，可以使用 help 命令，查看 GDB 的使用方法。

输入 help，将显示如下内容：

```
 (gdb) help
List of classes of commands:
aliases -- Aliases of other commands
breakpoints -- Making program stop at certain points
data -- Examining data
files -- Specifying and examining files
internals -- Maintenance commands
obscure -- Obscure features
running -- Running the program
stack -- Examining the stack
status -- Status inquiries
support -- Support facilities
tracepoints -- Tracing of program execution without stopping the program
user-defined -- User-defined commands
Type "help" followed by a class name for a list of commands in that class.
Type "help" followed by command name for full documentation.
Command name abbreviations are allowed if unambiguous.
(gdb)
```

GDB 的命令很多，所有的命令可分成多种类型：aliases，breakpoints，data，files，internals，obscure，running，stack，status，support，tracepoints，user-defined。

如上面所示，help 命令只是列出了 GDB 的命令类型，如果要查看某类中的命令，则可以使用命令“(gdb)help <class>”来查看，如“help breakpoints”命令用来查看设置的断点。

当然也可以直接使用：

```
(gdb)help <command>
```

来查看具体某个命令的信息。

（2）其他常用命令

其他常用命令见表 2.2。

表 2.2 GDB 的其他常用命令

命 令	意 义
backtrace	显示程序中的当前位置和表示如何到达当前位置的栈跟踪
break	在程序中设置一个断点
cd	改变当前工作目录
clear	删除刚才停止处的断点
commands	命中断点时，列出将要执行的命令
continue	从断点开始继续执行
delete	删除一个断点或监测点；也可以与其他命令一起使用
display	程序停止时显示变量和表达式
down	下移栈帧，使得另一个函数成为当前函数
frame	选择下一条 continue 命令的帧
info	显示与该程序有关的各种信息
jump	在源程序中的另一点开始运行
kill	异常终止在 GDB 控制下运行的程序
list	列出对应于正在执行的程序的源文件内容
next	执行下一个源程序行，若断点所在行是函数调用，则不进入函数内部
print	显示变量或表达式的值
pwd	显示当前工作目录
pype	显示一个数据结构（如一个结构或 C++类）的内容
quit	退出 GDB
reverse-search	在源文件中反向搜索正规表达式
run	执行该程序
search	在源文件中搜索正规表达式
set variable	给变量赋值
signal	将一个信号发送到正在运行的进程
step	执行下一个源程序行，若断点所在行是函数调用，则进入函数内部
undisplay display	命令的反命令，不要显示表达式
until	结束当前循环
up	上移栈帧，使另一函数成为当前函数
watch	在程序中设置一个监测点（即数据断点）
whatis	显示变量或函数类型

下面通过一个程序的调试来学习如何使用 GDB。

【例 2-3】 GDB 的使用。

编写文件 gdbtest.c，内容如下：

```
1. #include <stdio.h>
2. main()
3. {
4.        int a，i=0;
5.        a=0;
6.        while(i<10)
7.        {
8.              a=a+2;
9.              print("%d",a);
10.              sleep(1);
11.              i=i+1;
12.        }
13. }
```

（1）生成可执行文件 gdbtest：

```
#gcc  -g  -o  gdbtest  gdbtest.c
```

（2）启动 GDB 调试器，进入 GDB 调试界面：

```
# gdb
```

（3）读入即将调试的程序：

```
(gdb)file  gdbtest
```

（4）列出正在调试程序的源文件内容：

```
(gdb)list
```

（5）分别在程序的第 5 行与第 9 行设置断点：

```
(gdb)break  5
(gdb)break  9
```

（6）执行该程序，程序会执行到第一个断点处暂停：

```
(gdb)run
```

（7）查看变量 a 的值：

```
(gdb)print a
```

（8）查看变量 a 的类型：

```
(gdb)whatis  a
```

（9）继续执行到下一个断点：

```
(gdb)continue
```

（10）不停地使用 continue 和 print a 命令查看变量 a 的值，直到程序结束。用户可以观察执行过程中 a 是否有变化。

（11）退出 GDB：

```
(gdb)quit
```

2.5 库

Linux 系统下编译生成一个可执行文件时，需要将这个可执行文件需要的函数目标文件包含进去。对于一个较大的工程来说，可能有很多的函数目标文件，这些目标文件可能会被其他工程或程序所调用，因此比较好的方法是将这些函数目标文件组合在一个单独的文件中，这就是库文件。

2.5.1 库相关概念

1．库的概念

库有两种形式：静态库和共享库。

（1）静态库的代码在编译时就已链接到开发人员开发的应用程序中。

（2）共享库只是在程序开始运行时才载入，在编译时，只是简单地指定需要使用的库函数。

由于共享库并没有在程序中包括库函数的内容，只是包含了对库函数的引用，因此可执行文件的代码规模比较小。

但是要注意，对于加载了静态库的可执行文件，由于静态库的代码已经链接进入了可执行文件中，因此静态库与可执行文件的路径没有关系了，可执行文件可以放置在任何路径下。而对于加载了共享库的可执行文件，共享库的路径与可执行文件的位置有直接的关系，如果位置错误，则可执行文件将无法正常运行。

Linux 系统已经开发的大多数库都采取共享库的方式。

2．库的名字

Linux 系统中可用的库都存放在/usr/lib 和/lib 目录中。库文件名由前缀 lib 和库名以及后缀组成。根据库的类型不同，后缀名也不一样。

（1）静态库的后缀名为.a，如 libname.a。

（2）共享库的后缀名由.so 和版本号组成，如 libname.so.5。

这里的 name 可以是任何字符串，用来唯一标识某个库。该字符串可以是一个单字、几个字符甚至一个字母。如数学共享库的库名为 libm.so.5，这里的标识字符为 m，版本号为 5。libm.a 则是静态数学库。X-Windows 库的库名为 libX11.so.6，这里使用 X11 作为库的标识，版本号为 6。C 语言的标准函数库的库名为 libc.so 后接版本号。

使用 GCC 编译器就可以将库与自己开发的程序链接起来。例如，libc.so.5 中包含标准的输入/输出函数，当链接程序进行目标代码链接时会自动搜索该程序并将其链接到生成的可执行文件中。标准的输入/输出库中包含许多基本的输入/输出函数，如 printf 函数等。也可以链接其他的一些系统函数库，如数学库等，但与 libc.so.5 不同，大部分其他的系统函数库需要在命令行中使用“-l name”显式指定所用的库名。

需要注意的是，因为 GCC 编译器对所连接的共享库文件名要求以.so 结尾，而一般共享库的文件名在.so 后还有版本号，所以通常都会给真正的共享库文件建立符号链接文件，符号链接文件以.so 结尾。因此，用户会发现/usr/lib 和/lib 目录中大多数的共享库都有一个同名的符号链接。建立符号链接的方式如下：

```
#ln  -s  libhello.so.1  libhello.so
```

3．GCC 与库

在/usr/lib 和/lib 目录中可以找到绝大多数的共享库，GCC 编译器链接时将首先搜索这两个目录。有一些库也可能存放在特定的目录中，在/etc/ld.so.conf 配置文件中给出了这些目录的列表，链接程序会对配置文件中列出的这些目录进行搜索。在默认情况下，Linux 将首先搜索指定库的共享库，如果找不到，才会去搜索静态库。

如果程序员自己编写了库文件，并打算 GCC 链接时自动找到该库文件，应该怎么做呢？首先，将该库文件复制到/usr/lib 或/lib 中，或者将该库文件的绝对路径加入/etc/ld.so.conf 配置文件中，然后运行 ldconfig 命令进行更新。

2.5.2 静态库和共享库

无论是静态库还是共享库，都是由.o 文件创建的，因此都要先将.c 源文件生成目标文件。

假设文件 test.c 要调用的函数分别在 fun1.c 和 fun2.c 文件中，以下分别介绍将 fun1.c 和 fun2.c 生成静态库 libxxx.a 和共享库 libxxx.so 的方法。

将【例 2-1】中的 vitest 目录复制为新的目录 maketest，将 maketest 中的 3 个文件按要求生成静态库和共享库。

1．静态库的创建与使用

将 fun1.c 和 fun2.c 生成静态库 libxxx.a。

（1）静态库的创建

① 分别生成目标文件 fun1.o，fun2.o：

```
#gcc  -c  fun1.c  fun2.c
```

② 生成静态库（libxxx.a）：

```
#ar  -rcs  libxxx.a  fun1.o  fun2.o
```

-r：在库中插入模块（替换）。当插入的模块名已经在库中时，则替换同名的模块。

-c：不论库是否存在都将创建，不给出警告。

-s：强制更新库的符号表，即使库的内容没有发生变化，显示执行操作选项的附加信息。

（2）静态库的使用

```
#gcc  -o  test_s  test.c -L  . -lxxx  -static
```

“-static”选项的作用是强制调用 libxxx.a 静态库，否则如果共享库和静态库同时存在的话，则会优先链接共享库。

如果将 libxxx.a 复制到/lib 或/usr/lib，就可以去掉上述命令中的“-L .”。

```
#cp  libxxx.a  /usr/lib
```

此时使用 ls 命令和 ldd 命令查看 test_s 文件的长格式信息如下：

```
[root@bogon test]# ls -l test_s
-rwxr-xr-x 1 root root 530594 06-04 14:56 test_s
[root@bogon test]# ldd test_s
        not a dynamic executable
```

2．共享库的创建与使用

将 fun1.c 和 fun2.c 生成共享库 libxxx.so。

（1）共享库的创建

① 分别生成目标文件 fun1.o，fun2.o：

```
#gcc  -fpic  -c  fun1.c  fun2.c
```

“-fpic”选项产生位置独立的代码。由于库是在运行时被调入的，因此这个选项是必需的，因为在编译的时候，还不知道装入内存的地址。如果不使用这个选项，则库文件可能不会正确运行。

② 生成共享库（libxxx.so）：

```
#gcc  -shared  -o  libxxx.so  fun1.o  fun2.o
```

“-shared”选项告诉编译器产生共享库代码。

（2）共享库的使用

```
#gcc  -o  test_d  test.c  -lxxx
```

“-lxxx”选项将自动加载名字为 libxxx.so 的库文件。

使用 ls 命令和 ldd 命令查看 test_s 文件的长格式信息如下：

```
[root@bogon test]# ls -l test_d
```

```
-rwxr-xr-x 1 root root 5102 06-04 15:08 test_d
[root@bogon test]# ldd test_d
        linux-gate.so.1 =>   (0x00d26000)
        libxxx.so => not found
        libc.so.6 => /lib/i686/nosegneg/libc.so.6 (0x009c1000)
        /lib/ld-linux.so.2 (0x009a3000)
```

通过 ldd 命令显示结果，可以看到 test_d 使用了共享库，但是 libxxx.so 库的路径却是“not found”，如果此时直接运行 test_d，将会出现如下错误：

```
[root@bogon test]# ./test_d
./test_d: error while loading shared libraries: libfun.so: cannot open shared object file: No such file or directory
```

因为运行程序时需要链接 libxxx.so，而系统在默认的库文件路径下没有找到 libxxx.so，此时有两种方法解决这个问题。

方法 1 将 libxxx.so 复制到/usr/lib 或/lib 目录下。

```
#cp   libxxx.so   /usr/lib
```

此时执行 ldd 命令查看 test_d 文件，可以发现 libxxx.so 的路径已经成为/usr/lib。

```
[root@bogon test]# ldd test_d
        linux-gate.so.1 =>   (0x001b7000)
        libxxx.so => /usr/lib/libfun.so (0x006df000)
        libc.so.6 => /lib/i686/nosegneg/libc.so.6 (0x009c1000)
        /lib/ld-linux.so.2 (0x009a3000)
```

方法 2 编辑/etc/ld.so.conf 文件，将 libxxx.so 所在目录的绝对路径（如/home/2/test）加入该文件中，保存文件后在 Shell 中执行 ldconfig 命令刷新库路径缓存。

此时执行 ldd 命令查看 test_d 文件，可以发现 libxxx.so 的路径已经成为/home/2/test。

```
[root@bogon test]# ldd test_d
        linux-gate.so.1 =>   (0x0025e000)
        libxxx.so => /home/2/test/libfun.so (0x004fd000)
        libc.so.6 => /lib/i686/nosegneg/libc.so.6 (0x009c1000)
        /lib/ld-linux.so.2 (0x009a3000)
```

最后，需要注意的是 test_s 和 test_d 文件的大小，通过 ls 命令看到 test_s 显然比 test_d 大很多，原因就是链接静态库是将库文件代码合并到可执行文件中，而链接共享库并不合并库文件代码。

2.6 案例 2：简易学生成绩计算

2.6.1 分析与设计

本案例完成一个简易的学生成绩计算功能：从键盘输入 *N* 个学生的姓名、年龄、数学成绩和语文成绩 4 项信息；输入完 *N* 个学生信息后，计算各个学生的总成绩和平均成绩；计算完毕后输出每个学生的姓名、年龄、数学成绩、语文成绩、总成绩、平均成绩。要求将输入、计算、输出 3 个过程分别使用独立函数实现，3 个函数分别保存在 3 个不同的源文件中。

（1）程序结构设计

案例要求输入、计算、输出过程分别使用独立函数实现，并保存在 3 个不同的源文件中，因此程序至少应包括 main 在内共 4 个函数，并分别保存在 4 个不同的源文件中。

不论是输入、计算还是输出，都要针对 *N* 个学生进行相同操作，所以必须使用循环结构，循环次数由 *N* 决定。

通过以上分析，定义以下 4 个源文件：stuscore.c、in.c、cal.c、out.c，1 个头文件 stuscore.h，1 个 Makefile 文件。其中 stuscore.c 保存 main 函数，in.c 保存 input 函数，cal.c 保存 calculate 函数，out.c 保存 output 函数，stuscore.h 保存 student 结构体定义，Makefile 文件是编译本案例的脚本文件。

（2）程序数据设计

由于案例要求分别进行 *N* 个学生信息的输入、计算、输出过程，因此这 *N* 个学生信息最好使用数组形式进行保存以方便引用，数组元素个数为 *N*，数组类型为结构体（因为数组的每个元素都是一个学生的多项信息）。

本案例中涉及的数据有姓名、年龄、数学成绩、语文成绩、总成绩、平均成绩。各个数据的类型可以考虑如下：姓名应是字符串，所以要定义成字符数组（因为 C 语言中使用字符数组保存字符串）；年龄一般为整数，定义为 int（更确切的话，还可以是 unsigned short）；各种成绩由于可能出现小数点形式的数据，因此都定义为 float 类型。学生的个数为 *N*，*N* 的值可以作为宏去定义。

根据以上分析，本案例定义以下数据和函数。

```
struct    student            //学生信息结构体
{
      char name[32];
      int   age;
      float   math;
      float   ch;
      float   sum;
      float   ave;
};
#define     N     3                          //N代表学生个数，以3为例
struct    student       data[N];             //N个学生信息数组
void    input(struct student    *d,int n);   //对N个学生信息进行输入，保存到d开始的数组中
void    calculate(struct student    *d,int n);   //对N个学生信息进行计算，保存到d开始的数组中
void    output(struct student    *d,int n);  //对N个学生信息进行输出
```

（3）程序的基本流程

本案例程序的基本流程图如图 2.3 所示。

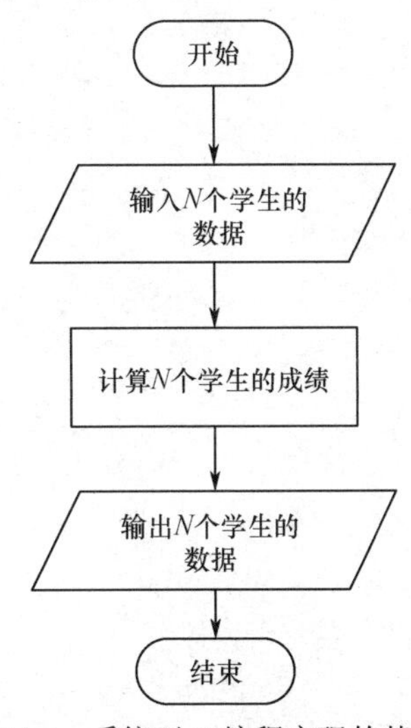

图 2.3　Linux 系统下 C 编程实现的基本流程图

2.6.2 实施

根据 2.6.1 节的分析与设计，本案例源代码如下所示，保存在 stuscore 目录中，如图 2.4 所示。

```
[root@localhost stuscore]# ls
cal.c  in.c  makefile  out.c  stuscore.c  stuscore.h  stusocre
```

图 2.4 stuscore 目录中的文件

```
//stuscore.h
1. #ifndef   _STUSCORE_H
2. #define _STUSCORE_H
3.
4. struct   student           //学生信息结构体
5. {
6. char name[32];
7. int   age;
8. float   math;
9. float   ch;
10. float   sum;
11. float   ave;
12. };
13.
14. #endif
```

```
//stuscore.c
1. #include "stuscore.h"
2.
3. #define     N     3
4. struct   student       data[N];
5.
6. void   input(struct student   *d,int n);
7. void   calculate(struct student   *d,int n);
8. void   output(struct student   *d,int n);
9.
10. int main()
11.   {
12.    input(data,N);
13.    calculate(data,N);
14.    output(data,N);
15. }
```

```
//in.c
1. #include <stdio.h>
2. #include "stuscore.h"
3. void   input(struct student   *d,int n)
4. {
5.    int i;
6.    for(i=0;i<n;i++)
7.    {
8.          printf("please input %d   student-name:",i+1);
9.          scanf("%s",d[i].name);
10.          printf("please input %d   student-age:",i+1);
11.          scanf("%d",&(d[i].age));
12.          printf("please input %d   student-ch:",i+1);
```

```
13.        scanf("%f",&(d[i].ch));
14.        printf("please input %d    student-math:",i+1);
15.        scanf("%f",&(d[i].math));
16.  }
17.  }
```

```
    //cal.c
1. #include "stuscore.h"
2. void    calculate(struct student    *d,int n)
3. {
4.    int i;
5.
6.    for(i=0;i<n;i++)
7.    {
8.         d[i].sum=d[i].ch+d[i].math;
9.         d[i].ave=d[i].sum/2.0;
10.   }
11.   }
```

```
    //out.c
1. #include <stdio.h>
2. #include "stuscore.h"
3. void    output(struct student    *d,int n)
4. {
5.    int i;
6.    printf("name    age  ch    math    sum ave\n");
7.    for(i=0;i<n;i++)
8.    {
9.        printf("%s %d %.2f    %.2f    %.2f    %.2f\n",d[i].name,d[i].age,d[i].ch,d[i].math, d[i].sum,d[i].ave);
10.  }
11.  }
```

```
     //Makefile
1.   OBJ=stuscore
2.   SRC=stuscore.c    in.c    out.c    cal.c
3.   $(OBJ):$(SRC)
4.   gcc -o $@    $^
5.   clean:
6.   rm $(OBJ)
```

2.6.3 编译与运行

由于本案例的源文件有多个，为简化编译过程，已经编写了 Makefile 文件，因此本案例可以直接使用 make 命令进行编译，如图 2.5 所示。

```
[root@localhost stuscore]# ls
cal.c  in.c  makefile  out.c  stuscore.c  stuscore.h
[root@localhost stuscore]# make
gcc -o stuscore  stuscore.c in.c out.c cal.c
[root@localhost stuscore]#
```

图 2.5　编译过程

根据 Makefile 文件的说明，本案例生成可执行文件 stuscore，可以在当前目录下运行程序，运行界面如图 2.6 所示。

```
[root@localhost stuscore]# ./stuscore
please input 1  student-name:u1
please input 1  student-age:11
please input 1  student-ch:60
please input 1  student-math:70
please input 2  student-name:u2
please input 2  student-age:12
please input 2  student-ch:89
please input 2  student-math:90
please input 3  student-name:u3
please input 3  student-age:13
please input 3  student-ch:78
please input 3  student-math:86
name    age     ch      math    sum     ave
u1      11      60.00   70.00   130.00  65.00
u2      12      89.00   90.00   179.00  89.50
u3      13      78.00   86.00   164.00  82.00
[root@localhost stuscore]#
```

图 2.6　运行界面

【创新能力】考虑 *N* 不为宏而由用户从键盘输入时数据类型及程序流程该如何设计？

习　题

一、填空题

1．Vi 编辑器的 3 种工作模式：（　　）（　　）（　　）。

2．GCC 编译器生成可执行文件的 4 个步骤：（　　）（　　）（　　）（　　）。

3．（　　）文件用来描述程序或工程中各个文件之间的相互关系。

4．（　　）命令用来解释 Makefile 文件中的命令。

5．库分为（　　）和（　　）。

二、简答题

1．静态库与共享库有什么区别？

2．Makefile 文件的显式规则是什么？

三、编程题

1．编写 Makefile 文件：当前目录下有文件 a1.c，a2.c，a3.c，其中 a1.c 中带有 main 函数，其他文件中为用户自定义函数，供 main 函数调用。编写 Makefile 文件完成对这几个文件的编译工作并生成可执行文件 a。

2．编写 Makefile 文件：在当前目录下有很多独立的程序文件如 aa.c，bb.c，cc.c（即每个文件都有 main 函数），分别要生成对应的可执行文件 aa，bb，cc，为了方便用户操作，编写一个 Makefile 文件，使得调用 make 命令会重新编译最新修改的程序文件。

第 3 章　Linux 程序设计初步

本章首先介绍程序及进程的存储结构、变量的类型修饰符，然后介绍命令行参数，为以后进行其他单元的案例开发做好准备。在 Linux 系统中，环境变量保存了系统环境的相关信息，本章介绍 Shell 环境变量的命令访问方式和函数访问方式，最后介绍时间管理和错误代码。

本章最后设计了一个“设置环境变量”案例，该案例通过命令行来对进程设置某环境变量的值，如果命令行未给出值，则获取当前时间作为该环境变量的值，要求显示该环境变量修改前与修改后的值。该案例涉及以下知识点：环境变量的定义、取值、修改，获取当前时间，获取命令行参数信息。

3.1　程序及进程的存储结构

可执行文件可能是各个操作系统中最重要的文件类型，因为它是完成操作的真正执行者，是由编译器处理源文件后得到的。Linux 平台下可执行文件的类型是普通文件，其文件的格式主要有 3 种形式：a.out（Assembler and Link Editor Output，汇编器和链接编辑器的输出）、COFF（Common Object File Format，通用对象文件格式）和 ELF（Executable and Linking Format，可执行和链接格式）。可以使用“file　可执行文件名”查看可执行文件的格式。目前大多数的 Linux 已经采用 ELF 取代了 a.out 格式，但是 GCC 工具编译 C 语言源文件时，如果未指定输出文件名，则默认的输出文件名为 a.out，这沿用了以前的名字，但其实际的格式是 ELF。

不论可执行文件的格式是什么，它都要包含几个重要部分：代码段（text）、数据段（data）和 BSS（Block Started by Symbol）段。其中，代码段主要保存程序执行代码，通常是只读的，如果程序创建了多个进程，则各个进程可以共享代码段；数据段保存已经初始化的全局变量、静态变量；BSS 段保存未初始化的全局变量、静态变量，并在程序开始执行之前被内核初始化为 0 或空指针 NULL。

运行可执行文件后产生一个新的进程，操作系统会将可执行文件的内容从磁盘复制到内存中。为了进程的正常运行，操作系统还要给进程分配内存空间用以保存其他相关内容。进程在内存中的映像主要分为：代码段（text）、数据段（data）、BSS 段、堆（heap）、栈（stack）。进程在内存中的布局如图 3.1 所示。

可执行文件与进程内存映像之间的对应关系如图 3.2 所示。

进程内存映像中的代码段、数据段、BSS 段的功能与前述相同。堆是动态分配的内存区域，大小不固定，可动态增加和缩减，C 语言中可以使用 malloc 函数和 free 函数进行动态内存分配和释放。栈用来保存函数临时创建的局部变量（不包括函数内部的 static 变量）。另外在函数被调用时，函数参数也会被压入发起调用函数的进程栈中，等调用结束后，函数的返回值会被存放到栈中。

需要注意的是，堆空间是需要手动申请和释放的，而栈的空间是系统自动分配和释放的。

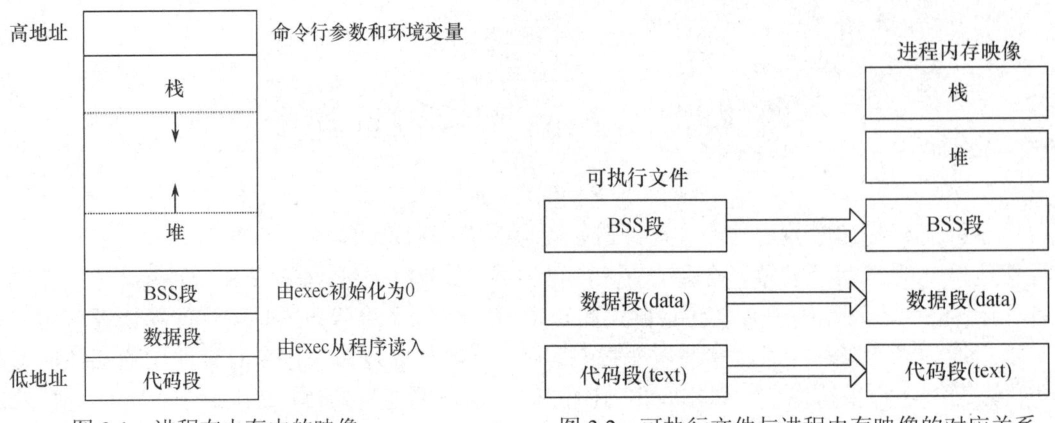

图 3.1　进程在内存中的映像　　　　图 3.2　可执行文件与进程内存映像的对应关系

3.2　变量的类型修饰符

C 语言在声明变量时的常见格式为：

```
[类型修饰符]  数据类型  变量名
```

例如：

```
int a;
static char b;
```

常见的类型修饰符有 auto，const，register，static，volatile，extern。其中 static 和 extern 还可以用来定义函数。auto 可以不必显式写出，即没有指定类型修饰符的变量都是 auto 变量。

变量的数据类型主要说明该变量占用的内存空间大小，类型修饰符指明该变量的存储位置。const 修饰的变量是只读的（但不是常量），volatile 修饰符定义的变量所在的代码不会被编译器优化，每次都直接从内存中取值。其他几种类型修饰符的存储位置、生存期、作用范围如表 3.1 所示。

表 3.1　特殊修饰变量的存储位置

变量形式	存储位置	生存期	作用范围
auto 变量	栈	所在函数	所在{ }内
static 全局变量	已初始化在数据段，未初始化在 BSS 段	当前进程	当前文件
static 局部变量	已初始化在数据段，未初始化在 BSS 段	当前进程	所在{ }内
extern 变量	extern 用于声明引用定义在别处的全局变量，该变量已初始化在数据段，未初始化在 BSS 段	当前进程	当前进程
register 变量	CPU 寄存器	所在函数，只有局部变量才可使用	所在{ }内

【例 3-1】变量在内存中的位置。

本例展示了局部变量、全局变量、静态变量和动态分配的空间在不同的内存区域中。

（1）源程序（vartest.c）

```
1. #include <stdio.h>
2. #include <stdlib.h>
3. const int a = 1;  //只读，数据段
4. static int b = 2;  //数据段
```

```
5. int c = 3;            //数据段
6. int d;   //bss段
7. int main(int argc,char * argv[])
8. {
9.     char *p;   //栈
10.    static int e = 5;   //数据段
11.    static int f;   //bss段
12.    char g[] = "Hello world";   //栈
13.    int h = 6;   //栈
14.    const int i=3;   //栈
15.    p = (char*)malloc(64);   //堆

16.    printf("i:%p\n\n",&i);
17.    printf("&p:%p\n",&p);
18.    printf("g:%p\n",&g);
19.    printf("h:%p\n",&h);

20.    printf("p:%p\n\n",p);

21.    printf("d:%p\n",&d);
22.    printf("f:%p\n\n",&f);

23.    printf("e:%p\n",&e);
24.    printf("c:%p\n",&c);
25.    printf("b:%p\n\n",&b);

26.    printf("a:%p\n",&a);
27.    return 0;
28. }
```

（2）编译

```
#gcc   -o   vartest.out   vartest.c
```

（3）运行

```
#./ vartest.out
```

（4）运行结果

一种可能的运行界面如图 3.3 所示。

```
[root@localhost jiaocai]# ./vartest
i:0xbfffed78
&p:0xbfffed9c
g:0xbfffed80
h:0xbfffed7c

p:0x8049700

d:0x80496ac
f:0x80496a8

e:0x80495a8
c:0x80495a4
b:0x80495a0

a:0x8048538
```

图 3.3　运行界面

从上面的分析中我们知道，数据段中已初始化的数据和未初始化的数据是不同的。已初始化的数据在编译时，包含在可执行程序中。程序加载到内存中时，由 exec 从可执行程序中装入内存。而未初始化数据在编译时，并不被包含在可执行程序中。当程序加载到内存中时，由exec为其分配内存空间并进行初始化。

【创新能力】下面有一段代码：

```
1.  int   myarr[50000] = {1,2,3,4,5};
2.  int   main(void)
3.  {
4.       myarr[0] = 100;
5.       return 0;
6.  }
```

该程序编译后得到的可执行程序大约有200000多字节。为什么会这么大？

假设该程序要在一个嵌入式设备上运行，需要将该程序尽量变得小一些。该如何修改？

3.3 命令行参数及获取

3.3.1 命令行参数

每一个程序都有一个程序入口，C语言中使用main函数作为程序执行的入口。

当用户执行程序时，除非环境变量PATH中已经包含程序所在的路径，否则都需要输入程序的路径名，而不仅仅是程序本身的名字。这里的路径名可以是相对路径也可以是绝对路径，举例如下（假设test程序在/home目录下，并且当前目录就是/home）：

```
# ./test
```

这里“./test”即为程序的路径名，这是相对路径。

又或者如：

```
# /home/test
```

这里“/home/test”即为程序的路径名，这是绝对路径。

用户向程序传入数据时可以调用输入库函数scanf。这种情况下，程序已经进入了main函数，但有时在执行main函数时就传入用户对程序功能的要求，可以在输入程序名字的同时就加入相关参数。如：

```
# ./test   aa   bb
```

用户在执行程序时输入的包含程序名在内直到按下回车键之前的所有数据称为命令行参数。

以ls命令为例，当用户使用ls命令时，可以通过ls后面的参数区分ls要执行的不同功能。如“ls -a”和“ls -l”两条命令都是由ls程序实现的，但是可以通过在ls后添加不同的参数来区分具体功能。

命令行参数与程序名之间都是用空格或tab字符分隔（如果参数本身带有空格，则使用双引号将参数括起来）的。如：

```
#./test   -a   bb   "hello world"
```

当用户开始执行程序时，命令行参数就通过main函数的参数传入程序并使用。

main函数的原型有几种形式，一般来说main函数返回int，可以没有参数，也可以有2个或多个。

常见的main函数原型如下：

```
int main(void)
int main(int argc, char *argv[])
int main(int argc, char *argv[], char *env[])
```

通常，main函数在使用时可以不带参数；但如果程序需要获取用户在运行程序指定的命令行参数，就需要main函数带参数。

main 函数的前两个参数 argc 和 argv 传递了命令行参数信息；第 3 个参数 env 代表环境变量的指针数组，用于获取系统传递给进程的环境变量值，一般很少使用。这里只介绍带有两个参数的 main 函数的形式，如表 3.2 所示。

表 3.2　带有两个参数的 main 函数

项目	描　　述
原型	int main(int argc, char *argv[])
功能	程序入口函数
参数	argc：代表命令行参数个数，该数目包括程序名在内，也就是说 argc 至少为 1 argv：是一个字符指针数组，代表指向包括程序名在内的各个命令行各参数项字符串地址，数组有效元素个数为 argc。如果命令行参数有多个，则 argv[0]代表程序名，argv[1]～argv[argc−1]依次指向其他各参数项字符串，argv[argc]值为 NULL，代表字符指针数组结尾
返回值	int 类型，代表应用程序的退出状态

例如，程序 test.c 的可执行程序为 test，如果用户按如下命令执行程序：

```
#./test   -a   bb   "hello world"
```

则 test 程序运行后，传入 main 函数的 argc 值为 4，其中：argv[0]指向“./test”，argv[1]指向“-a”，argv[2]指向“bb”，argv[3]指向“hello world”，argv[4]的值为 NULL，如图 3.4 所示。

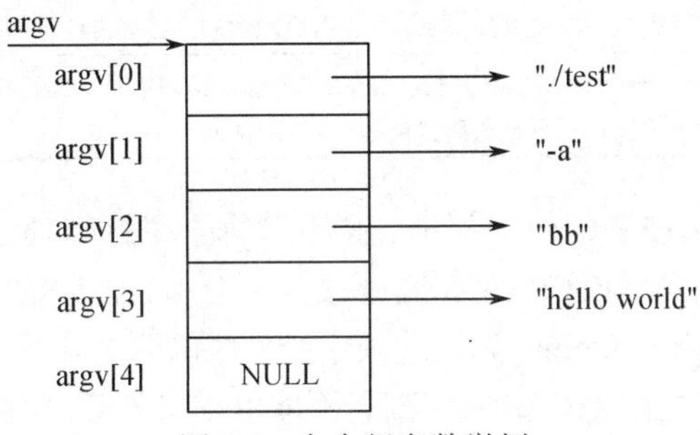

图 3.4　命令行参数举例

【例 3-2】读取命令行参数。

输出用户输入的命令行参数字符串及个数。

（1）源程序（arg.c）

```
1.  #include <stdio.h>
2.  int main(int argc,char *argv[])
3.  {
4.      int i;
5.      printf("argc=%d\n",argc);
6.      for(i=0;i<argc;i++)
7.          printf("argv[%d]=%s\n",i,argv[i]);
8.      return 0;
9.  }
```

（2）编译

```
#gcc   -o   arg   arg.c
```

（3）运行

```
#./ arg   aa   bb
```

（4）运行结果

```
argc=3
argv[0]=./arg.out
```

```
argv[1]=aa
argv[2]=bb
```

程序运行结果根据运行时输入的命令行参数的不同而不同。

3.3.2 getopt 获取命令行参数

在编程过程中，单纯使用 main 函数的参数 argc 和 argv 进行命令的判断，这在简单的程序中是可行的，而且是比较简洁方便的。但是对一些系统命令来说，命令的选项可能会很多，而且多个命令的选项的前后次序不同也可能得到相同的结果，因此使用 argc 和 argv 进行判断会使得程序的分支判断不正确，此时使用 getopt 函数就很方便了。getopt 函数的使用方式如表 3.3 所示。

表 3.3　getopt 函数

项目	描　　述
原型	#include <unistd.h> int getopt(int argc, char * const argv[],const char *optstring);
功能	解析命令行参数
参数	argc：与 main 函数的 argc 参数相同 argv：与 main 函数的 argv 参数相同 optstring：一个包含了合法的选项字符的字符串 注：argv 中由“-”开头的参数称为选项参数，“-”后跟随的字符称为选项字符
返回值	通常 getopt 会在循环中使用，每次调用将返回选项参数中的选项字符，如果遇到未知的选项参数或选项参数缺失则返回“？”，如果所有命令行参数遍历结束则返回-1

optstring 参数是一个选项字符的字符串，其中的每个字符都是一个选项字符，如果选项字符后跟随一个冒号“:”，则表示该选项字符需要接收一个参数，参数紧跟在选项字符后或以空格隔开，并且该参数的指针赋给 optarg。如果选项字符后跟随两个冒号“::”，则表示该选项字符后需要接收一个参数，参数必须紧跟在选项字符后，不能以空格隔开，并且该参数的指针赋给 optarg。

与 getopt 函数有关的变量如表 3.4 所示。

表 3.4　与 getopt 函数有关的变量

变量名	意　　义
int opterr	如果 opterr 是非零值，getopt 在遇到未知的选项参数或选项参数缺失（:或::的情况）时，则输出错误信息；这是默认的行为。如果将 opterr 设置为 0，则 getopt 不会输出信息，但仍然返回“?”代表出错
int optopt	当 getopt 遇到未知的选项参数或选项参数缺失时，optopt 将存储该未知的参数或缺失参数的选项字符
int optind	从 1 开始，代表下一个即将处理的命令行参数，如果 getopt 循环调用结束，用户则可以通过 optind 开始遍历那些非选项参数
char* optarg	当选项参数后跟随:或::时，表明后面需要跟随参数，optarg 将指向跟随的参数

一般在循环结构中使用 getopt 函数，从而遍历所有命令行的选项参数。在循环调用 getopt 函数结束后，命令行参数 argv 中的参数字符串顺序将重新调整，将与选项参数相关的参数移动到数组前部，其他参数移动到数组后部。如命令行参数：

```
./getopttest   arg1   -a   arg2   -b   arg3   -c   foo   arg4
```

在循环调用 getopt 函数结束后，argv 的内容将变成：

```
./getopttest   -a   -b   -c   foo   arg1   arg2   arg3   arg4
```

【例 3-3】getopt 函数的使用。

通过 getopt 函数处理命令行参数。

（1）源程序（getopttest.c）

```
1.  #include <ctype.h>
2.  #include <stdio.h>
3.  #include <stdlib.h>
4.  #include <unistd.h>
5.  void printargv(int argc,char ** argv)
6.  {
7.        int i=0;
8.        for(i=0;i<argc;i++)
9.        {
10.             printf("%s",argv[i]);
11.        }
12.        printf("\n");
13.        }
14.   int main (int argc, char **argv)
15.   {
16.        int para_a= 0;
17.        int para_b = 0;
18.        char *para_c = NULL;
19.        int i;
20.        int optchar;

21.        opterr = 0;
22.        printargv(argc,argv);

23.        while ((optchar = getopt (argc, argv, "abc:")) != -1)
24.        {
25.             switch (optchar)
26.             {
27.             case 'a':para_a = 1;break;
28.             case 'b':para_b = 1;break;
29.             case 'c':para_c = optarg;break;
30.             case '?':
31.             if (optopt = = 'c')
32.                  fprintf (stderr, "Option -%c requires an argument.\n", optopt);
33.             else if (isprint (optopt))
34.                  fprintf (stderr, "Unknown option '-%c'.\n", optopt);
35.             else
36.                  fprintf (stderr,"Unknown option character '\\x%x'.\n",optopt);
37.                  return 1;
38.             default:abort();
39.             }
40.        }
41.        printf("------------\n");
42.        printargv(argc,argv);
43.        printf ("para_a = %d, para_b = %d, para_c = %s\n",para_a, para_b, para_c);
44.        for (i = optind; i < argc; i++)
45.             printf ("Non-option argument %s\n", argv[i]);
46.        return 0;
47.   }
```

（2）编译

```
#gcc   -o   getopttest getopttest.c
```

（3）可能的运行过程及运行结果

```
[root@bogon 2018jc]# ./getopttest
./getopttest
------------
./getopttest
para_a = 0, para_b = 0, para_c = (null)

[root@bogon 2018jc]# ./getopttest -a
./getopttest -a
------------
./getopttest -a
para_a = 1, para_b = 0, para_c = (null)

[root@bogon 2018jc]# ./getopttest -a -b
./getopttest -a -b
------------
./getopttest -a -b
para_a = 1, para_b = 1, para_c = (null)

[root@bogon 2018jc]# ./getopttest -ba
./getopttest -ba
------------
./getopttest -ba
para_a = 1, para_b = 1, para_c = (null)

[root@bogon 2018jc]# ./getopttest -ab
./getopttest -ab
------------
./getopttest -ab
para_a = 1, para_b = 1, para_c = (null)


[root@bogon 2018jc]# ./getopttest -a -b -c
./getopttest -a -b -c
Option -c requires an argument.

[root@bogon 2018jc]# ./getopttest -a -b -c foo
./getopttest -a -b -c foo
------------
./getopttest -a -b -c foo
para_a = 1, para_b = 1, para_c = foo

[root@bogon 2018jc]# ./getopttest -abc foo
./getopttest -abc foo
------------
./getopttest -abc foo
para_a = 1, para_b = 1, para_c = foo

[root@bogon 2018jc]# ./getopttest arg1 -a arg2 -b arg3 -c foo arg4
./getopttest arg1 -a arg2 -b arg3 -c foo arg4
------------
./getopttest -a -b -c foo arg1 arg2 arg3 arg4
para_a = 1, para_b = 1, para_c = foo
Non-option argument arg1
```

```
Non-option argument arg2
Non-option argument arg3
Non-option argument arg4
```

从以上运行结果可知，如果命令行参数需要“-a”“-b”“-c”参数，在用户输入时可能会有很多种组合，所以直接使用 argc 和 argv 来判断用户输入的参数将会比较困难。使用 getopt 后用户输入的各种形式将被自动解析，从而极大地提高了程序的通用性。

3.4 环境变量

3.4.1 Shell 变量

Shell 是一个特殊的进程，是用户与内核之间的接口。Shell 启动后拥有多个自己的变量，以列表形式保存，这些变量也称为环境变量。变量列表由若干字符串组成，并以 NULL 作为结尾。在 Shell 中启动进程后，进程使用特殊的全局变量“char **environ”继承 Shell 的环境变量。这个变量不需要用户自己定义，只需要通过“extern char **environ;”引用即可。

环境变量列表的形式如图 3.5 所示。

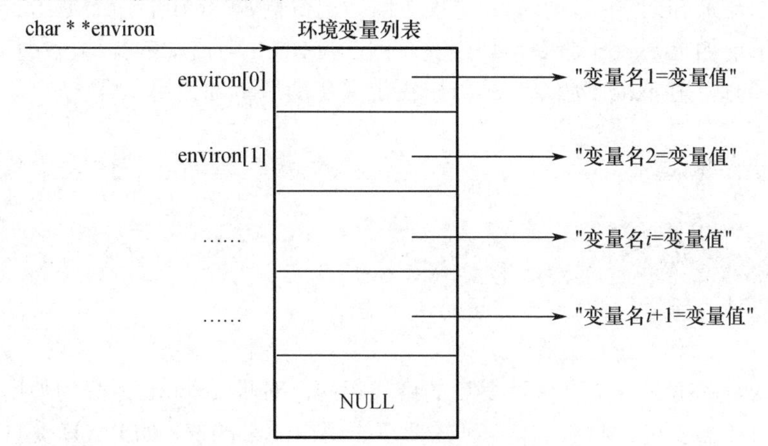

图 3.5　环境变量列表

可以使用如下程序遍历当前进程的环境变量列表：

```
//showenv.c
1.  #include <stdio.h>
2.  #include <stdlib.h>
3.  #include <unistd.h>
4.  extern char **environ;
5.  int main()
6.  {
7.          int i;
8.          for(i=0;environ[i]!=NULL;i++)
9.          printf("%s\n",environ[i]);
10.         exit(0);
11. }
```

3.4.2 环境变量的相关命令

在 Shell 中对环境变量的操作主要包括查看、定义、修改、删除。

1．查看

用户可以使用 echo 命令查看某个变量的值，格式为：

```
echo    $变量名
```

如“echo　$HOME”将输出登录用户的主目录。

如果要查看当前 Shell 中所有的环境变量信息，则可使用“set”命令。常用的环境变量有 HOME（用户主目录），PWD（当前工作目录），PATH（默认可执行程序搜索路径）等。这些变量在用户登录系统后，由系统自动设置。

2．定义

Shell 允许用户自定义环境变量，BASH（Bourne-Again Shell）中定义变量的语法如下：

```
变量名=变量值（“=”左右无空格）
```

例如：

```
# myvar=hello
```

这样定义的环境变量只能被 Shell 本身访问，不能被在 Shell 中启动的其他应用程序访问。

如输入命令“sh”启动另一个 Shell 程序，再次输入命令“echo　$ myvar”查看 myvar 变量的值，结果将输出一个空行。这表明 sh 中没有定义变量 myvar，因为 myvar 是原来的 Shell 定义的，不能由原来 Shell 中启动的 sh 进程访问。记得输入“exit”命令退出 sh。

如果在变量前加上 export 命令，则该变量可以被 Shell 中启动的其他应用程序访问。可以在定义变量的同时使用 export 命令，也可以在定义变量后单独使用。

例如：

```
# export    myvar=hello
```

或

```
# myvar=hello
# export    myvar
```

这样就可以使用新运行的 sh 去访问 myvar 变量。

3．修改

修改环境变量的格式与定义环境变量的格式相同，对于 export 命令的使用也相同。如果修改变量的同时还需要包含原来的值，则需要事先引用原来的值，如 PATH 变量中保存了可执行文件的搜索路径，使用冒号分隔，原来保存了一些路径值，如果要增加一个当前目录，则要进行如下修改：

```
export PATH=$PATH:.
```

4．删除

删除环境变量的命令为 unset，命令格式为：

```
unset    变量名
```

如果删除 myvar 变量，则可使用命令“unset　myvar”。

需要注意的是，使用命令方式对变量做出的改变，无论增加、修改、删除等都是临时的，当系统重新启动后将恢复到改变之前的状态。这是因为 Linux 系统启动过程中通过读取系统配置文件来确定各变量的值，使用命令方式对环境变量列表的改动并没有写入文件，所以重新启动后将恢复原状。如果用户想在系统重新启动后仍然保持对环境变量列表的改动，则需要将改动写入文件中，相关的文件有/etc/profile 和用户主目录中的.bash_profile。前者文件中的修改结果可以由所有登录用户访问，而后者文件中的修改只有指定的某个用户才能访问。

3.4.3 环境变量函数

如果使用命令方式访问环境变量，则要在命令行上输入命令，并且修改的是 Shell 的环境变量。在编程过程中访问进程的环境变量时需要使用专门的函数。常用的函数有 getenv、putenv、setenv 和 unsetenv，见表 3.5～表 3.8。

表 3.5 getenv 函数

项目	描 述
头文件	#include <stdlib.h>
原型	char *getenv(const char *name);
功能	获取环境变量
参数	name：要获取的环境变量名
返回值	成功获取环境变量时，返回一个指向环境变量值的指针；如果没有获取环境变量，则返回空指针 NULL

表 3.6 putenv 函数

项目	描 述
头文件	#include <stdlib.h>
原型	int putenv(char *string);
功能	改变或增加环境变量
参数	string：要改变或增加的环境变量表达式
返回值	执行成功时，返回 0；失败时，返回-1

表 3.7 setenv 函数

项目	描 述
头文件	#include <stdlib.h>
原型	int setenv(const char *name, const char *value, int overwrite);
功能	改变或增加一个环境变量
参数	name：环境变量名 value：环境变量的值 overwrite：是否覆盖环境变量原值。0：不覆盖；非 0：覆盖
返回值	执行成功时，返回 0；失败时，返回-1

表 3.8 unsetenv 函数

项目	描 述
头文件	#include <stdlib.h>
原型	void unsetenv(const char *name);
功能	删除一个环境变量
参数	name：要删除的环境变量名
返回值	执行成功时，返回 0；失败时返回-1，并设置 errno

【例 3-4】使用函数访问进程环境变量。

获取环境变量 USER 的值，调用 setenv 将 USER 值改为 hehe，使用 putenv 增加环境变量 AGE 值为 20，然后删除环境变量 AGE。

（1）源程序（envtest.c）

```
1.  #include <stdio.h>
2.  #include <stdlib.h>
3.  int main()
4.  {
5.     char *val;
6.     val=getenv("USER");
7.     printf("USER1=%s\n",val);
8.
9.     setenv("USER","hehe",1);
10.    val=getenv("USER");
11.    printf("USER2=%s\n",val);
12.
13.    putenv("AGE=20");
14.    val=getenv("AGE");
15.    printf("AGE1=%s\n",val);
16.
17.    unsetenv("AGE");
18.    val=getenv("AGE");
19.    printf("AGE2=%s\n",val);
20.    return 0;
21. }
```

（2）编译

```
# gcc  -o envtest  envtest.c
```

（3）运行

```
# ./ envtest
```

（4）运行结果

```
USER1=root
USER2=hehe
AGE1=20
AGE2=(null)
```

envtest 程序运行结束后，系统 Shell 中的 USER 变量值并不会改变，因为 envtest 运行的进程中对应的 USER 值改变，这个改变仅在该进程中生效，Shell 进程是 envtest 进程的父进程，它们是两个相对独立的进程，所以 envtest 进程中对 USER 的改变并不会影响 Shell 中的 USER 值。

3.5 时 间 管 理

在 1884 年召开的华盛顿国际经度会议上，规定了计算各国地方时间的方法。但在一些重大的全球性活动中，还需要有一个全球范围内大家都共同遵守的统一时间，因此又规定了国际标准时间。它要求全球范围内都以零经度线上的时间作为国际上统一采用的标准时间。因为零经度线通过英国格林尼治天文台，所以国际标准时间也称为格林尼治时间，又称世界时。

国际标准时间的应用比较广泛，它最先用于航海定位，后来在南极科学考察中也得到应用。此外，国际标准时间还用于国际协定、国际通信、天文观测和推算以及一些国际性事务中，以取得全球的一致性。

Linux 内核提供的时间是从国际标准时间（UTC）公元 1970 年 1 月 1 日 0 时 0 分 0 秒开始以来经过的秒数，被称为日历时间，数据类型为 time_t。

日历时间可以通过 time 系统调用获得，但是由于日历时间的可读性较差，因此可以将日历时间通过相关系统调用或函数转换为结构体类型（struct tm）或字符串。它们的转换方式如图 3.6 所示。

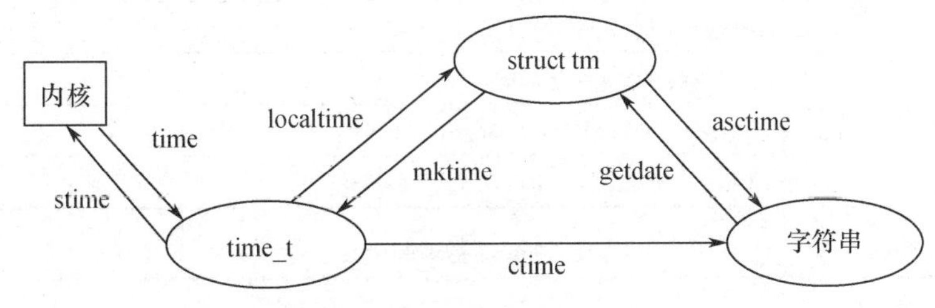

图 3.6 日历时间表达方式转换图

从图 3.6 中可以看出，用户可以通过 time 系统调用从系统获取当前的时间，得到的时间类型是 time_t 类型。由于这种类型可读性较差，因此可以通过 ctime 函数将其转换成字符串类型，也可以通过 localtime 函数将其转换成结构体 struct tm 类型来使用。同样这两个类型之间也可以通过 asctime 函数和 getdate 函数来转换。

另外，如果需要设置系统时间，也需要将时间转换成 time_t 类型，而用户将人类使用的时间直接换算成 time_t 类型是不容易的，所以系统也提供了 mktime 函数将结构体形式的时间转换成 time_t。

结构体 tm 定义如下：

```
struct tm
{
    int tm_sec;          //秒，范围0～61，2秒闰秒（见附录B）
    int tm_min;          //分钟，范围0～59
    int tm_hour;         //小时，范围0～23
    int tm_mday;         //一个月内的日期，范围1～31
    int tm_mon;          //月份，范围0～11
    int tm_year;         //年，自1900年开始计算，如198相当于2008
    int tm_wday;         //星期，范围0～6
    int tm_yday;         //一年中的日期，范围0～365
    int tm_isdst;        //夏令时标记(>0夏令时有效，0无效，-1不可用)
};
```

下面介绍进行日期和时间转换的几个函数或系统调用，见表 3.9～表 3.13。

表 3.9 系统调用 time

项目	描　　述
头文件	#include <time.h>
原型	time_t　time(time_t *t);
功能	得到当前的日期和时间
参数	t：time_t 类型指针，指向获得的当前日期和时间
返回值	time_t 类型，代表获得的当前日期和时间
备注	调用形式可以有两种，一种通过参数获得，一种通过返回值获得 如：time_t tm; 　　tm=time(NULL); 或　time(&tm); 两种方式都可以使得 tm 为当前时间

表 3.10　函数 localtime

项目	描　　述
头文件	#include <time.h>
原型	struct tm *localtime(const time_t *t);
功能	t：把 time_t 转换成本地分散时间
参数	time_t 类型指针，指向要转换的 time_t 类型时间
返回值	tm 结构体指针，代表转换后的 tm 结构体的指针

表 3.11　函数 mktime

项目	描　　述
头文件	#include <time.h>
原型	time_t mktime(struct tm *tmbuf);
功能	把本地分散时间转换成 time_t
参数	timbuf：tm 结构体指针，指向要转换 tm 结构体
返回值	time_t 类型，代表转换后的 time_t 类型时间

表 3.12　函数 ctime

项目	描　　述
头文件	#include <time.h>
原型	char * ctime(const time_t *t);
功能	把 time_t 转换成本地时间字符串
参数	t：time_t 指针，代表要转换的 time_t 类型时间
返回值	字符指针，指向转换后代表时间的字符串

表 3.13　函数 stime

项目	描　　述
头文件	#include <time.h>
原型	int stime(time_t *t);
功能	设置系统时间
参数	t：time_t 指针，代表要为系统新设置的系统时间
返回值	成功返回 0，失败返回-1，并置 errno

【例 3-5】读取当前时间并以不同形式表示。

获取当前的时间，按如下要求输出：通过结构体方式输出“年-月-日：时：分：秒：星期”；通过字符串方式输出。

（1）源程序（gettime.c）

```
1.  #include <stdio.h>
2.  #include <time.h>
3.  int main()
4.  {
5.      time_t nowtime;
6.      char *nowtime2;
7.      struct   tm   *nowtime3;
8.      time(&nowtime);
9.      nowtime2=ctime(&nowtime);
```

```
10.     printf("%s",nowtime2);
11.     nowtime3=localtime(&nowtime);
12.     printf("%d-%d-%d:%d:%d:%d:%d\n",nowtime3->tm_year+1900,
13.         nowtime3->tm_mon+1,nowtime3->tm_mday,nowtime3->tm_hour,
14.         nowtime3->tm_min,nowtime3->tm_sec,nowtime3->tm_wday);
15.     return 0;
16. }
```

（2）编译

```
#gcc  -o  gettime  gettime.c
```

（3）运行

```
#./ gettime
```

（4）运行结果（可能的结果）

```
2008-11-3:2:38:53:1
Mon Nov  3 02:38:53 2008
```

【创新能力】读者自行练习使用 stime 等函数修改内核时间的方法。

3.6 错误代码

一般地，在 UNIX/Linux 系统中，返回值为整型的函数执行出错时通常返回一个负值，返回值为指针类型的函数执行出错时通常返回 NULL 指针。由于函数执行出错的原因可能有很多种，因此可通过一个全局的整型变量 errno 来区分究竟发生了什么类型的错误。

使用命令“man errno”可以查看 errno 的相关帮助文档，可以注意到 errno 错误值都不等于 0，errno 的值为 0 代表没有错误。

在/usr/include/asm/errno.h 文件中定义了 errno 的取值以及对应的常量符号，同时还注释了取值对应的错误原因。文件的部分内容如下：

```
#ifndef _I386_ERRNO_H
#define _I386_ERRNO_H

#define   EPERM          1   /* Operation not permitted */
#define   ENOENT         2   /* No such file or directory */
#define   ESRCH          3   /* No such process */
#define   EINTR          4   /* Interrupted system call */
#define   EIO            5   /* I/O error */
#define   ENXIO          6   /* No such device or address */
#define   E2BIG          7   /* Arg list too long */
#define   ENOEXEC        8   /* Exec format error */
#define   EBADF          9   /* Bad file number */
#define   ECHILD        10   /* No child processes */
#define   EAGAIN        11   /* Try again */
#define   ENOMEM        12   /* Out of memory */
#define   EACCES        13   /* Permission denied */
#define   EFAULT        14   /* Bad address */
#define   ENOTBLK       15   /* Block device required */
#define   EBUSY         16   /* Device or resource busy */
#define   EEXIST        17   /* File exists */
#define   EXDEV         18   /* Cross-device link */
#define   ENODEV        19   /* No such device */
```

```
#define   ENOTDIR          20   /* Not a directory */
#define   EISDIR           21   /* Is a directory */
#define   EINVAL           22   /* Invalid argument */
#define   ENFILE           23   /* File table overflow */
#define   EMFILE           24   /* Too many open files */
#define   ENOTTY           25   /* Not a typewriter */
#define   ETXTBSY          26   /* Text file busy */
#define   EFBIG            27   /* File too large */
#define   ENOSPC           28   /* No space left on device */
#define   ESPIPE           29   /* Illegal seek */
#define   EROFS            30   /* Read-only file system */
#define   EMLINK           31   /* Too many links */
#define   EPIPE            32   /* Broken pipe */
#define   EDOM             33   /* Math argument out of domain of func */
#define   ERANGE           34   /* Math result not representable */
#define   EDEADLK          35   /* Resource deadlock would occur */
#define   ENAMETOOLONG        36   /* File name too long */
#define   ENOLCK              37   /* No record locks available */
#define   ENOSYS              38   /* Function not implemented */
#define   ENOTEMPTY           39   /* Directory not empty */
#define   ELOOP               40        /* Too many symbolic links encountered */
#define   EWOULDBLOCK EAGAIN /* Operation would block */
#define   ENOMSG              42   /* No message of desired type */
#define   EIDRM               43   /* Identifier removed */
#define   ECHRNG              44   /* Channel number out of range */
……
#define   ESTALE              116  /* Stale NFS file handle */
#define   EUCLEAN             117  /* Structure needs cleaning */
#define   ENOTNAM             118  /* Not a XENIX named type file */
#define   ENAVAIL             119  /* No XENIX semaphores available */
#define   EISNAM              120  /* Is a named type file */
#define   EREMOTEIO           121  /* Remote I/O error */
#define   EDQUOT              122  /* Quota exceeded */

#define   ENOMEDIUM           123  /* No medium found */
#define   EMEDIUMTYPE         124  /* Wrong medium type */

#endif
```

在编程过程中一般很少直接用到errno的值，因为该值对程序员不具有可读性。但如果在程序中必须要用到该值的话，就不需要程序员自己定义errno变量，只需要引用头文件errno.h即可使用该变量。

【例3-6】获取errno的值。

输出当前errno的值，然后使用fopen打开在当前目录下并不存在的文件any，再输出errno的值。

（1）源程序（geterrno.c）

```
1.  #include <errno.h> //如果要显示errno的值，则一定要引用此头文件
2.  #include <stdio.h>
3.  int main()
4.  {
5.      printf("errno1=%d\n",errno);
```

```
6.      if(fopen("any","r")= =NULL)
7.      {
8.          printf("errno2=%d\n",errno);
9.      }
10.     return 0;
11. }
```

（2）编译

```
#gcc  -o  geterrno  geterrno.c
```

（3）运行

```
#./ geterrno
```

（4）运行结果

```
errno1=0
errno2=2
```

可以看到默认情况下 errno 值为 0，表示没有错误；当打开不存在的文件时，errno 值为 2，对应原因是“No such file or directory”，表明没有这个文件。

这也是 UNIX/Linux 中重要的函数和系统调用在返回值错误时总要置错误代码的原因，这将指明究竟发生了哪类的错误。然而记忆 errno 取值对应的意义不太容易，所以 C 标准定义了两个函数帮助打印输出 errno 对应的错误原因：一个是 strerror，另一个是 perror。

函数 strerror 如表 3.14 所示。

表 3.14　函数 strerror

项目	描　述
头文件	#include <string.h>
原型	char *strerror(int errnum);
功能	将某个错误代码转换成对应的出错信息
参数	errnum：代表某个错误代码
返回值	该错误代码对应的错误信息

【例 3-7】利用 strerror 输出错误信息。

输出错误代码 5 对应的错误原因。

（1）源程序（usestrerror.c）

```
1. #include <string.h>
2. #include <stdio.h>
3. int main()
4. {
5.      printf("errnum5=%s\n",strerror(5));
6.      return 0;
7. }
```

（2）编译

```
#gcc  -o  usestrerror  usestrerror.c
```

（3）运行

```
#./ usestrerror
```

（4）运行结果

```
errnum5=Input/output error
```

【创新能力】如何利用命令行参数输出第二个参数指定的错误代码对应的错误原因。

函数 perror 如表 3.15 所示。

表 3.15　函数 perror

项目	描　述
头文件	#include <stdio.h>
原型	void perror(const char *s);
功能	根据当前 errno 打印 errno 对应的错误信息
参数	s：用户自定义提示信息字符串
返回值	无
备注	perror 执行结果首先输出 s 指向的字符串，然后是冒号和空格，最后是当前 errno 值对应的出错信息。执行 perror 后，errno 会被改变

【例 3-8】利用 perror 输出错误信息。

使用 fopen 打开在当前目录下并不存在的文件 any，输出错误信息。

（1）源程序（userperror.c）

```
1.  #include <errno.h>
2.  #include <stdio.h>
3.  int main()
4.  {
5.      printf("errno1=%d\n",errno);
6.      if(fopen("any","r")= =NULL)
7.      {
8.          perror("fopen");
9.      }
10.     return 0;
11. }
```

（2）编译

```
#gcc   -o   userperror   userperror.c
```

（3）运行

```
#./ userperror
```

（4）运行结果

```
errno1=0
fopen:No such file or directory
```

可以看出，strerror 与 perror 函数通常用于出现错误时查看错误原因。

在编写程序的过程中，要注意适当地设置函数的返回值来指明函数执行是否成功，并在返回值前给出恰当提示。

3.7　标准 I/O 与文件 I/O

对于文件的输入/输出一般有两种方式，一个是标准 I/O，另一个是文件 I/O。表 3.16 是标准 I/O 和文件 I/O 对于文件操作的函数。

标准 I/O 与文件 I/O 最大的区别就是标准 I/O 有用户缓冲区，而文件 I/O 没有；采用用户缓冲区的目的是尽可能地减少使用系统调用 read 和 write 的次数。标准 I/O 默认采用缓冲机制，比如调用 fopen 函数，不仅打开一个文件，而且建立了一个缓冲区（读写模式下将建立两个缓冲区），还创建了一个包含文件和缓冲区相关数据的数据结构。文件 I/O 一般没有缓冲区，需要自己创建缓冲区，不过在Linux/UNIX系统中，其实都是使用称为内核缓冲的技术来提高效率的，读写调用是在内核缓冲区和进程缓冲区之间进行的数据复制。

表3.16　标准I/O和文件I/O的函数

操作	标准I/O	文件I/O
打开	fopen，freopen，fdopen	open
关闭	fclose	close
读	getc，fgetc，getcharfgets，getsfread	read
写	putc，fputc，putcharfputs，puts，fwrite	write

标准I/O提供了3种类型的缓冲。

（1）全缓冲。这种情况下，在填满标准I/O缓冲区后才进行实际I/O操作。对于驻留在磁盘上的文件通常由标准I/O库实施全缓冲。一个文件流上执行第一次I/O操作时，相关标准I/O函数通常调用malloc函数获得需使用的缓冲区。

术语冲洗（flush）说明I/O缓冲区的写操作。缓冲区可由标准I/O自动冲洗，或者可以调用函数fflush冲洗。值得注意的是，在UNIX/Linux环境中，flush有两种意思。在标准I/O库方面，flush意味着将缓冲区中的内容写到磁盘上；在终端驱动程序方面，flush表示丢弃已存储在缓冲区中的数据。

（2）行缓冲。在这种情况下，当在输入和输出中遇到换行符时，标准I/O库执行I/O操作。这允许我们一次输出一个字符，但只有在写了一行之后才进行实际I/O操作。当I/O操作涉及一个终端时，通常使用行缓冲。因为标准I/O库用来收集每一行的缓冲区的长度是固定的，所以只要填满了缓冲区，那么即使没有写一个换行符，也进行I/O操作。

（3）无缓冲。标准I/O库不对字符进行缓冲存储。例如，如果用I/O函数fputs写15个字符到不带缓冲的文件流中，则该函数很可能用系统调用write将这些字符立即写至相关联的打开文件中。

标准错误输出通常是不带缓冲的，这就使得出错信息可以尽快显示出来，而不管它们是否含有一个换行符。

一般来说，对于磁盘文件的读写操作是全缓冲的，对于显示器等终端设备是行缓冲的，标准错误输出是无缓冲的。当然这几种情况下的缓冲区类型是可以通过setvbuf函数改变的，setvbuf函数如表3.17所示。

表3.17　函数setvbuf

项目	描　　述
头文件	#include <stdio.h>
原型	int setvbuf(FILE *stream,char *buf,int mode,size_t size);
功能	设定某个文件流的缓冲区及缓冲区类型
参数	stream：文件流指针 buf：缓冲区首地址，由用户malloc函数得到 mode：可以设置为_IONBF、_IOLBF或_IOFBF _IONBF——无缓冲 _IOLBF——行缓冲 _IOFBF——全缓冲 size：缓冲区大小
返回值	成功返回0，当mode不正确或请求失败时返回非0，并可能设置errno

3.8 案例 3：设置环境变量

3.8.1 分析与设计

（1）程序结构设计

由于本案例通过命令行设置环境变量的值，因此进程的命令行参数至少要有 2 个，因为第 1 个参数必然是可执行程序名，第 2 个参数必须指明环境变量的名字，第 3 个参数如果存在则是环境变量的值，如果不存在则要获取当前时间作为值。所以程序首先要判断命令行参数的个数，如果小于 2，则程序不能正常执行，需要做出运行方式的提示并退出进程；如果大于或等于 2，则根据参数个数进行下一步操作。这里要利用分支结构。

（2）程序数据设计

由于可能要获取当前时间作为环境变量的值，值是字符串，因此时间必须采用字符串形式，可以通过“struct tm”结构体自行定义时间字符串，还可以直接使用时间的字符串形式，本案例实现时采用时间的字符串形式。

根据案例构思，本案例定义如下数据：

```
char    *curtimechar;    //保存当前时间字符串指针
time_t    curtime;          //保存当前时间，time_t类型
```

（3）程序基本流程

设置环境变量流程图如图 3.7 所示。

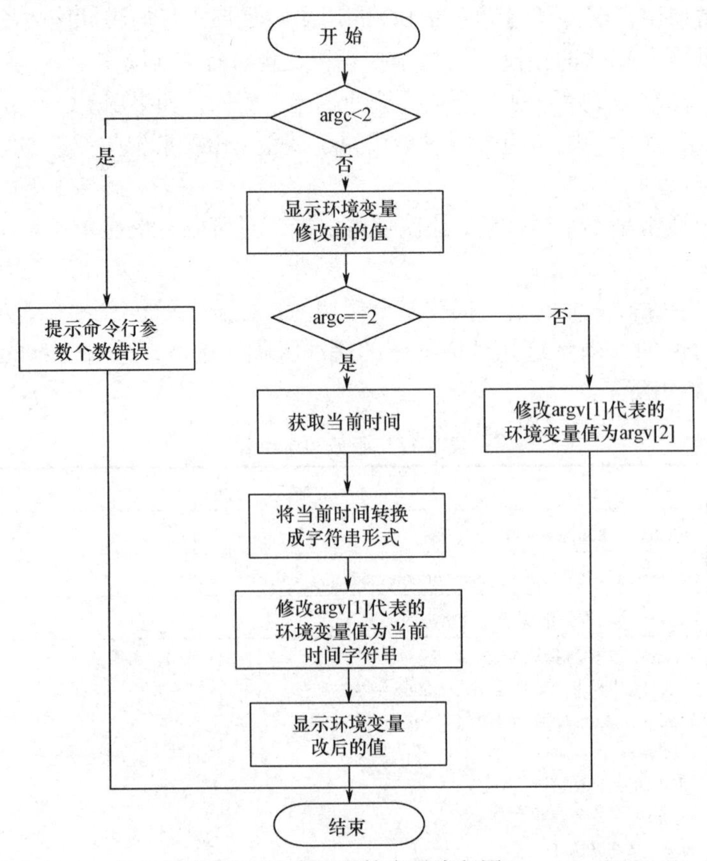

图 3.7 设置环境变量流程图

3.8.2 实施

本案例源代码（setenvvar.c）如下：

```
1.  #include <stdio.h>
2.  #include <stdlib.h>
3.  #include <time.h>
4.  int main(int argc,char *argv[])
5.  {
6.      time_t  t1;
7.      char *t2;
8.      if(argc<2)
9.      {
10.         printf("usage:%s varname [value]\n",argv[0]);
11.         exit(0);
12.     }
13.     printf("before %s = %s\n",argv[1],getenv(argv[1]));
14.     if(argc= =2)
15.     {
16.         t1=time(NULL);
17.         t2=ctime(&t1);
18.         setenv(argv[1],t2,1);
19.         printf("after %s = %s\n",argv[1],getenv(argv[1]));
20.     }
21.     else
22.     {
23.         setenv(argv[1],argv[2],1);
24.         printf("after %s = %s\n",argv[1],getenv(argv[1]));
25.     }
26. }
```

3.8.3 编译与运行

编译程序命令：

```
#gcc  setenvvar.c  -o  setenvvar
```

运行程序命令：

```
./setenvvar
```

可能的运行界面如图 3.8～图 3.10 所示。

```
[root@localhost jiaocai]# ./setenvvar
usage:./setenvvar varname [value]
```

图 3.8　运行界面 1

```
[root@localhost jiaocai]# ./setenvvar test
before test = (null)
after test = Mon May  2 13:57:36 2011
```

图 3.9　运行界面 2

```
[root@localhost jiaocai]# ./setenvvar test hello
before test = (null)
after test = hello
```

图 3.10　运行界面 3

【创新能力】假设本程序要设置的环境变量名为 test，运行程序前在 Shell 中显示 test 的值，运行程序后再次显示 test 的值。根据运行结果，可以看出程序的运行对 Shell 中 test 的值没有任何影响，这是为什么呢？

因为程序运行时设置的环境变量是程序所产生新进程的环境变量，不是Shell的环境变量。Shell也是一个进程，是新进程的父进程。

习　　题

一、选择题

1．下列哪个命令不是显示多个环境变量的？（　　）

A．set　　B．export　　C．pwd　　D．env

2．获取某个环境变量值使用函数（　　）

A．getenv　　B．putenv　　C．setenv　　D．unsetenv

二、填空题

1．命令行参数是（　　）函数的参数。

2．main函数的参数若有两个参数，则第一个参数代表（　　），第二个参数代表（　　）。

3．Linux中日期时间的表示方法有（　　）、（　　）、（　　）。

4．使用time函数获得的时间是（　　）类型，代表（　　）。

5．把算术类型时间表示转换成结构体类型使用（　　）函数。

6．把算术类型时间表示转换成字符串类型使用（　　）函数。

7．mktime函数把（　　）类型时间表示转换成（　　）类型时间表示。

8．如果一个C程序的入口表示为main(int argc, char *argv[])，编译该程序后的可执行程序为a.out，那么在命令行输入命令“./a.out -f　foo”后，main中的参数argv[1]指向的字符串是（　　）。

三、编程题

1．如果用户输入一个参数，则打印“no args”，如果输入两个参数，并且第二个命令行参数是-a，则打印“I will deal with -a”，如果是-l，则打印“I will deal with -l”。

2．获取当前系统的时间，并按命令date的显示方式显示出来。

3．由用户输入年、月、日、时、分、秒，并将该时间设置为系统时间。

第 4 章　文件 I/O

文件是一个具有符号的一组相关联元素的有序序列。文件可以包含范围非常广泛的内容。系统和用户都可以将具有一定独立功能的程序模块、一组数据或一组文字命名为一个文件。

Linux 系统将所有设备都看作文件，如键盘是一个输入设备，系统会对键盘文件进行读操作；显示器是一个输出设备，系统会对显示器文件进行写操作；硬盘是一个输入/输出设备，系统会对硬盘文件进行读写操作。

在对文件进行访问的过程中，最常见的 I/O 操作就是读写文件。在 Linux 中读写文件之前需要打开文件，文件读写完成之后还应关闭。另外，还可以在读写文件的过程中进行读写位置的定位。Linux 中这些基本文件 I/O 操作是使用系统调用完成的。例如，系统调用 open 用于打开一个已有的文件或创建一个新文件；read 用于从文件中读取数据；write 用于向文件写入数据；lseek 用于在文件中定位读写指针；close 用于关闭文件。这些访问文件的操作称为基本文件 I/O。

在本章要完成一个复制文件的案例。该案例类似于 Linux 中的 cp 命令，用户可以在命令行中指定要被复制的源文件名和复制的目标文件名，完成将源文件复制成目标文件。该案例主要利用 Linux 中标准文件 I/O 系统调用完成。

4.1　文件系统简介

用户在使用计算机的过程中，大量的信息都以文件的形式保存在计算机的存储设备上（如硬盘或 CD-ROM）。操作系统的一个重要任务就是管理文件。对于操作系统来说，不仅要把众多的文件存放在存储设备上，还要对这些文件进行管理，同时对用户访问文件提供服务。所以操作系统不仅要将大量的文件存储在存储设备上，还要知道存储设备上都存有哪些文件、这些文件的属性是什么、存放在什么位置等。所以操作系统在管理文件时还需要一些数据结构来记录这些信息。而文件系统正是操作系统中管理文件的那部分系统软件及管理文件所需的各种数据结构。

用户以“按名存取”的方式访问文件。由于文件是系统中的重要资源，因此用户不能直接操作文件，而是通过给出文件名向操作系统发出请求，操作系统根据文件名找到文件，完成相应的操作并将结果返回给用户。

在命令行接口，当用户想查看某目录下的文件信息时，可以通过执行“ls”命令向操作系统发出请求，操作系统会将执行的结果显示给用户。如果用户想查看某文件的内容，则可以执行“cat”命令向操作系统发出请求并得到相应的服务。图形用户界面的操作也是类似的。

对于程序员要开发一个访问文件的程序，则需要在程序中调用操作系统提供的与文件相关的系统调用。例如，在读文件时需要调用系统调用 read，程序执行到系统调用 read 时，由操作系统完成文件数据的读出，并将结果返回给用户程序，用户程序可以对读到的结果进行处理。

本节主要介绍 Linux/UNIX 系统文件系统管理涉及的一些概念。

为了实现对文件的管理，存储设备上除了存放文件，操作系统要在上面建立一些用于管理文件的数据结构。这些数据结构可以理解为一些表格。操作系统将存储设备上存储的文件的相关信息记录在这些表格里，比如这些文件的类型、长度、存取时间、存取权限、存储位置等。操作系统可以通过这些表格中记录的信息来管理文件。这些数据结构和文件一样，都保存在存储设备上。

一般来说，文件系统这个概念应该指的是操作系统中管理文件的那一部分系统软件、它们管理的对象（即文件）及管理用到的数据结构。有时文件系统也指存储设备上的文件及用于管理的数据结构，或者仅仅指的是存储设备上存放的文件，这要从具体的上下文中区分。

不同的操作系统管理文件的方法各不相同，用于管理文件的数据结构和对存储设备的使用方式也不同。在操作系统使用一个新的存储设备时，首先要对其进行“格式化”。所谓的“格式化”就是操作系统按照自己的方式在存储设备上建立文件系统。操作系统对存储设备的空间进行划分，并在其上建立初始的数据结构。这个过程完成后，文件系统就建立好了，操作系统就可以在上面存取并管理文件了。

目前有许多不同的文件系统类型，常见的有 DOS/Windows 采用的 FAT 和 NTFS 文件系统、Linux 采用的 Ext2/Ext3 文件系统、UNIX 采用的 UFS 文件系统等。

通常操作系统不仅使用自己的文件系统类型，还支持多种其他不同类型的文件系统。例如，在 UNIX 中，我们也可以存取一个 Windows 系统的 FAT 类型硬盘中的文件。对多种文件系统类型的支持方便了用户在不同系统之间共享文件。

4.1.1 UNIX/Linux 文件系统概述

UNIX 系统及类 UNIX 系统采用称为 UFS（UNIX File System）的文件系统，一个简单的 UNIX 文件系统分为 4 个部分：引导块、超级块、索引节点表及数据块区。

引导块（Boot Block）：在一个分区的第一个块上，其中包含用于引导该分区内操作系统的引导程序。

超级块（Super Block）：在引导块之后，由若干个块（如磁盘块）组成，存放了该 UFS 的一些重要参数，例如该文件系统的块总数、空闲块数、索引节点总数、空闲索引节点总数等。

索引节点表（inode List）：位于超级块和数据块区之间，由若干个块组成，其中包含很多索引节点。在 UFS 中，使用一个称为索引节点（inode）的结构来保存每一个文件的属性信息。一个 UFS 的第 3 部分即是该文件系统中索引节点的集合，每一个保存在该文件系统中的文件，在这一部分都对应有一个索引节点保存该文件的信息。

数据块区（Data Blocks）：在索引节点表之后，是一个分区除前面 3 部分之外的剩余部分，也是存储文件具体内容的区域，占据文件系统的绝大部分空间。

UNIX 文件系统结构如图 4.1 所示。

图 4.1　UNIX 文件系统结构

UNIX 系统对 UFS 文件系统的使用大致是这样的：当用户需要将一个文件保存到该文件系统上时，UNIX 系统需要为这个文件分配相应的空闲磁盘空间和一个空闲索引节点。UNIX 系统根据超级块中关于空闲块的参数从数据块区找出足够的空闲磁盘块来存放文件具体内容，并根据超级块中关于空闲索引节点的参数找出一个空闲索引节点来存储该文件的属性信息，属性信息中包括文件类型、存取权限、存取时间、文件长度及存放的磁盘块位置等。

当用户以后需要存取该文件时，UNIX 根据文件名在索引节点表中找到该文件的索引节点，从中读出其属性信息，进行存取权限的验证，并根据索引节点中记录的文件存储位置到数据块区找到相应磁盘块对文件内容进行存取。

Linux 最早的版本是基于 Minix 文件系统的，后来 Linux 引入了扩展文件系统（Ext FS）。这相当于扩展文件系统第一版，其性能不能令人满意。Linux 在 1994 年引入了第二扩展文件系统（second Extended File System，Ext2）。它除了包含几个新的特点，还相当高效和强健，已成为广泛使用的 Linux 文件系统。

一个 Ext2 分区中的第一个块是引导块，其余部分分成块组（Block Group），其结构如图 4.2 所示。

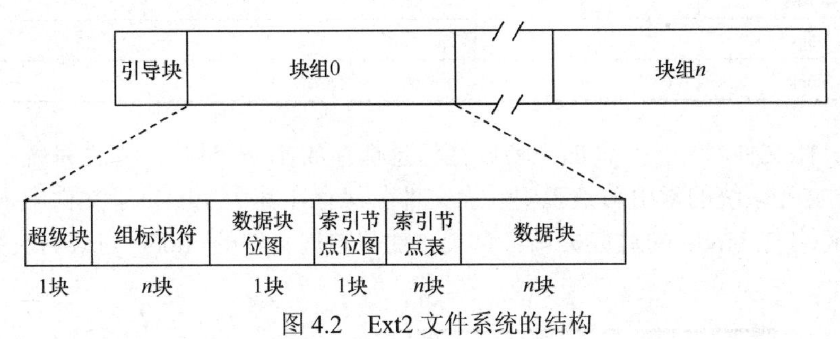

图 4.2　Ext2 文件系统的结构

由于内核尽可能地把属于一个文件的数据块存放在同一块组中，因此块组减少了文件的碎片。块组中的每个块包含下列信息之一：

- 文件系统超级块的一个拷贝；
- 一组组标识符的拷贝；
- 一个数据块位图；
- 一组索引节点；
- 一个索引节点位图；
- 属于文件的一大块数据，即一个数据块。

4.1.2　虚拟文件系统（VFS）

VFS 是虚拟文件系统（Virtual File System）的简称。VFS 是建立在各种具体文件系统之上的一个抽象层，其目的是为了使用户可以以统一的方式访问不同的文件系统。VFS 可以实现透明地访问本地的或网络的存储设备，而用户感觉不到它们之间的差别。VFS 定义了一组统一的接口来访问具体文件系统的文件，如 open、read、write、close、lseek 等。有了 VFS，一个操作系统就可以方便地支持多种不同的文件系统。同样，增加对一个新的文件系统的支持就变得很容易了。用户在通过 VFS 访问文件时也可以使用统一的接口，而不必关心具体文件系统的类型。

4.1.3　索引节点（inode）

在 UNIX/Linux 中，每个文件分为两部分：索引节点（inode）及文件数据块部分。其中索引节点（inode）也称为 i 节点，用于记录文件的各种属性信息，而文件的具体内容存放在文件的数据块中。inode 中主要包含的信息如表 4.1 所示。

表 4.1　索引节点（inode）

字段	类型	描　述
i_mode	__u16	文件类型和访问权限
i_uid	__u16	拥有者标识符
i_size	__u32	以字节为单位的文件长度
i_atime	__u32	最后一次访问文件的时间
i_ctime	__u32	索引节点最后改变的时间
i_mtime	__u32	文件内容最后改变的时间
i_dtime	__u32	文件删除的时间
i_gid	__u16	组标识符
i_blocks	__u32	文件的数据块数
i_flags	__u32	文件标志
i_block	__u32	指向数据块的指针

可以看到，除文件名外，文件的主要属性信息都存放在 inode 中。文件系统中所有文件的 inode 都存放于文件系统的索引节点表中。而文件名保存在其所在的目录文件中，目录文件中保存着其下文件名与 inode 的对应关系。目录文件和常规文件的 inode 与数据块关系如图 4.3 所示。

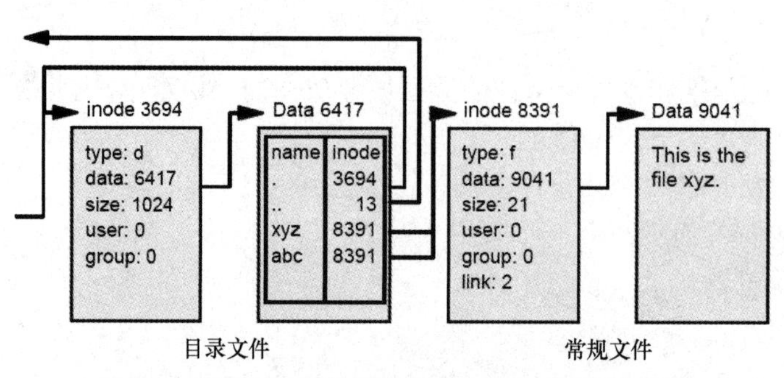

图 4.3　目录文件和常规文件的 inode 与数据块关系

磁盘上文件系统的索引节点表保存了磁盘上文件的 inode，内存中虚拟文件系统 VFS 中也保存了已经打开文件的 inode。当打开磁盘上的某个文件时，系统会将该文件在磁盘上的 inode 信息复制到内存 VFS 文件系统的 inode 中，以方便系统使用。

4.1.4　文件的类型

Linux 文件类型和 Linux 文件的文件名所代表的意义是两个不同的概念。通过一般应用程序而创建的比如 file.txt、file.tar.gz，这些文件虽然要用不同的程序来打开，但放在 Linux 文件类型中衡量的话，大多是常规文件（也被称为普通文件）。

Linux 中常见的文件类型有：普通文件、目录文件、字符设备文件、块设备文件、FIFO（管道）文件、符号链接文件和套接字（Socket）文件。

在 Linux 的文件系统中，文件的 inode 里的 st_mode 成员共有 16 位，其中高 4 位代表文件类型。

Linux 系统定义了文件类型的宏及八进制码。

```
S_IFMT      0170000         文件类型字段的二进制掩码
S_IFSOCK    0140000         Socket文件
```

```
S_IFLNK     0120000         符号链接文件
S_IFREG     0100000         常规文件（普通文件）
S_IFBLK     0060000         块设备文件
S_IFDIR     0040000         目录文件
S_IFCHR     0020000         字符设备文件
S_IFIFO     0010000         FIFO文件
```

1．普通文件（regular file）

Linux 中一般文件都属于普通文件，也称为常规文件，如文本文件、二进制文件、图形文件等。

/etc/profile 文件就是一个普通文件，它的长格式信息如下：

```
-rw-r--r--   1   root   root   1029   2009-05-11   /etc/profile
```

2．目录文件（directory file）

在 Linux 中，目录也是一个文件，目录文件有自己的 inode 及文件内容。目录文件中保存的内容是该目录下的文件名及对应的索引节点编号。每一个目录中都包含两个文件“.”和“..”，其中“.”代表本级目录，“..”代表上级目录。

Linux 系统采取“按名存取”的方式访问文件。用户访问一个文件时，需要给出包含路径的文件名，系统一级一级地搜索每一级目录文件的内容，直到找到该文件名并获得其索引节点编号，最后根据 inode 中记录的信息找到该文件并对其访问。

例如，要访问文件“/usr/include/fcntl.h”，系统首先读出根目录“/”的目录文件内容（根目录一般使用 2 号索引节点），在其中查找“usr”并得到“usr”的索引节点，接下来根据“usr”索引节点中记录的信息将“/usr”目录文件内容读出，并在其中查找“include”及其索引节点。同理，根据“include”索引节点读出“include”目录文件内容，在其中再查找“fcntl.h”。这样最终在“include”目录文件中找到“fcntl.h”及其索引节点，系统就可以根据其索引节点的信息对该文件进行访问了。

/home 目录的长格式信息如下：

```
drwxr-xr-x     5   root root     4096    11-14 10:32    /home
```

3．设备文件（device file）

在 UNIX/Linux 中，设备也作为一个文件来看待。这样，对设备的输入/输出操作就和对文件的读写操作统一起来。设备分为字符设备和块设备。字符设备以字符为单位输入/输出数据，键盘、打印机等就是典型的字符设备。块设备则是以块为单位进行数据的输入/输出。磁盘是一个典型的块设备，一般一个磁盘块是 512 字节（或者其倍数），系统对磁盘进行读写操作时，每次读写至少是一个磁盘块。

在 Linux 中，每一个设备都对应着一个设备文件。设备文件也分为字符设备文件和块设备文件。这些设备文件都存放在“/dev”目录下。

例如，/dev/ttyS0 是第一个串口，是一个字符设备，/dev/sda1 是第一个磁盘分区，是一个块设备文件。

```
crw-rw----    1    root    uucp    4, 64      11-14 10:44    /dev/ttyS0
brw-r-----    1    root    disk    8, 1       11-01 10:28    /dev/sda1
```

4．符号链接文件（symbolic link file）

在 Linux 中，为了访问文件方便，可以给一个文件创建一个符号链接。符号链接也是一个文件，它不同于所链接的目标文件，拥有自己的 inode 和文件内容。符号链接文件的内容是其所链接的目标文件的路径名。

当对一个符号链接文件进行操作时，一般情况下，系统会将操作转移到其所链接的目标文件上。例如系统中有一个文件 f1，并且给 f1 文件建立了一个符号链接文件 sf1，sf1 指向其链接的目标文件 f1。当对 sf1 文件执行“cat”命令查看其内容时，看到的是其链接的目标文件 f1 的内容，而不是 sf1 自己的内容。

如/dev/cdrom 指向光盘驱动器，就是一个符号链接文件。

```
lrwxrwxrwx   1   root   root   3   11-01 10:28   /dev/cdrom -> hdc
```

5. 管道文件（FIFO file）

管道是 Linux 中进程间通信的一种机制。管道就是进程之间按照先进先出 FIFO 方式传递数据的一种文件。管道分为无名管道和命名管道。无名管道用于有亲缘关系的进程之间，如一个父进程创建了一个管道，然后创建子进程。其子进程可以从父进程那里继承来管道，这样父子进程通过管道进行数据传递。无名管道是一种临时文件。而命名管道则是有文件名的，如/dev/initctl。

```
prw-------     1   root   root   0   11-01 10:30   /dev/initctl
```

6. 套接字文件（Socket file）

套接字是 Linux 中进程间进行网络通信的一种机制。如/dev/gpmctl 和/dev/log 都是套接字文件。

```
srwxrwxrwx   1   root   root   0   11-01 10:29   /dev/gpmctl
srw-rw-rw-   1   root   root   0   11-01 10:29   /dev/log
```

4.1.5 文件的访问权限

UNIX/Linux 系统是一个多用户的操作系统，允许多个用户同时登录到系统中。因此对文件设置访问权限是多用户系统中文件管理的一个重要内容。

在 Linux 中，用户分为 3 类：文件所有者（owner）、文件所属组成员（group）和其他用户（other）。文件所有者是创建文件的当前登录用户，文件所属组成员是文件所有者的主要组内的用户，其他用户既不是文件所有者，也不是文件所属组成员的用户。

用户对文件的基本访问权限也分为 3 种：读（read）、写（write）和执行（execute）。这样一个文件就拥有 9 种基本权限，如表 4.2 所示。

表 4.2　基本文件访问权限

文件所有者			文件所属组成员			其他用户		
读 read	写 write	执行 execute	读 read	写 write	执行 execute	读 read	写 write	执行 execute

除此之外，文件还有 setuid、setgid 和 sticky 这 3 个特殊权限（在此暂不对这 3 个特殊权限进行介绍）。

权限的表示方法通常有 3 种：字母、数字、符号常量。

① 字母：使用 r、w、x、-分别代表读、写、执行、无权限。如 rwxr-xr-x，代表文件所有者具有读、写和执行权限，文件所属组成员具有读和执行权限，其他用户具有读和执行权限。

② 数字：用八进制数字代表某用户权限，用二进制数 1 和 0 分别代表具体某个权限的有无。如权限 0755，文件所有者为 7（二进制数 111）代表其具有读、写和执行权限，组成员为 5（二进制数 101）代表其具有读和执行权限，其他用户为 5（二进制数 101）代表其具有读和执行权限。八进制数字的二进制展开形式与字母形式相对应，如 0755 的二进制展开为 111101101，对应的字母形式为 rwxr-xr-x。

③ 符号常量：Linux 系统为方便识别各用户的权限，使用 S_IPwww 格式的常量代表各个用户的各个权限，每个常量都是一个数字，多个权限使用位或运算（|）连接。其中 P 可以替换为 R（读）、W（写）或 X（执行），www 可以替换为 USR（文件所有者）、GRP（组成员）和 OTH（其他用户）。如 S_IRUSR|S_IWUSR|S_IXUSR|S_IRGRP|S_IXGRP|S_IROTH|S_IXOTH，代表文件所有者具有读、写和执行权限，文件所属组成员具有读和执行权限，其他用户具有读和执行权限。

这 3 种方法都可以表示权限，但是只有八进制数字和符号常量形式可以用在编程代码中。

在 Linux 的文件系统中，文件的 inode 里的 st_mode 成员共有 16 位，其中低 12 位代表文件权限。第 8～6 位表示文件所有者对文件的读、写、执行权限；第 5～3 位表示文件所属组成员对文件的读写执行权限；第 2～0 位表示其他用户对文件的读写执行权限。第 11 位表示 SUID 权限，第 10 位表示 SGID 权限，第 9 位表示 sticky 权限。

在 Linux 系统中定义的权限相关的宏及八进制码。

```
S_ISUID          0004000      SUID权限
S_ISGID          0002000      SGID权限
S_ISVTX          0001000      sticky权限

S_IRWXU          00700        文件所有者权限掩码
S_IRUSR          00400        文件所有者有读权限
S_IWUSR          00200        文件所有者有写权限
S_IXUSR          00100        文件所有者有执行权限

S_IRWXG          00070        文件所属组成员权限掩码
S_IRGRP          00040        文件所属组成员有读权限
S_IWGRP          00020        文件所属组成员有写权限
S_IXGRP          00010        文件所属组成员有执行权限

S_IRWXO          00007        其他用户权限掩码
S_IROTH          00004        其他用户有读权限
S_IWOTH          00002        其他用户有写权限
S_IXOTH          00001        其他用户有执行权限
```

Linux 中文件类型及权限字段 st_mode 结构如图 4.4 所示。

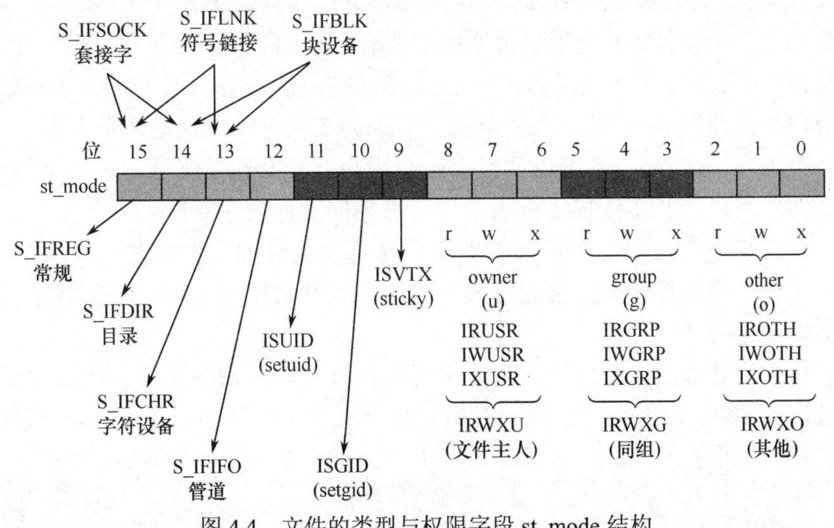

图 4.4　文件的类型与权限字段 st_mode 结构

4.2 访问文件的内核数据结构

当要访问一个文件时，系统需要在内存中建立相应的数据结构来记录访问文件需要的各种信息，这些数据结构包括内存 inode 表、文件表、用户文件描述符表等，如图 4.5 所示。

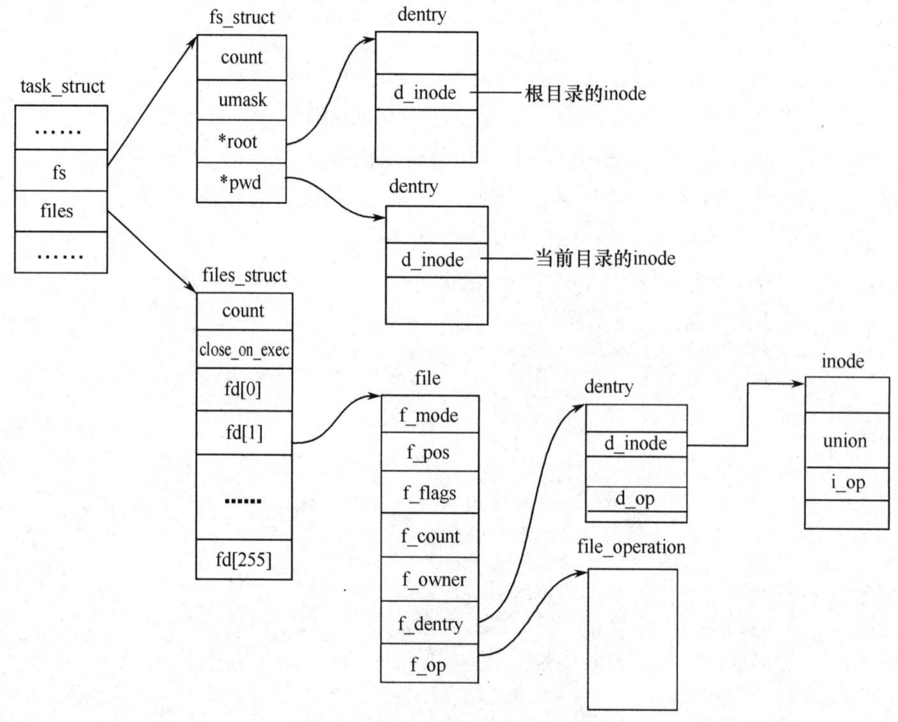

图 4.5 Linux 进程对文件的访问

用户通过文件名向系统发出访问文件的请求，系统根据文件名在磁盘文件系统的 inode 表中查找到该文件的 inode，同时将该 inode 复制到内存的 inode 表中，以便提高访问 inode 的速度。内存 inode 表是用户用到的文件 inode 在内存的拷贝。内存中 inode 会比磁盘 inode 多一些信息，如内存 inode 是否被修改过的标记、内存 inode 引用计数等。

系统还要建立一个文件表，用于记录系统中所有打开的文件。当用户打开一个文件时，都要在该表中登记一个表项，用于记录该文件的打开方式、读写指针、指向内存 inode 的指针等。注意：如果用户执行两次 open 打开同一个文件，则会在文件表中登记两个表项。

对于每一个用户（进程），系统也要建立一个用户打开文件描述符表来记录每个用户当前打开的所有文件。用户打开文件描述符表中保存着指向文件表中对应表项的指针。

用户打开文件描述符表中每个表项的索引就是每个文件的文件描述符。当打开文件成功时，系统将该文件在用户打开文件描述符表中的索引返回给用户。用户以后对该文件访问时，都要通过该文件描述符。

每一个进程在建立好时，都默认打开 3 个文件：标准输入设备文件、标准输出设备文件、标准错误输出设备文件。这 3 个文件登记在用户打开文件描述符表中的前 3 项，因此这 3 个文件的文件描述符分别是 0、1 和 2。Linux 系统中定义了这 3 个文件描述符：

```
#define  STDIN_FILENO    0    //标准输入设备文件
#define  STDOUT_FILENO   1    //标准输出设备文件
#define  STDERR_FILENO   2    //标准错误输出设备文件
```

4.3 文件基本 I/O 操作

文件系统处理文件需要的信息包含在一个名为索引节点（inode）的数据结构中，每个文件都有自己的索引节点，文件系统用索引节点来标识文件。

文件描述符表示进程和打开文件之间的交互，而打开文件对象包含了与这种交互相关的数据。实际上，进程会为打开的每个文件都创建一个相应的打开文件对象，而文件描述符就是相应的打开文件对象的索引。几个进程能打开同一个文件，文件系统会给每个进程分配一个独立的打开文件对象和文件描述符。

4.3.1 打开/创建文件

使用系统调用 open/creat 可以打开文件并得到一个文件描述符，该文件描述符用于对打开的文件进行访问。

表 4.3 系统调用 open/creat

项目	描 述
头文件	#include <sys/types.h> #include <sys/stat.h> #include <fcntl.h>

原型	int open(const char *pathname, int flags);
	int open(const char *pathname, int flags, mode_t mode);
	int creat(const char *pathname, mode_t mode);

功能	按照 flags 方式打开 pathname 指定的文件，或者创建权限为 mode 的新文件 pathname
参数	pathname：要打开或创建的文件名（包含路径） flags：打开文件方式（见表 4.4） mode：当要创建一个新文件时（flags 中包含 O_CREAT），mode 指定新创建文件的权限
返回值	int 型结果：当打开文件成功时，返回一个文件描述符；当打开文件失败时，返回-1，并且 errno 为错误码

1．返回值——文件描述符

成功地打开文件时，会得到一个文件描述符。文件描述符是唯一标识用户打开该文件的非负整数。这个整数其实是该文件在用户打开文件描述符表中表项的索引。

每个进程都有一个用户文件描述符表，用来记录该进程已经打开的文件。当一个进程通过系统调用 open 打开一个文件时，系统根据 pathname 找到该文件的 inode，校验该文件的属性信息是否可以打开。如果可以打开，则在该进程的用户文件描述符表中查找最小可用表项，并将该表项的索引作为文件描述符返回。所以系统调用 open 总是得到一个最小可用的文件描述符。

2．打开方式 flags

当用户使用系统调用 open 打开一个文件时，可以通过参数 flags 指定不同的打开方式。首先，打开方式 flags 必须取只读方式（O_RDONLY）、只写方式（O_WRONLY）和读写方式（O_RDWR）三者之一。除此之外，flags 还可以再增加其他的打开方式，如追加方式（O_APPEND）等。打开方式 flags 取值如表 4.4 所示。

表 4.5 是文件打开方式 flags 几种常见的取值举例。

表 4.4　打开文件方式 flags

flags	含　义	备注
O_RDONLY	只读方式	三者必选其一，且只能选其一
O_WRONLY	只写方式	
O_RDWR	读写方式	
O_CREAT	如果 pathname 指定的文件不存在，就创建该文件	
O_EXCL	与 O_CREAT 一起使用时，当 pathname 指定的文件已经存在，则 open 将执行失败并返回一个错误	
O_NOCTTY	如果 pathname 是终端设备，则不会把该终端设备当成进程控制终端	
O_TRUNC	如果 pathname 指定的文件是已经存在的普通文件，并且打开的方式是可写的（如 O_RDWR 或 O_WRONLY），就将文件的长度截为 0。对于 FIFO 文件或终端设备文件，该方式将被忽略	
O_APPEND	以追加的方式打开文件。在每一次调用 write 写文件之前，文件指针将被自动置到文件末尾，该方式保证对文件的写都是在文件末尾进行追加的	
O_NONBLOCK	以不可阻断的方式打开文件。无论有无数据读取或等待，都会立即返回进程	同 O_NDELAY
O_SYNC	文件以同步 I/O 的方式打开，这样每一次对文件的写操作之后，进程都会阻塞直到数据真正写到存储设备上	
O_NOFOLLOW	如果 pathname 是一个符号链接文件，则 open 将执行失败。这是 FreeBSD 中的一个功能，后来加入 Linux 2.1.126 中	
O_DIRECTORY	如果 pathname 不是一个目录，则 open 将执行失败	

表 4.5　文件打开方式举例

flags 取值	含　义
O_RDONLY	只读方式打开
O_RDWR|O_CREAT	如果文件存在就以读写方式打开，否则就创建文件
O_RDWR|O_CREAT|O_EXCL	如果文件不存在就创建，否则就返回错误
O_RDWR|O_CREAT|O_TRUNC	如果文件存在，则以读写方式打开，并将文件清空；否则创建该文件
O_WRONLY|O_APPEND	以只写方式打开文件，并且数据以追加的方式每次写入文件末尾
O_WRONLY|O_SYNC	以只写方式打开文件，并且每次写文件后等待数据真正写入磁盘后再返回进程

3．新文件的权限 mode

系统调用 open 也可以用于创建新文件（当 flags 中设置了 O_CREAT 时），此时 open 需要第 3 个参数 mode 设置新建文件的访问权限。如果 open 的 flags 中不包含 O_CREAT，则 mode 将会被忽略。

系统调用 open 的参数 mode 的取值可以按照 4.1.5 节中讲述的八进制数字和符号常量形式表示。例如，如果想要创建一个权限为“所有者可以读写，所属组成员及其他用户只能读”的文件，则 mode 应该为“S_IRUSR|S_IWUSR|S_IRGRP|S_IROTH”或者为 0644。可以看出，以八进制数表示文件权限比较简练，而以符号常量方式表示文件权限比较直观。

新建文件的最终权限与文件模式掩码有关。文件模式掩码 umask 一般采用八进制数形式，如 0022，影响新建文件和目录的权限。

使用 touch 命令新建文件时，新建文件的权限为“0666 & ~umask”（使用命令新建文件默认不设置执行权限）；使用 mkdir 命令新建目录时，新建目录的权限为“0777 & ~umask”。

使用系统调用 open 或 mkdir 命令等创建新文件或目录时，新文件或目录的权限将是“权

限参数值 &~umask”。

文件模式掩码 umask 可以使用 umask 命令及 umask 系统调用修改。需要注意的是，umask 命令修改的是当前 Shell 进程的文件模式掩码，umask 系统调用修改的是当前执行进程的文件模式掩码。

下面给出打开文件的几个应用实例。

【例 4-1】 下面代码以只读的方式打开/etc/passwd 文件：

```
int fd = open("/etc/passwd", O_RDONLY);
if ( fd = = -1)
      perror("open");
```

【例 4-2】 如果要以读写的方式打开“/home/mydata”，且如果该文件不存在就创建它，权限为“所有者可以读写，所属组成员及其他用户只能读”，代码如下：

```
int fd = open("/home/mydata",
              O_RDWR|O_CREAT,
              S_IRUSR|S_IWUSR|S_IRGRP| S_IROTH);//第3个参数也可以写成0644
if (fd = = -1)
    perror("open");
```

成功打开文件后，内存中 3 个相关数据结构的内容如图 4.6 所示。

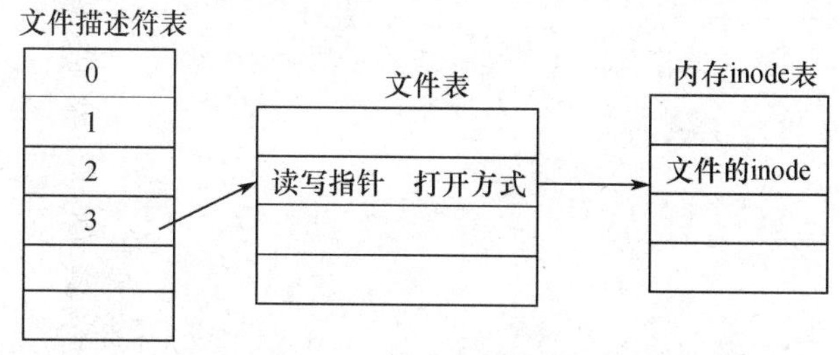

图 4.6　执行后内存数据结构的内容

【例 4-3】 如果要创建文件“/home/mydata”用于读写，权限为“所有者可以读写，所属组成员及其他用户只能读”，但如果该文件已经存在就返回错误，代码如下：

```
int fd = open("/home/mydata",
              O_RDWR|O_CREAT|O_EXCL,
              S_IRUSR|S_IWUSR|S_IRGRP| S_IROTH); //第3个参数也可以写成0644
if(fd = = -1)
   perror("open");
```

【例 4-4】 假设当前目录下有名为“f1”“f2”“f3”的 3 个文件，下面的代码打开这些文件，得到文件描述符。

（1）源程序（fdtest.c）

```
1.  #include <fcntl.h>
2.  main()
3.  {
4.          int fd1,fd2,fd3;
5.          fd1=open("f1",O_RDWR);
6.          fd2=open("f2",O_RDWR);
7.          fd3=open("f3",O_RDWR);
8.      printf("fd1=%d\nfd2=%d\nfd3=%d\n",fd1,fd2,fd3);
9.      close(fd1);
10.     close(fd2);
11.     close(fd3);
12. }
```

（2）编译

```
#gcc  -o  fdtest  fdtest.c
```

（3）运行

```
#./fdtest
```

（4）运行结果

```
fd1=3
fd2=4
fd3=5
```

当 3 个 open()语句执行后，内存中数据结构的内容如图 4.7 所示。

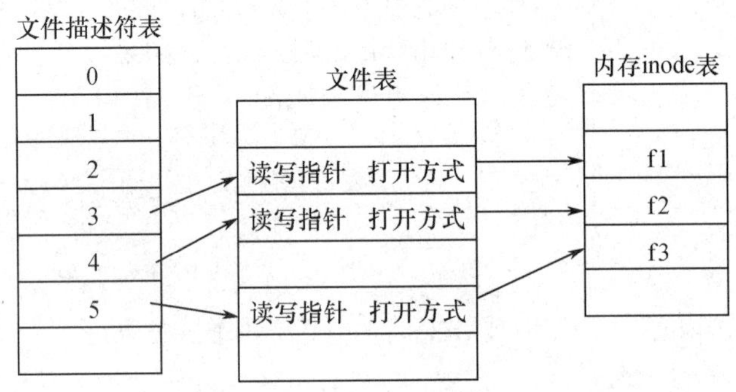

图 4.7 执行后内存数据结构的内容

对上述的程序如果做如下修改：

```
1.  main()
2.  {
3.      int fd1,fd2,fd3;
4.      fd1=open("f1",O_RDWR);
5.      fd2=open("f2",O_RDWR);
6.      printf("fd1=%d\nfd2=%d\n",fd1,fd2);
7.      close(fd1);
8.      fd3=open("f3",O_RDWR);
9.      printf("fd3=%d\n",fd3);
10.     close(fd2);
11.     close(fd3);
12. }
```

则执行结果为：

```
fd1=3
fd2=4
fd3=3
```

由此可见，一个进程默认已经打开了标准输入设备文件、标准输出设备文件和标准错误输出设备文件。它们的文件描述符分别是 0，1 和 2。进程中使用 open()语句打开的文件得到的文件描述符从 3 开始，所以打开文件 f1、f2、f3 时得到的文件描述符是 3、4 和 5。

系统调用 open 每次打开文件总是得到一个最小的可用文件描述符。当进程打开 f1、f2 文件后，得到的文件描述符是 3 和 4。当执行 close()语句关闭 f1 文件后，文件描述符 3 被释放变为可用。此时再执行 open()语句打开 f3 文件时，得到的最小可用文件描述符是 3。

4．创建文件 creat

系统调用 creat 用于创建新文件。系统调用 creat 与 flags 参数为 O_CREAT|O_WRONLY|O_TRUN 的系统调用 open 作用相同。

4.3.2 读文件

当使用系统调用 open 成功打开或新建一个文件后，可以得到一个文件描述符。通过该文件描述符可以对打开的文件进行访问，包括读和写。读文件使用系统调用 read。

表 4.6 系统调用 read

项目	描 述
头文件	#include <unistd.h>
原型	ssize_t read(int fd, void *buf, size_t count);
功能	从文件描述符为 fd 的文件中读取 count 个字节的数据并放入 buf 缓冲区中 注意：从当前文件读写指针处开始读数据，读完后，当前文件读写指针将改变成功读出的字节个数
参数	fd：要读文件的文件描述符。在执行 read 之前，应该执行 open/creat 打开或创建该文件，并得到该文件的文件描述符 buf：指向接收数据缓冲区的指针，读出的数据将存放在该缓冲区中 count：要读取数据的字节数
返回值	整型结果：执行成功时，返回的是实际读回数据的字节数；当失败时，返回-1，并且 errno 为错误码

当系统调用 read 执行成功时，read 返回的是实际读回数据的字节数，文件的读写指针会随之移动，此时会有以下几种情况。

● 返回值与 count 相等：实际读回的字节数与要读的字节数相等。读文件成功，并读回了想要字节数的数据。

● 返回值小于 count：实际读回的字节数小于要读的字节数。一般为读写指针接近文件末尾，文件剩余数据不够 count 个字节，此次 read 将剩余数据读出，并将实际读出字节数返回。

● 返回值为 0：表明从文件末尾读（所以读回来 0 个字节的数据）。

当 read 读文件失败时，返回-1，并且 errno 根据错误的原因被设置为相应的错误码，如表 4.7 所示。

表 4.7 read 失败时的错误码

错误码	含 义
EINTR	在数据读取之前，read 被信号中断
EAGAIN	选择了非阻塞 I/O 方式，但暂时没有数据可读
EIO	I/O 错误
EISDIR	fd 是一个目录，不能对目录执行 read
EBADF	fd 不是一个有效的文件描述符，或者 fd 不是为读打开的
EFAULT	buf 超出了可访问的地址空间范围

有时文件内容很大或者不确定文件大小，可以使用循环方式调用 read 来读出整个文件内容。

对于文件的读写，每个文件都有一个读写指针，指向该文件下一次读写的位置。当打开一个文件时，读写指针为 0，即指向该文件的开始位置。每次执行读写操作后，如果成功，则读写指针会自动移动。例如刚打开一个文件后，读写指针为 0，接下来执行 read/write，从文件中读 10 字节/向文件中写 10 字节，执行成功后读写指针为 10。

4.3.3 写文件

打开或新建一个文件后，可以通过文件描述符对文件进行写操作。写文件使用系统调用write，如表 4.8 所示。

表 4.8　系统调用 write

项目	描　述
头文件	#include <unistd.h>
原型	ssize_t write(int fd, const void *buf, size_t count);
功能	将 buf 缓冲区中 count 个字节的数据写入文件描述符为 fd 的文件中 注意：写操作从文件读写指针处开始执行，写完后，当前文件读写指针将改变成功写入的字节数
参数	fd：要写文件的文件描述符。在执行 write 之前，应该执行 open/creat 打开或创建该文件，并得到该文件的文件描述符 buf：指向要写数据缓冲区的指针，要写入文件的数据应先存放在该缓冲区中 count：要写入数据的字节数
返回值	整型结果：执行成功时，返回的是实际写入数据的字节数；当失败时，返回-1，并且 errno 为错误码

系统调用 write 返回一个整型结果。

当 write 执行成功时，返回的是实际写入数据的字节数，文件的偏移量会随之移动。如果返回值为 0，则表明没有写入任何数据（实际写入字节数为 0）。

当 write 写文件失败时，返回-1，并且 errno 根据错误的原因被设置为相应的错误码，如表 4.9 所示。

表 4.9　write 失败时的错误码

错误码	含　义
ENOSPC	fd 指向的文件所在地设备没有足够的空间写入数据
EINTR	在数据写入之前，系统调用被信号中断
EINVAL	fd 指向的文件不能用于写
EIO	修改 inode 时发生了一个低级的 I/O 错误
EISDIR	fd 是一个目录，不能对目录执行 read
EBADF	fd 不是一个有效的文件描述符，或者 fd 不是为读打开的
EFAULT	buf 超出了可访问的地址空间范围

关于 write 的几点说明。

① open 打开文件后，文件读写偏移量自动为 0，write 会从 0 开始写入文件。若 open 时设置 O_APPEND 标志，则写之前文件位置会自动定位到文件结尾处开始写文件。

② 如果数据量大的话，则可以使用循环的方式分几次把数据写入文件。

③ 由于物理介质空间不足等原因将会使得 write 返回值小于计划要写入文件的字节个数。

④ 实际上，write 并不真正把数据写入磁盘，仅仅是传递给内核缓冲区，系统会定时将内核缓冲区的数据写入磁盘。如果出现磁盘等错误的话，数据就会丢失。write 等待数据写入内核缓冲区后才返回。

【例 4-5】 读写文件。

打开文件 f1，将其所有内容读出并将数据写到屏幕上输出，每次从中读取 20 字节的数据。

（1）源程序（filerw.c）

```
1. #include <fcntl.h>
2. main()
3. {
4.     int fd;
5.     int num;
6.     char buf[20];
7.     fd=open("f1",O_RDONLY);
8.     if(fd= = -1)
9.     {
10.        perror("open");
11.        exit(1);
12.    }
13.    while((num=read(fd,buf,20))>0)
14.    {
15.        if(write(1,buf,num)<num)
16.        printf("write 1 less than should\n");
17.    }
18.    close(fd);
19. }
```

在程序 filerw.c 中，以只读方式打开源文件 f1，如果打开成功，则进入一个循环。循环每次通过 read()语句从 f1 文件中读取 20 字节的数据，并写入屏幕设备文件（文件描述符为 1 的标准输出设备文件）中。当 read()语句返回的结果等于 0（读到 f1 文件末尾）或者等于-1（读 f1 文件失败）时，循环结束。

在循环过程中，如果向屏幕设备文件写入的字节数不等于从 f1 文件中读出的字节数，将给出相应提示。

循环结束后，关闭 f1 文件。

（2）编译

```
#gcc –o  filerw  filerw.c
```

（3）运行

```
#./filerw
```

4.3.4 文件定位

如前所述，每一个打开的文件都有一个读写指针指向下一次读写操作的位置。改变读写指针的位置，可以使用系统调用 lseek，如表 4.10 所示。

表 4.10 系统调用 lseek

项目	描 述
头文件	#include <sys/types.h> #include <unistd.h>
原型	off_t lseek(int fd, off_t offset, int whence);
功能	将文件描述符为 fd 的文件读写指针按照 whence 方式移动 offset 字节的偏移量
参数	fd：要改变读写指针位置的文件的文件描述符。在执行 lseek 之前，应执行 open/creat 打开或创建该文件，并得到该文件的文件描述符 offset：要改变的读写指针的偏移量（字节数），可以是正值、负值或 0 whence：移动读写指针的方式，可以为 SEEK_SET、SEEK_CUR 或 SEEK_END
返回值	整型结果：执行成功时，返回的是定位后新的读写指针位置；当失败时，返回-1，并且 errno 为错误码

whence 的取值如表 4.11 所示。

表 4.11　whence 参数说明

whence 参数	宏值	读写指针移动方式	读写指针移动结果
SEEK_SET	0	从文件开始位置移动	即为 offset 的值
SEEK_CUR	1	从文件当前位置移动	当前读写指针的值+offset
SEEK_END	2	从文件末尾位置移动	文件长度+offset

系统调用 lseek 返回一个整型结果。当 lseek 执行成功时，该结果是定位后新的读写指针位置。否则当 lseek 执行失败时返回-1，并在 errno 中设置相应的错误码，错误码如表 4.12 所示。

表 4.12　lseek 失败时的错误码

错误码	含　义
EBADF	fd 不是一个有效的文件描述符
ESPIPE	fd 是一个管道，Socket 或 FIFO 的文件描述符
EINVAL	whence 的值不正确

通过系统调用 lseek 对文件的读写指针进行定位，要保证移动后的指针位置是非负数。例如，一个长度为 100 字节的文件打开后，文件描述符为 fd，读写指针当前的位置在第 50 字节。下列操作都是正确的：

```
lseek( fd, 20, SEEK_SET);       //从文件开始位置移动20字节，移动后指针为20
lseek( fd, 120, SEEK_SET);      //从文件开始位置移动120字节，移动后指针为120
lseek( fd, 20, SEEK_CUR);       //从文件当前位置移动20字节，移动后指针为70
lseek( fd, -20, SEEK_CUR);      //从文件当前位置移动-20字节，移动后指针为30
lseek( fd, 60, SEEK_CUR);       //从文件当前位置移动60字节，移动后指针为110
lseek( fd, 20, SEEK_END);       //从文件末尾位置移动20字节，移动后指针为120
lseek( fd, -20,SEEK_END);       //从文件末尾位置移动-20字节，移动后指针为80
```

而下列操作都是错误的：

```
lseek( fd, -20, SEEK_SET);      //从文件开始位置移动-20字节
lseek( fd, -60, SEEK_CUR);      //从文件当前位置移动-60字节
lseek( fd, -120, SEEK_END);     //从文件末尾位置移动-120字节
```

也就是说，可以将文件的读写指针移动到超过文件末尾再往后的位置，但不能将指针移动到文件开始再往前的位置，如果一定要如此设置，在运行时则自动定位到 0 处。

通过系统调用 lseek 移动了读写指针后，下一次的读写操作就会从新的指针位置开始进行。

在 UNIX/Linux 中，允许将读写指针定位到超过文件长度的位置。如上面的举例，一个文件长度为 100 字节，可以将读写指针移动到第 120 字节处，此时对文件的读写操作将如下处理：

- 读文件 read(fd, buf,20)，从文件当前位置读 20 字节到 buf 中，返回结果为 0，即当前指针已经是（超过）文件末尾，实际读回的字节数为 0 个；
- 写文件 write(fd, buf, 20)，将 buf 中 20 字节的数据写入文件当前位置，返回结果 20，即实际写入字节数 20（从文件第 120 字节处写入），写入后文件长度为 140，其中文件第 100 字节至第 120 字节由 ASCII 码 0 来填充。

对于读写指针已经超过文件长度时执行写操作，UNIX/Linux 系统会先将文件的长度延长到当前位置，然后再写入。延长的部分用 ASCII 码 0 来填充，成为空洞。在存储该文件时，空洞部分是否占据硬盘存储空间是由文件系统决定的。

4.3.5 关闭文件

当一个打开的文件使用完之后，可以使用系统调用 close 关闭该文件，如表 4.13 所示。

表 4.13 系统调用 close

项目	描　　述
头文件	#include <unistd.h>
原型	int　close(int fd);
功能	关闭文件描述符为 fd 的文件
参数	fd：要关闭的文件的文件描述符
返回值	如果成功关闭，则返回 0；如果关闭文件失败，则返回-1，并且 errno 为错误码

系统调用 close 返回一个整型结果。如果成功关闭，则返回 0；如果关闭文件失败，则返回-1，同时 errno 中设置错误码，如表 4.14 所示。

表 4.14 close 失败时的错误码

错误码	含　　义
EBADF	fd 不是一个有效的打开文件的文件描述符
EINTR	系统调用 close 被信号中断
EIO	发生了一个 I/O 错误

人们在编写程序时经常忘记检查 close 的返回值，这样做会出现一些问题。很有可能在前面对文件执行 write 操作时出现错误，但在执行 close 才报告，如果不检查 close 的返回值，则可能漏掉这样的出错信息。不检查 close 的返回值有可能导致文件数据的丢失。

打开文件时，系统会根据文件名找到文件的索引节点，并将文件的相关信息填入系统用于管理打开文件的数据结构中；关闭文件时，系统执行相反的操作，将相关数据结构中关于该文件的登记项信息释放。

另外，在关闭文件时，系统会将先前执行写操作但数据仍在缓冲区中尚未写入文件的数据真正写入文件。如果要确保数据真正写入文件，那么也可调用 fsync 函数。

4.3.6 文件操作举例

【例 4-6】文件基本 I/O 操作。

编写一个程序，两次打开同一个文件进行读写操作，并观察结果。

（1）源程序（fileopenone.c）

```
1.  #include <stdio.h>
2.  #include <stdlib.h>
3.  #include <unistd.h>
4.  #include <fcntl.h>
5.  main( )
6.  {
7.          int fd1,fd2;
8.          int num;
9.          char buf[20];
10.         fd1 = open("f1",O_RDWR|O_TRUNC);
11.         if(fd1= = -1)
12.         {
```

```
13.            perror("open");
14.            exit(1);
15.        }
16.        printf("fd1 is %d \n",fd1);
17.        fd2 = open("f1",O_RDWR);
18.        if(fd2= = -1)
19.        {
20.            perror("open");
21.            exit(1);
22.        }
23.        printf("fd2 is %d \n",fd2);
24.        num=write(fd1,"hello world!",12);
25.        printf("fd1:write num=%d bytes into f1\n",num);
26.        num=read(fd2, buf,20);
27.        buf[num]=0;
28.        printf("fd2:read    %d bytes from f1: %s \n",num, buf);
29.        close(fd1);
30.        close(fd2);
31.  }
```

（2）编译

```
#gcc   -o   fileopenone   fileopenone.c
```

（3）运行

```
#./fileopenone
```

（4）运行结果

```
fd1 is 3
fd2 is 4
fd1:write num=12 bytes into f1
fd2:read    12 bytes from f1: hello world!
```

在程序 fileopenone.c 中，两次使用 open()语句打开文件 f1。虽然两次打开的是同一个文件，但由于这是两次独立的 open 操作，因此每一次 open 操作打开文件时，都会在系统的打开文件表中登记一个不同的表项，并在该进程的用户文件描述符表中也登记一个不同的表项。因此两次 open 操作得到了两个不同的文件描述符（在此例中 fd1 为 3，fd2 为 4）。这两个文件描述符对应着文件表中的两个不同的表项。由于文件的读写指针保存在文件表的表项中，因此两个文件描述符都拥有各自独立的文件读写指针。

两次 open()语句执行之后，两个文件描述符对应的读写指针都指向文件 f1 的开始位置。此时通过文件描述符 fd1 向文件 f1 中写入了 12 个字符“hello world!”，成功写入之后其读写指针为 12。而这时另一个文件描述符 fd2 对应的读写指针仍为 0，指向文件的开始位置。因此接下来通过 fd2 从文件中读数据时，会将刚才写入的字符串读出。

【例 4-7】编写一个父子进程访问同一个文件的程序。

（1）源程序（filefork.c）

```
1.  #include <fcntl.h>
2.  #include <unistd.h>
3.  main()
4.  {
5.       int fd;
6.       int num;
7.       pid_t pid;
8.       char buf[20];
9.       fd=open("f1",O_RDWR|O_TRUNC|O_CREAT,644);
```

```
10.     if(fd= =-1)
11.     {
12.       perror("open");
13.       exit(1);
14.     }
15.     write(fd,"helloworld",10);
16.     lseek(fd,0, SEEK_SET);
17.     if((pid=fork())<0)
18.     {
19.         perror("fork");
20.     }
21.     else if(pid= =0)
22.     {
23.           num=read(fd,buf,5);
24.           buf[num]=0;
25.           printf("i am child,my pid=%d, read num=%d bytes from f1(fd=%d):%s\n",getpid(),num,fd,buf);
26.       }
27.       else
28.       {
29.             num=read(fd,buf,5);
30.             buf[num]=0;
31.             printf("i am parent,my pid=%d, read num=%d bytes from f1(fd=%d):%s\n",getpid(),num,fd,buf);
32.             wait();
33.       }
34.       close(fd);
35.  }
```

（2）编译

```
#gcc  -o  filefork    filefork.c
```

（3）运行

```
#./filefork
```

（4）运行结果

```
i am child,my pid=1935, read num=5 bytes from f1(fd=3):hello
i am parent,my pid=1934, read num=5 bytes from f1(fd=3):world
```

在程序 filefork.c 中，父进程通过 open()语句创建了 f1 文件，得到文件描述符 fd=3，并向文件中写入 10 个字符“helloworld”。写入后通过 lseek 将文件读写指针定位于文件开始位置。

当父进程通过 fork 创建了子进程时，子进程从父进程那里继承了用户文件描述符表，也就是说父子进程此时拥有内容一样的用户文件描述符表。在子进程中，也有一个文件描述符 3，它与父进程的文件描述符 3 同样指向文件表中的同一个表项。由于文件的读写指针保存在文件表的表项中，因此父子进程不仅拥有同样的文件描述符，它们的文件描述符也对应着同一个文件读写指针。当父进程先从文件中读取了 5 个字符“hello”后，读写指针改变为 5，此时子进程在从文件中读数据时，由于使用的是和父进程相同的读写指针，因此将接下来的 5 个字符“world”读了出来。

此处涉及的父子进程相关的知识将在本书第 7 章进行详细介绍。

4.4　文件访问的同步

系统调用 sync、fsync 和 fdatasync 用于文件访问时的同步，如表 4.15～表 4.16 所示。

表 4.15　系统调用 sync

项目	描　　述
头文件	#include <unistd.h>
原型	void sync(void);
功能	将缓冲区中的内容写入磁盘
参数	无
返回值	无

表 4.16　系统调用 fsync/fdatasync

项目	描　　述
头文件	#include <unistd.h>
原型	int fsync(int fd); int fdatasync(int fd);
功能	将指定文件的内容写入磁盘
参数	fd：要同步的文件的文件描述符
返回值	如果成功，则返回 0；如果失败，则返回-1，并且 errno 为错误码

当用户调用 write 向文件中写数据时，操作系统并不是立刻将数据真正写入磁盘，而是将数据先写入磁盘缓冲区中，待事后再将磁盘缓冲区中的内容更新到磁盘上。这样做可以提高读写磁盘的效率，但是会出现磁盘文件与缓冲区中暂时不一致的情况。如果用户程序执行了 write 后，数据还没有更新到磁盘上时系统崩溃，则会造成数据丢失。

sync 可以强制将缓冲区中所有未更新到磁盘的数据立刻更新到磁盘上。fsync 只更新缓冲区中指定文件的内容，包括该文件的数据部分和索引节点中改变了但尚未更新的内容。fdatasync 则只更新缓冲区中指定文件的数据部分。

4.5　案例 4：文件复制命令的实现

4.5.1　分析与设计

在本书 12.1 节的“Linux 网络传输系统”综合案例中，我们要实现将服务器端接收到的数据保存到文件中这个功能。该功能其实就是将接收数据写入一个文件中，将涉及 Linux 系统中基本文件 I/O 操作。下面通过开发一个复制文件的程序来掌握这些技能。

在 Linux 中，基本文件的访问过程分为如下步骤：

（1）打开/创建文件；

（2）访问文件（包括定位读写指针、读文件、写文件等操作）；

（3）最后关闭文件。

打开/创建文件使用系统调用 open/creat；访问文件的操作包括读文件 read、写文件 write、定位文件读写指针 lseek 等；关闭文件使用系统调用 close。

本案例将通过打开源文件、创建目标文件、从源文件中读出数据、写入目标文件、关闭源文件和目标文件这样的过程实现文件的复制，这将用到上述的系统调用。

本案例只是实现文件复制最基本的功能，其他复杂的功能读者可以在学习后续章节后自行实现。

复制文件就是将一个指定的源文件复制出一个与其一样的目标文件。源文件名和目标文件名由用户执行程序时以命令行参数的形式给出。程序首先打开源文件，并创建目标文件；然后从源文件中将数据读出，并写入目标文件中；最后分别关闭源文件和目标文件。

在读写源文件和目标文件时，需要定义一个缓冲区。将从源文件读出的数据存放在该缓冲区中，然后再将缓冲区的数据写入目标文件。由于首先定义的缓冲区可能小于文件的大小，因此可能需要循环重复多次，才能将源文件中的数据全部写入目标文件。

本案例的程序流程图如图 4.8 所示。

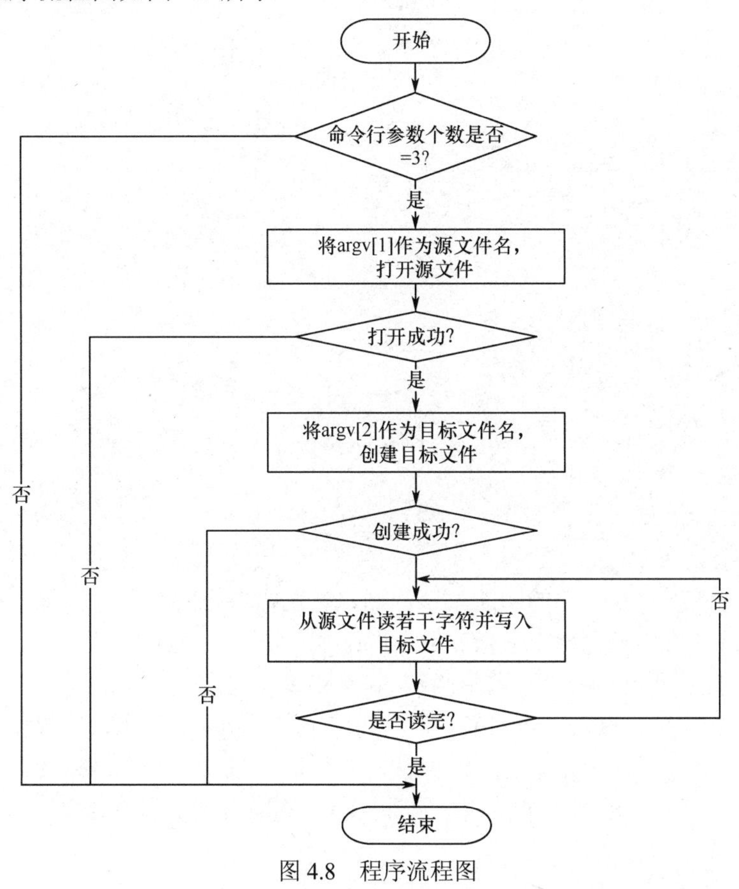

图 4.8　程序流程图

4.5.2　实施

本案例源代码如下（mycp.c）：

```
1.  #include <stdio.h>
2.  #include <sys/stat.h>
3.  #include <fcntl.h>
4.  #define BUFSIZE 512
5.  void copy(char *from, char *to)
6.  {
7.          int fromfd = -1, tofd = -1;
8.          ssize_t nread;
9.          char buf[BUFSIZE];
10.         if((fromfd = open(from, O_RDONLY))= =-1)
11.         {
12.             perror("open");
```

```
13.             exit(1);
14.         }
15.         if((tofd=open(to, O_WRONLY | O_CREAT | O_TRUNC, S_IRUSR | S_IWUSR))= =-1)
16.         {
17.             perror("open to"); exit(1);
18.         }
19.         nread = read(fromfd, buf, sizeof(buf));
20.         while (nread > 0)
21.         {
22.             if (write(tofd, buf, nread) != nread)
23.                 printf("write %s error\n",to);
24.             nread = read(fromfd, buf, sizeof(buf));
25.         }
26.         if (nread = = -1)
27.         printf("write %s error\n",to);
28.         close(fromfd);
29.         close(tofd);
30.         return;
31.  }
32.  main(int argc, char **argv)
33.  {
34.         if(argc!=3)
35.         {
36.             printf("Usage:%s    fromfilename    tofilename\n",argv[0]);
37.             exit(1);
38.         }
39.         copy(argv[1],argv[2]);
40.  }
```

程序 mycp.c 实现复制文件的功能。该程序执行时需要带两个参数：源文件名和目标文件名，因此在 main 函数中包含两个参数 argc 和 argv。当参数个数不等于 3 时（argc 不等于 3）给出程序执行的提示并返回，否则调用函数 copy 完成复制文件功能。

程序运行时，将源文件名（argv[1]）和目标文件名（argv[2]）作为参数传入函数 copy 中。在函数 copy 中，首先以只读方式打开源文件，然后以只写方式创建目标文件，如果目标文件已经存在则清空。接下来进入一个循环，不断从源文件读出 512 字节数据写入目标文件，直至源文件数据全部写入目标文件。

4.5.3 编译与运行

（1）编译

```
#gcc   -o   mycp     mycp.c
```

（2）运行

如果当前目录下有 f1 文件，则先要将其复制为 f2 文件，程序如下执行：

```
#./mycp     f1     f2
```

【创新能力】该案例每次从源文件中读取 512 字节数据并写入目标文件。每次读写的字节数对项目的效率有何影响？读者可以将缓冲区的大小进行修改，然后观察执行情况加以分析。

习　题

一、选择题

1．文件系统保存在磁盘的（　　）。

A．引导块　　B．超级块　　C．inode 块　　D．数据块

2．Linux 文件系统的根目录的索引节点编号为（　　）。

A．0　　B．1　　C．2　　D．3

3．文件描述符的数据类型为（　　）。

A．char　　B．int　　C．double　　D．float

4．设置文件偏移量的系统调用是（　　）。

A．truncate　　B．sync　　C．lseek　　D．creat

5．下面哪个不是 lseek 第 3 个参数的取值？（　　）

A．SEEK_SET　　B．SEEK_CUR　　C．SEEK_NOW　　D．SEEK_END

6．系统调用 sync 的功能是（　　）。

A．刷新所有缓存到磁盘　　B．刷新缓存中某个文件的所有信息到磁盘

C．刷新缓存中某个文件的数据到磁盘　　D．刷新缓存中某个文件的属性信息到磁盘

7．系统调用 fsync 的功能是（　　）。

A．刷新所有缓存到磁盘　　B．刷新缓存中某个文件的所有信息到磁盘

C．刷新缓存中某个文件的数据到磁盘　　D．刷新缓存中某个文件的属性信息到磁盘

8．系统调用 fdatasync 的功能是（　　）。

A．刷新所有缓存到磁盘　　B．刷新缓存中某个文件的所有信息到磁盘

C．刷新缓存中某个文件的数据到磁盘　　D．刷新缓存中某个文件的属性信息到磁盘

二、填空题

1．Linux 系统下，表示标准输入、标准输出和标准错误输出的文件描述符（符号表示）为（　　）、（　　）和（　　），它们的值分别为（　　）、（　　）、（　　）。

2．数字 635 表示的权限使用字母方式表示为（　　），使用符号方式表示为（　　）。

3．系统调用 open 的功能是（　　）。

4．使用 open 打开文件时有 3 个标志必须要选择其一，这 3 个标志是（　　）、（　　）、（　　）。

5．文件偏移量代表（　　）。

6．将文件偏移量设置为当前偏移处之前的 4 字节的位置，使用 lseek(fd,（　　）,（　　）)。

7．设置打开文件标志（　　）可以截短文件为 0，使用系统调用（　　）可以截短或加长文件。

8．如果 umask 设为 022，则创建一个新文件的权限（数字表示）为（　　），创建一个新目录的权限（数字表示）为（　　）。

9．如果 umask 设为 024，则创建一个新文件的权限（数字表示）为（　　），创建一个新目录的权限（数字表示）为（　　）。

10．文件权限 rwx - w -　r- -对应的八进制数为（　　），对应的符号常量表示为（　　）。

11．文件权限 S_IRUSR|S_IWGRP|S_IXOTH 对应的字母形式为（　　），对应的八进制数字为（　　）。

三、简答题

1．Linux 文件类型主要有哪七类？

2．简述文件、inode、文件名、目录之间的关系。

3．什么是文件描述符？

4．使用符号方式表示 rwxrwxrwx 权限。

5．写出 open 以下 6 种打开标志：只读、只写、读写、追加、文件不存在创建、截短为 0。

6．读程序，写出执行结果，并解释得到该结果的原因。

```
main()
{
    int fd1,fd2;
    fd 1= open("/etc/passwd", O_RDONLY);
    fd 2= open("/etc/passwd", O_RDWR);
    printf("fd1 = %d     fd2=%d\n", fd1,fd2);
    close(fd1);
    close(fd2);
}
```

四、编程题

1．向文件 f1 中写入“hello world！”，然后再将 f1 中的内容读出并显示在屏幕上。（注意必要的错误判断）

2．向文件 f2 中写入“aabbccddee”，然后将偏移量移到绝对偏移为 4 的位置处，读 6 个字符，并将结果显示在屏幕上。

3．向文件 f3 中写入“aabbccddeeffgghh”，然后将文件截短至 8 字节，然后将截短后的文件内容读出并显示在屏幕上。

4．在程序中将 umask 改至 044，创建文件 f4。

5．实现“cat 文件名”显示文件内容。

6．实现“cp　原文件　目标文件”功能。

第5章　文件属性

Linux 系统中的文件由索引节点（inode）和数据块两部分组成，其中 inode 保存了文件属性相关信息。本章主要针对文件属性进行讲解，包括文件属性的获取和修改、硬链接/符号链接概念及重定向相关概念。

本章最后设计了一个“显示文件长格式信息”案例，该案例显示文件属性信息，显示的信息包括文件类型、访问权限、文件所有者、文件所属组、长度、访问日期时间等。

5.1　获取文件属性

1. 获取属性系统调用

系统调用 stat/fstat/lstat（见表 5.1）用于获取文件索引节点（inode）中的属性信息并保存在结构体 stat 中。

表 5.1　系统调用 stat/fstat/lstat

项目	描　　述
头文件	#include <sys/types.h> #include <sys/stat.h> #include <unistd.h>

原型	int stat(const char *file_name, struct stat *buf);
	int fstat(int filedes, struct stat *buf);
	int lstat(const char *file_name, struct stat *buf);

功能	获取指定文件的属性并放入 buf 中
参数	file_name（系统调用 stat）：要获取属性的文件名 filedes：要获取属性的文件的文件描述符 file_name（系统调用 lstat）：要获取属性的符号链接文件的文件名 buf：用于保存文件属性的 stat 结构体
返回值	如果成功获取文件属性，则返回 0；如果失败，则返回-1，并且 errno 为错误码

系统调用 stat、fstat 和 lstat 的功能类似，都是获取指定文件的属性并保存在一个 stat 类型的结构体 buf 中。它们的区别是：系统调用 stat 通过给出文件名来获取该文件属性，而 fstat 则通过文件描述符来获取文件属性。因此，fstat 在使用前，应首先使用 open 打开该文件并得到该文件的文件描述符，而 stat 并不需要事先打开文件。lstat 是专门用于获取符号链接文件本身的属性的。符号链接文件是 Linux 系统中的一种“快捷方式”，它用于指向一个目标文件。所有对符号链接文件的操作都会转移到其所链接的目标文件上。当对一个符号链接文件执行 stat 时，获取的是该符号链接文件链接的目标文件的属性而不是符号链接文件的属性。因此，当我们想获得符号链接文件本身的属性时，应该使用 lstat。

例如，获取/etc/passwd 文件属性可以使用如下代码：

```
struct stat    buf;
int rt;
rt=lstat("/etc/passwd",&buf);
```

```
    if(rt= =-1)
        perror("lstat");
```

当系统调用 stat/fstat/lstat 执行成功时，获得的文件属性将填入一个 stat 类型的结构体 buf 中。在 Linux 中，struc stat 的定义如下：

```
struct stat {
    dev_t       st_dev;       /* 文件所在设备的设备ID号 */
    ino_t       st_ino;       /* 索引节点编号 */
    mode_t      st_mode;      /* 文件的类型与权限 */
    nlink_t     st_nlink;     /* 硬链接数 */
    uid_t       st_uid;       /* 文件所属用户的ID */
    gid_t       st_gid;       /* 文件所属组的ID */
    dev_t       st_rdev;      /* 设备ID号(如果这是一个设备文件的inode) */
    off_t       st_size;      /* 文件总长度字节数*/
    blksize_t   st_blksize;   /* 文件系统I/O块大小 */
    blkcnt_t    st_blocks;    /* 分配给文件的块数 */
    time_t      st_atime;     /* 文件的最后访问时间*/
    time_t      st_mtime;     /* 文件的最后修改时间 */
    time_t      st_ctime;     /* 索引节点的最后修改时间 */
};
```

对于常规文件或符号链接文件，st_size 给出了以字节为单位的文件长度，st_blocks 给出了文件所分配的磁盘块。一般情况下，一个磁盘块是 512 字节。如果一个文件包含“空洞”，则系统并不给空洞部分分配磁盘块，所以这样的文件所分配的磁盘块数小于其文件长度/512。

2．判断文件类型

判断文件的类型使用 stat 结构体中的 st_mode 成员，一般有两种方法。

方法 1 通过调用 Linux 系统定义的类型判断宏，当被判断的文件是该类型时，该宏返回 1，否则返回 0。文件类型判断宏如下：

- S_ISREG(st_mode) 判断是否为常规文件
- S_ISDIR(st_mode) 判断是否为目录文件
- S_ISCHR(st_mode) 判断是否为字符设备文件
- S_ISBLK(st_mode) 判断是否为块设备文件
- S_ISFIFO(st_mode) 判断是否为 FIFO 文件
- S_ISLNK(st_mode) 判断是否为符号链接文件
- S_ISSOCK(st_mode) 判断是否为 Socket 文件

示例代码如下：

```
//假设buf为获得的文件属性结构体struct stat类型
if(S_ISREG(buf.st_mode))
    putchar('-');
```

方法 2 通过检查 st_mode 高 4 位的值来判断，可以将 st_mode 与文件权限掩码 S_IFMT（八进制数 0170000）进行“与”操作，屏蔽掉低 12 位，保留高 4 位，然后与文件类型宏进行比较。文件类型宏见 4.1.4 节。

代码可以写成一个 switch 结构，如：

```
switch(st_mode   & S_IFMT )
{
    case S_IFREG: printf("-"); break;//代表普通文件
     case S_IFDIR: printf("d");break;//代表目录文件
    …
```

```
        default:printf("?");
    }
```

3．判断文件权限

文件访问权限的判断要简单一些，可以将 st_mode 与各用户读、写和执行权限进行“与”操作来判断。

例如，要判断该文件所有者是否有读权限，可以执行“st_mode & S_IRUSR”，S_IRUSR 的八进制数是 00400，执行“与”操作后，st_mode 只保留了代表文件所有者读权限的第 8 位。因此，与操作的结果若为 1，说明文件所有者有读权限；否则若结果为 0，则没有读权限。对其他的访问权限的判断也是类似的。

判断文件所有者是否有读权限的代码如下：

```
if( (buf.st_mode & S_IRUSR)= =0)
        putchar('-');
else
        putchar('r');
```

或

```
*(buf.st_mode & S_IRUSR) ?   putchar('r') : putchar('-');
```

4．判断 setuid、setgid 和 sticky 权限

判断这 3 个修饰权限的方式与判断文件访问权限类似，只是在文件的长格式信息显示时，这 3 个权限不是独立显示的，而是显示在 3 类用户的执行位。

setuid 显示在文件所有者的执行位（显示为 s/S），setgid 显示在文件所属组成员的执行位（显示为 s/S），sticky 显示在其他用户的执行位（显示为 t/T），因此 3 类用户的执行位分别会有 4 种显示的可能：-、x、s/t、S/T。

如果某文件具有修饰权限，则相应的执行位就显示 s/t（对应用户具有执行权限）或 S/T（对应用户没有执行权限）。

如果某文件没有修饰权限，则相应的执行位就显示 x（对应用户具有执行权限）或-（对应用户没有执行权限）。

例如，判断某文件是否具有 setuid 权限，可以使用如下代码：

```
if( (buf.st_mode & S_ISUID)= =0)
    (buf.st_mode & S_IXUSR)   ?    putchar('x') : putchar('-');
else
    (buf.st_mode & S_IXUSR)   ?    putchar('s') : putchar('S');
```

5.2 用户/组 ID 与名字的转换

5.2.1 用户和组

Linux 是一个多用户、多任务的操作系统。

1. 用户（user）

在 Linux 系统中，可以创建若干用户（user）。比如有人想用我的计算机，但我不想让他用我的用户名登录，因为我的用户名下有不想让别人看到的资料和信息（也就是隐私内容），我也不想让他拥有很高的权限级别。这时我就可以给他建一个新的用户名，让他使用新建的用户名去使用该计算机，这从计算机安全角度来说是符合操作规则的。

当然，用户（user）的概念理解还不仅仅于此，在 Linux 系统中还有一些用户是用来完成

特定任务的，比如 nobody 和 ftp 等，我们访问 LinuxSir.Org 的网页程序，就是 nobody 用户；我们匿名访问 ftp 时，会用到用户 ftp 或 nobody。如果想了解 Linux 系统的一些账号，请查看/etc/passwd。

2. 用户组（group）

用户组（group）就是具有相同特征的用户的集合体。比如，有时要让多个用户具有相同的权限，如查看、修改某一文件或执行某个命令的权限，这时需要通过用户组来管理。我们把用户都定义到同一用户组，通过修改文件或目录的权限，让用户组具有一定的操作权限，这样用户组下的用户对该文件或目录都具有相同的权限，这是通过定义组和修改文件的权限来实现的。

5.2.2 获取文件的用户和组的信息

执行“ls -l”命令，可以得到的文件信息，包括文件的所有者名及所属组名。而系统调用 stat 得到的文件属性信息中，有 st_uid 和 st_gid，分别是文件所有者的 uid 和文件所属组的 gid，其类型分别是 uid_t 和 gid_t，即 int 类型。

那么，如何根据 uid 和 gid，得到对应的用户名和组名呢？Linux 系统中提供了 getpwuid 和 getgrgid 这两个函数来实现这个功能。

在 Linux 系统中，/etc/passwd 文件是一个文本文件，该文件中保存有系统账户信息。该文件的每一行对应着一个账户信息，包括用户 ID、组 ID、主目录、使用的 Shell 等。其格式为：

```
用户名:密码:UID:GID:GECOS:主目录:Shell
```

函数 getpwuid（见表 5.2）可以根据 uid 在/etc/passwd 文件中获取用户信息并在 passwd 结构体类型变量中返回。

表 5.2 函数 getpwuid

项目	描　述
头文件	#include <sys/types.h> #include <pwd.h>
原型	struct passwd *getpwuid(uid_t uid);
功能	该函数根据 uid 获取对应的账户信息并放入 passwd 类型的结构体变量中，并返回指向该结构体变量的指针
参数	uid：指定的用户 id（uid）
返回值	如果成功，则返回指向一个 passwd 结构体的指针；如果失败，则返回 NULL

passwd 结构体的定义如下：

```
struct passwd {
    char        *pw_name;       /* 用户名 */
    char        *pw_passwd;     /* 用户密码 */
    uid_t       pw_uid;         /* 用户ID */
    gid_t       pw_gid;         /* 组ID */
    char        *pw_gecos;      /* 注释信息，包括用户姓名、办公地点等 */
    char        *pw_dir;        /* 主目录 */
    char        *pw_shell;      /*  Shell */
};
```

可以看出，在 passwd 结构体中，有用户名（pw_name）这项信息，这就是我们希望得到的用户名。

类似地，函数 getgrgid（见表 5.3）根据文件的 gid，到/etc/group 文件中获取组名的信息。在/etc/group 文件中，保存着系统所有组的信息，包括组名、密码、组 ID 和用户列表 4 项信息。

函数 getgrgid 根据指定的 gid，获取相关信息并填入一个 group 结构体中，最后返回指向该结构体变量的指针。

表 5.3　函数 getgrgid

项目	描　　述
头文件	#include <sys/types.h> #include <grp.h>
原型	struct group *getgrgid(gid_t gid);
功能	该函数根据 gid 获取对应的组信息并放入 group 类型的结构体变量中，最后返回指向该结构体变量的指针
参数	gid：指定的组 id(gid)
返回值	如果成功，则返回指向一个 group 结构体的指针；如果失败，则返回 NULL

group 结构体的定义如下：

```
struct group
{
    char        *gr_name;       /* 组名 */
    char        *gr_passwd;     /* 组密码 */
    gid_t       gr_gid;         /* 组ID */
    char        **gr_mem;       /* 组成员 */
};
```

同样可以看出，在 group 结构体中，有组名（gr_name）这项信息，这就是我们希望得到的组名。

我们可以这样编写代码来根据 stat 得到的 uid 和 gid 获取用户名和组名（假设要获取 f1 文件的用户名）：

```
struct stat buf;
struct passwd *usr;
struct group *grp;

lstat("f1",&buf);                   //获得文件信息
usr=getpwuid(buf.st_uid);
printf("   %s",usr->pw_name);       //usr->pw_name就是对应的用户名
grp=getgrgid(buf.st_gid);
printf("   %s",grp->gr_name);       //grp->gr_name就是对应的组名
```

5.3　硬链接与符号链接

硬链接指通过索引节点来进行的链接。在 Linux 文件系统中，保存在磁盘分区中的文件，不管是什么类型，都给它分配一个编号，称为索引节点编号。

在 Linux 中，多个文件名指向同一索引节点是存在的，一般这种链接就是硬链接。硬链接的作用是允许一个文件拥有多个有效路径名，这样用户就可以建立硬链接到重要文件，以防止“误删”。其原因如上所述，因为对应该目录的索引节点有一个以上的链接，只删除一个链接并不影响索引节点本身和其他的链接，只有当最后一个链接被删除后，文件的数据块及目录的链接才会被释放。也就是说，文件才会被真正删除。

符号链接也称为软链接，有点类似于 Windows 的快捷方式。它实际上是特殊文件的一种。在符号链接中，文件实际上是一个文本文件，其中包含另一文件的位置信息。

5.3.1 硬链接与符号链接的区别

每个保存在磁盘上的文件都有一个 inode 与之对应，一个 inode 可以对应一个或多个文件名，而与 inode 对应的文件名的个数就是在“ls -l”命令中显示的文件链接数，也即硬链接个数。

硬链接和符号链接都是指向另一个已保存文件的链接，符号链接文件相当于 Windows 中的快捷方式。它们主要有以下区别。

（1）命令

硬链接命令：ln 原文件 硬链接文件 （注意：不能对目录创建硬链接）

符号链接命令：ln -s 原文件/目录 符号链接文件

（2）新增文件

硬链接：不新增真实的文件，仅增加一个指向原文件 inode 的文件名。

符号链接：增加一个真实的文件即符号链接文件，新增的符号链接文件有自己的 inode，文件内容为设置符号连接时指定的原文件或目录的路径名。

（3）删除原文件/目录

硬链接：删除原文件，使文件对应 inode 的链接数减 1，减为 0 则删除该文件。

符号链接：删除原文件，符号链接文件失效，但该文件依然存在，如果后期又新建了一个与符号链接文件内容相同路径的文件，则符号链接文件重新有效。

（4）删除链接文件

删除硬链接文件：使文件对应 inode 的链接数减 1，减为 0 则删除该文件。

删除符号链接文件：对原文件/目录无任何影响。

（5）是否跨文件系统

硬链接：不可以，不同的文件系统其文件的组织方式和结构可能不一样，因此不能随意创建跨文件系统的硬链接文件。

符号链接：可以，因为符号链接文件仅仅保存了原文件或目录的路径名，所以不受文件系统的影响。

5.3.2 相关的系统调用

相关的系统调用如表 5.4～表 5.7 所示。

表 5.4 系统调用 link

项目	描　述
头文件	#include <unistd.h>
原型	int link(char *pathname1, char *pathname2);
功能	创建一个硬链接文件
参数	pathname1 表示已存在文件 pathname2 表示硬链接文件
返回值	成功返回 0，失败返回-1（置 errno）

表 5.5 系统调用 unlink

项目	描　述
头文件	#include <unistd.h>
原型	int unlink(char *pathname);
功能	删除一个文件，如果该文件对应的 inode 有多个文件名，则删除一个文件仅仅代表将该文件的硬链接数减 1，直至减为 0 才真正删除该文件

续表

项目	描　　述
参数	pathname：要删除的链接文件名
返回值	成功返回 0，失败返回-1（置 errno）
备注	删除文件时，如果已经打开，则要延迟到文件关闭后才真正删除

表 5.6　系统调用 symlink

项目	描　　述
头文件	#include <unistd.h>
原型	int symlink(char *actualpath, char *sympath);
功能	创建一个符号链接文件
参数	actualpath 表示真实存在的文件或目录 sympath 表示符号链接文件
返回值	成功返回 0，失败返回-1（置 errno）

表 5.7　系统调用 readlink

项目	描　　述
头文件	#include <unistd.h>
原型	int readlink(char *pathname，char *buf, int bufsize);
功能	读取符号链接所指原文件名
参数	pathname：符号链接文件名 buf：存放被链接文件名的缓冲区 bufsize：缓冲区大小
返回值	成功返回实际写入缓冲区的字节数，失败返回 0

5.4　dup/dup2

5.4.1　输入/输出重定向

我们知道，执行一个 Shell 命令行程序时通常会自动打开 3 个标准文件，即标准输入文件（stdin），通常对应终端的键盘；标准输出文件（stdout）和标准错误输出文件（stderr），这两个文件都对应终端的屏幕。进程将从标准输入文件中得到输入数据，将正常输出数据输出到标准输出文件，而将错误信息送到标准错误输出文件中。

以 cat 命令为例，不带参数的 cat 命令会从标准输入文件中读取数据，并将其送到标准输出文件。例如：

```
# cat
hello
hello
world
world
```

按组合键 Ctrl+D 结束输入。

直接使用标准输入/输出文件存在以下问题：

① 对用户花费了很长时间从键盘上输入的数据，如果想再使用这些数据，则需要重新输入，严重浪费时间和精力；

② 输出到屏幕上的信息只能看不能进行修改和处理，不方便用户进一步操作。

为了解决上述问题，Linux 系统引入了输入/输出重定向。

输入重定向是指把命令（或可执行程序）的标准输入重定向到指定的文件中。也就是说，输入可以不来自键盘，而来自一个指定的文件。所以说，输入重定向主要用于改变一个命令的输入源，特别是改变那些需要大量输入的输入源。Shell 中输入重定向的符号为<或<<，如“命令< 文件名”，可将某文件的内容代替键盘输入作为某个命令的输入参数。如“cat < /etc/passwd”显示某文件的内容功能。

输出重定向是指把命令（或可执行程序）的标准输出或标准错误输出重新定向到指定文件中。这样，该命令的输出就不显示在屏幕上，而是写入指定文件中。Shell 中输出重定向的符号为>或>>，如“命令 > 文件名”，可将某命令的输出从屏幕上改为输出到某文件中。

不论是输入重定向还是输出重定向，其实质就是将标准输入、标准输出对应的文件描述符“复制”到某个文件的文件描述符上。这个“复制”的过程可以使用系统调用 dup/dup2 实现。

5.4.2 系统调用 dup/dup2

dup 和 dup2 都是对文件描述符 oldfd 进行复制，得到 oldfd 的一个拷贝（见表 5.8）。复制后得到的文件描述符与原文件描述符一样，指向文件表中相同的一个打开文件表项。因此，这两个文件描述符共享锁、文件读写指针等。例如，当对一个文件描述符执行了 lseek()修改了文件读写指针后，另一个文件描述符的读写指针也发生变化（其实它们使用的是同一个读写指针）。

表 5.8 系统调用 dup/dup2

项目	描 述
头文件	#include <unistd.h>
原型	int dup(int oldfd); int dup2(int oldfd, int newfd);
功能	对指定的文件描述符进行复制
参数	olddf：要复制的原文件描述符 newfd：复制后的新文件描述符
返回值	如果成功，则返回复制的新文件描述符；如果失败，则返回-1，并且 errno 为错误码

dup 和 dup2 的区别是：dup 将 oldfd 复制到用户文件描述符表中最小可用文件描述符，而 dup2 可以指定将 oldfd 复制为 newfd。

例如，一个进程执行了两个 open 操作，分别打开了 f1 和 f2 文件，得到两个文件描述符 fd1 和 fd2，然后对 f1 进行复制：

```
………..
    fd1 = open( "f1", O_RDONLY);
    fd2 = open ("f2", O_RDONLY);
    dup(fd1);
…..
```

在执行上述代码后，将文件 f1 的文件描述符（文件描述符 fd1 的值为 3）复制为 5。内存中相关数据结构如图 5.1 所示。

【例 5-1】 dup 对文件读写的影响。

本例对第 4 章的 fileopenon.c 进行改造，两次打开同一个文件进行读写操作，然后对第一个文件描述符调用 dup 并写入，然后再通过 3 个文件描述符读取文件内容并观察结果。

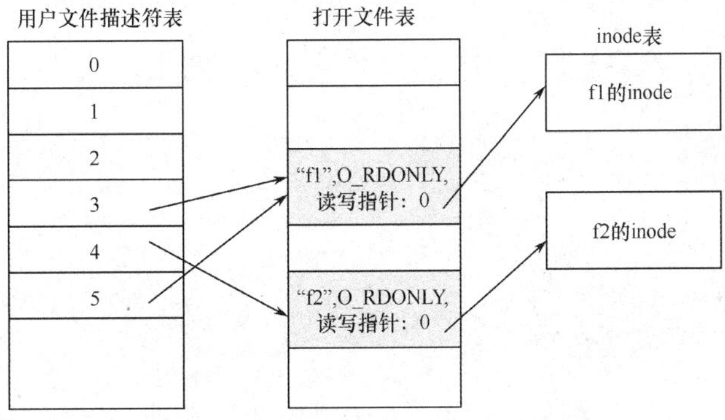

图 5.1　dup 执行后内存数据结构的内容

（1）源程序（fileopenone2.c）

```
1.  #include <stdio.h>
2.  #include <stdlib.h>
3.  #include <unistd.h>
4.  #include <fcntl.h>
5.  main()
6.  {
7.          int fd1,fd2,fd3;
8.          int num;
9.          char buf[20];
10.         fd1 = open("f1",O_RDWR|O_TRUNC);
11.         if(fd1= =-1)
12.         {
13.             perror("open");
14.             exit(1);
15.         }
16.         printf("fd1 is %d \n",fd1);
17.         fd2 = open("f1",O_RDWR);
18.         if(fd2= =-1)
19.         {
20.             perror("open");
21.             exit(1);
22.         }
23.         printf("fd2 is %d \n",fd2);
24.         fd3=dup(fd1);
25.         printf("fd3 is %d \n",fd3);
26.         num=write(fd1,"hello world!",12);
27.         printf("fd1:write num=%d bytes into f1\n",num);
28.         num=read(fd2, buf,20);
29.         buf[num]=0;
30.         printf("fd2:read    %d bytes from f1: %s\n",num, buf);
31.         num=read(fd3, buf,20);
32.         buf[num]=0;
33.         printf("fd3:read    %d bytes from f1: %s\n",num, buf);
34.         close(fd1);
35.         close(fd2);
36.         close(fd3);
37. }
```

（2）编译

```
#gcc   -o   fileopenone2     fileopenone2.c
```

（3）运行

```
#./fileopenone2
```

（4）运行结果

```
[root@bogon 5]# ./fileopenone2
fd1 is 3
fd2 is 4
fd3 is 5
fd1:write num=12 bytes into f1
fd2:read   12 bytes from f1: hello world!
fd3:read   0 bytes from f1:
```

通过第 4 章读者已经了解到每次调用 open()语句都会得到一个新的打开文件表项，即使两次打开的同一个文件也会有各自的文件读写指针。

刚调用 open()语句后，fd1 和 fd2 两个文件描述符对应的读写指针都指向文件 f1 的开始位置，此时通过文件描述符 fd1 向文件 f1 中写入了 12 个字符“hello world!”，成功写入之后，其读写指针为 12。而这时另一个文件描述符 fd2 对应的读写指针仍为 0，指向文件的开始位置，因此接下来通过 fd2 从文件中读数据时，会将刚才写入的字符串读出。

在本例中对 fd1 调用了 dup 进行文件描述符复制返回 fd3，可以看到 fd3 与 fd1 和 fd2 的值都不同，但是在通过 fd1 写入 12 个字符后，通过 fd3 读取文件内容却什么也读不到，因为复制文件描述符后 fd3 和 fd1 使用的是同一个打开文件表项，fd1 写完后读写指针已经到了文件结尾，fd3 从文件结尾读取文件内容自然就什么也读不到了。

【例 5-2】输入/输出重定向。

在程序中，如何通过 dup/dup2 来实现输入/输出重定向呢？每个进程在创建时，都自动打开了 3 个标准输入/输出设备文件：标准输入文件、标准输出文件和标准错误输出文件，它们的文件描述符分别是 0、1 和 2。在进程执行过程中，要使用 printf 输出时，都会将结果写入文件描述符为 1 的标准输出文件中，此时如果执行下列代码：

```
fd1 = open ("f1",O_RDWR);
close (1);
dup (fd1);
```

就实现了将输出重定向到文件 f1 中。原因是当执行了 close(1)后，文件描述符 1 成为最小可用文件描述符。此时执行 dup(fd1)，就将 f1 文件的文件描述符 fd1 复制到 1 中，这样文件描述符 1 就不再指向标准输出文件而是指向文件 f1 了，以后在执行 printf 这样的输出语句时，结果就写入文件 f1 中而不是输出到屏幕上。

同理，下面的语句可以实现输入重定向：

```
fd1 = open ("f1", O_RDWR);
close (0);
dup (fd1);
```

5.5 文件属性的修改

5.5.1 修改文件属性

有时候，我们需要修改文件的某个属性。例如，改变文件的访问权限、去掉其他用户对文件的读权限、改变文件的属主关系，等等。那么到底哪些属性是可以修改的，哪些属性是不可以修改的呢？索引节点（inode）的修改见表 5.9。

表 5.9　索引节点（inode）的修改

字段	描　　述	改变属性
st_dev	文件所在设备的ID	不能修改
st_ino	索引节点编号	不能修改
st_mode	文件的类型与权限	chmod命令或系统调用修改文件访问权限
st_nlink	硬链接数	link或ln命令
st_atime	最后一次访问文件的时间	utime或访问文件
st_mtime	文件内容最后改变的时间	utime或修改文件
st_ctime	索引节点最后改变的时间	通过改变文件属性间接改变
st_uid	文件所有者ID	chown命令或系统调用
st_gid	文件所属组ID	chown命令或系统调用
st_blocks	文件的数据块数	通过改变文件大小间接改变
st_size	文件长度	通过改变文件大小间接改变
st_blksize	文件系统I/O块大小	不能修改

从表 5.9 可以看出，inode 中有些属性信息是可以修改的，系统提供了专门的系统调用。如 chmod 可以修改文件访问权限，chown 可以修改文件所有者及所属组，utime 可以修改文件的访问时间及修改时间。

inode 中还有一些属性信息是不能修改的，如索引节点编号 st_ino、文件所在设备的 ID st_dev 等。

另外，还有一些属性信息虽然不能直接修改，但是可以通过其他操作间接改变。例如，当向文件中增加新的内容时，会间接影响到文件的长度 st_size 字段的值。

5.5.2　改变文件所有者及所属组 chown/fchown/lchown

系统调用 chown/fchown/lchown 用于改变文件的所有者及所属组，见表 5.10。

表 5.10　系统调用 chown/fchown/lchown

项目	描　　述
头文件	#include <sys/types.h> #include <unistd.h>

原型	int chown(const char *path, uid_t owner, gid_t group);
	int fchown(int fd, uid_t owner, gid_t group);
	int lchown(const char *path, uid_t owner, gid_t group);

功能	改变指定文件的所有者及所属组
参数	path（chown 系统调用）：指定的文件路径名 fd：指定文件的文件描述符 file_name（lchown 系统调用）：指定的符号链接文件的文件路径名 owner：新的文件所有者 ID group：新的所属组 ID
返回值	如果成功，则返回 0；如果失败，则返回-1，并且 errno 为错误码

chown 将 path 指定的文件的所有者及所属组改为 owner 和 group。fchown 则需先将文件打开，并通过文件描述符进行操作。对于一个符号链接文件，要修改符号链接文件本身的所有者和所属组，可以使用 lchown。

只有超级用户可以改变一个文件的所有者和所属组。文件所有者可以将文件所属组改为其所在的任何一个组。除上述情况外，其他用户不能修改文件的所有者和组。

【例 5-3】修改文件组。

假设系统中有一个用户组 u2，其 gid 为 502。以 root 身份编写并运行程序 chowntest.c，创建一个 f1 文件（文件所有者为 root，所属组为 root 组），将其文件所属组改为 u2 组。

（1）源程序（chowntest.c）

```
1.  #include <sys/stat.h>
2.  main()
3.  {
4.      struct stat buf;
5.      unlink("f1");
6.      system("touch f1");
7.      stat("f1",&buf);
8.      printf("old userid:%d    grpid:%d\n",buf.st_uid,buf.st_gid);
9.      chown("f1",-1,502);
10.     stat("f1",&buf);
11.     printf("new userid:%d    grpid:%d\n",buf.st_uid,buf.st_gid);
12. }
```

在程序 chowntest.c 中，首先通过 system 函数执行 touch 命令创建 f1 文件（如果该文件存在则先删除），然后通过 stat()语句获取该文件的属性信息，并输出其中的 uid 和 gid。

接下来调用 chown("f1",-1,502)将 f1 文件的组改成 gid 为 502 的组，文件所有者不修改。修改后再次调用 stat()语句获取修改后文件的属性，并再次输出 uid 和 gid，以观察其变化。

（2）编译

```
#gcc  -o  chowntest  chowntest.c
```

（3）运行

```
#./chowntest
```

（4）运行结果

```
 [root@localhost book]# ./chowntest
old userid:0   grpid:0
new userid:0   grpid:502
```

5.5.3 改变文件访问权限 chmod/fchmod

系统调用 chmod/fchmod 用于改变文件的访问权限，见表 5.11。

表 5.11 系统调用 chmod/fchmod

项目	描　述
头文件	#include <sys/types.h> #include <stat.h>
原型	int chmod(const char *path, mode_t mode); int fchmod(int fd, mode_t mode);
功能	改变指定文件的访问权限
参数	path：指定的文件路径名 fd：指定文件的文件描述符 mode：新的文件访问权限
返回值	如果成功，则返回 0；如果失败，则返回-1，并且 errno 为错误码

chmod 将 path 指定的文件的访问权限改为 mode。fchmod 则需先将文件打开，并通过文件描述符进行操作。

5.5.4 改变文件时间 utime

系统调用 utime 用于改变文件的访问时间和修改时间，见表 5.12。

表 5.12 系统调用 utime

项目	描 述
头文件	#include <sys/types.h> #include <utime.h>
原型	int utime(const char *filename, struct utimbuf *buf);
功能	改变指定文件的访问时间和修改时间
参数	filename：要改变时间的文件名 buf：新的访问时间和修改时间
返回值	如果成功，则返回 0；如果失败，则返回-1，并且 errno 为错误码

utime 将 filename 指定的文件的访问时间和修改时间改为 buf 中的新时间。buf 是一个 utimbuf 类型的结构体，用于存放新的访问时间和修改时间，其定义如下：

```
struct utimbuf {
        time_t actime;      /* 访问时间*/
        time_t modtime;     /* 修改时间 */
 };
```

5.5.5 改变文件长度 truncate/ftruncate

系统调用 truncate/ftruncate 用于改变文件的长度，见表 5.13。

表 5.13 系统调用 truncate/ftruncate

项目	描述
头文件	#include <sys/types.h> #include <unistd.h>
原型	int truncate(const char *path, off_t length); int ftruncate(int fd, off_t length);
功能	改变指定文件的长度
参数	path：要改变长度的文件名 fd：要改变长度的文件描述符 length：新的文件长度
返回值	如果成功，则返回 0；如果失败，则返回-1，并且 errno 为错误码

truncate/ftruncate 将 path 或 fd 指定的文件的长度改为 length。如果文件原长度大于 length，则超出的部分会被截掉；如果文件原长度小于 length，则文件被延长，延长的部分用 0 来填充。

在改变文件长度时，文件的读写指针不受影响。

对于 ftruncate，文件应先以写的方式打开；对于 truncate，用户对该文件应该具有写权限。

5.6 案例 5：显示文件长格式信息

5.6.1 分析与设计

Linux 中最常用的一个命令就是 ls 命令。ls 命令用于查看目录信息。ls 命令有很多参数选项，其中“ls -l”可以以长格式显示文件的属性信息。显示的信息包括文件类型、访问权限、文件所有者、所属组、长度、访问日期时间等。

那么这个功能是如何实现的呢？我们自己能否编写一个这样的程序呢？实际上，开发这样一个程序是很有意义的。因为在开发项目时，不可避免地要编写访问文件的程序，而访问文件之前，往往需要先得到文件的详细属性信息，然后再决定如何去访问文件。

在本节，我们就开发这样一个小案例。下面首先来了解如何从 inode 中获取文件属性。

前面已介绍过，在 Linux 系统中文件包括两部分：数据块和 inode。文件的属性信息保存在文件的 inode 中，文件的数据内容存储在数据块中。Linux 系统中提供了读取文件属性和修改文件属性的系统调用。系统调用 stat/fstat/lstat 用于获取文件 inode 中的属性信息；系统调用 chown/fchown/lchown、chmod/fchmod、utime、truncate/ftruncate、rename 等用于修改文件的相关属性信息。

要想显示文件的详细属性信息，首先要得到文件的属性信息。文件的属性信息包含在文件的 inode 中，显示的信息应该包括文件的索引节点编号、文件名、文件所有者及所属组名、文件长度、文件最后修改时间等。因此该案例实现的步骤如下：

（1）根据用户输入的文件名，读取该文件的 inode；

（2）从 inode 中提取所需的各项信息，经过必要的转换后输出。

5.6.2 实施

通过系统调用 lstat，读取 inode 中的属性信息。源代码（myll.c）如下：

```
1.  #include <stdio.h>
2.  #include <stdlib.h>
3.  #include <sys/stat.h>
4.  #include <linux/fs.h>
5.  #include <time.h>
6.  #include <dirent.h>
7.  #include <errno.h>
8.  #include <grp.h>
9.  #include <pwd.h>
10. void print_size(struct stat *statp)
11. {
12.         switch (statp->st_mode & S_IFMT)
13.         {
14.         case S_IFCHR:
15.         case S_IFBLK:
16.                 printf("%u,%u", (unsigned)(statp->st_rdev >> 8),
17.                 (unsigned)(statp->st_rdev & 0xFF));
18.                 break;
19.         default:
20.                 printf("%u", (unsigned long)statp->st_size);
21.         }
22. }
23. void print_date(struct stat *statp)
24. {
25.         time_t now;
26.         double diff;
27.         char buf[100], *fmt;
28.         if (time(&now) = = -1)
```

```
29.         {
30.             printf(" ????????????");
31.             return;
32.         }
33.         diff = difftime(now, statp->st_mtime);
34.         if (diff < 0 || diff > 60 * 60 * 24 * 182.5) /* roughly 6 months */
35.             fmt = "%b %e    %Y";
36.         else
37.             fmt = "%b %e %H:%M";
38.         strftime(buf, sizeof(buf), fmt, localtime(&statp->st_mtime));
39.         printf("%s", buf);
40. }
41. void printlong(char *name)
42. {
43.         struct stat buf;
44.         struct passwd *user;
45.         struct group *grp;
46.         char linkname[64];
47.         char dirfilename[64];
48.         int rt;
49.         rt=lstat(name,&buf);
50.         if(rt= =-1)
51.         {
52.              perror("in printlong:lstat");
53.              return;
54.         }
55.         switch(buf.st_mode & S_IFMT)
56.       {
57.              case S_IFDIR:   printf("d");break;
58.              case S_IFLNK:   printf("l");break;
59.              case S_IFREG:   printf("-");break;
60.              case S_IFBLK:   printf("b");break;
61.              case S_IFCHR:   printf("c");break;
62.              case S_IFSOCK:   printf("s");break;
63.              case S_IFIFO:   printf("p");break;
64.              default:printf("?");
65.       }
66.       putchar((buf.st_mode & S_IRUSR) ? 'r' :'-');
67.       putchar((buf.st_mode & S_IWUSR) ? 'w' :'-');
68.       if(buf.st_mode & S_ISUID)
69.              putchar((buf.st_mode & S_IXUSR) ? 's' :'S');
70.       else
71.              putchar((buf.st_mode & S_IXUSR) ? 'x' :'-');
72.       putchar((buf.st_mode & S_IRGRP) ? 'r' :'-');
73.       putchar((buf.st_mode & S_IWGRP) ? 'w' :'-');
74.       if(buf.st_mode & S_ISGID)
75.              putchar((buf.st_mode & S_IXGRP) ? 's' :'S');
76.       else
77.              putchar((buf.st_mode & S_IXGRP) ? 'x' :'-');
78.       putchar((buf.st_mode & S_IROTH) ? 'r' :'-');
79.       putchar((buf.st_mode & S_IWOTH) ? 'w' :'-');
80.       if(buf.st_mode & S_ISVTX)
81.              putchar((buf.st_mode & S_IXOTH) ? 't' :'T');
82.       else
```

```
83.             putchar((buf.st_mode & S_IXOTH) ? 'x' :'-');
84.     printf(" %u ",buf.st_nlink);
85.     user=getpwuid(buf.st_uid);
86.     printf("%s",user->pw_name);
87.     grp=getgrgid(buf.st_gid);
88.     printf("%s",grp->gr_name);
89.     print_size(&buf);
90.     print_date(&buf);
91.     if((buf.st_mode & S_IFMT) = = S_IFLNK)
92.     {
93.             rt=readlink(name,linkname,sizeof(linkname));
94.             linkname[rt]=0;
95.             printf("%s->%s",name,linkname);
96.     }
97.     else
98.             printf("%s",name);
99.     printf("\n");
100. }
101. int checkfiletype(char *name)
102. {
103.     struct stat    buf;
104.      int typeflag;
105.      lstat(name,&buf);
106.      switch(buf.st_mode & S_IFMT)
107.      {
108.             case S_IFREG:     typeflag=1;break;
109.             case S_IFDIR:     typeflag=2;break;
110.             case S_IFLNK:     typeflag=3;break;
111.             case S_IFCHR:     typeflag=4;break;
112.             case S_IFBLK:     typeflag=5;break;
113.             case S_IFSOCK:  typeflag=6;break;
114.             case S_IFIFO:     typeflag=7;break;
115.             default:typeflag=0;
116.      }
117.      return typeflag;
118. }
119. main(int argc, char *argv[])
120. {
121.      int rt=-1;
122.      if(argc!=3)
123.      {
124.             printf("Usage:%s    -l    filename\n",argv[0]);
125.             exit(1);
126.      }
127.      if(strcmp(argv[1],"-l")!=0)
128.      {
129.             printf("Usage:%s    -l    filename\n",argv[0]);
130.             exit(1);
131.      }
132.      rt=checkfiletype(argv[2]);
133.      switch(rt)
134.      {
135.             case 0:printf("unknown file type\n");exit(1);
136.             case 1:
```

```
137.            case 3:
138.            case 4:
139.            case 5:
140.            case 6:
141.            case 7:printlong(argv[2]);return;
142.    }
143. }
```

5.6.3 编译与运行

（1）编译

```
#gcc  -o  myll  myll.c
```

（2）运行命令

```
#./myll  -l  文件名（除目录外）
```

（3）可能的运行结果如图 5.2 所示。

```
[root@localhost ch05]# ./myll  /etc/passwd
Usage:./myll  -l  filename

[root@localhost ch05]# ./myll -l /etc/passwd
-rw-r--r-- 1  root  root  1929  Jul  8  2011 /etc/passwd

[root@localhost ch05]# ./myll -l /dev/cdrom
lrwxrwxrwx 1  root  root  3  Nov  1 10:28  /dev/cdrom->hdc

[root@localhost ch05]# ./myll -l /dev/ttyS0
crw-rw---- 1  root  uucp  4,64  Nov 14 10:48 /dev/ttyS0

[root@localhost ch05]# ./myll -l /dev/sda1
brw-r----- 1  root  disk  8,1  Nov  1 10:28 /dev/sda1

[root@localhost ch05]# ./myll -l /dev/initctl
prw------- 1  root  root  0  Nov  1 10:30 /dev/initctl

[root@localhost ch05]# ./myll -l /dev/log
srw-rw-rw- 1  root  root  0  Nov  1 10:29 /dev/log
```

图 5.2 运行结果

在程序 myll.c 中，通过 touch 命令创建一个 f1 文件，然后调用 stat()语句获取该文件的属性信息并显示。对于文件的索引节点编号 st_ino、硬链接数 st_nlink、文件所有者标识符 st_uid、文件组标识符 st_gid、文件块个数 st_blocks、块大小 st_blksize 等数值型属性，直接通过 printf()语句将结果输出。

文件的大小通过函数 print_size 输出。该函数对文件的类型进行判断，如果是字符设备文件 IFCHR 或块设备文件 S_IFBLK，由于其长度为 0，则输出 st_rdev 中的设备号；如果不是设备文件，则输出文件的长度字段 st_size。

文件的类型在本程序中只做了简单的判断和输出。如果是目录文件 S_IFDIR，则输出“directory”；如果是符号链接文件 S_IFLNK，则输出“symbolic link”；如果是常规文件 S_IFREG，则输出“regular file”；其他类型的文件统统输出“other type”。

文件的访问权限根据判断的结果按照“rwxrwxrwx”的格式输出。

另外，可以在 main 函数中使用 getopt 实现对命令行参数灵活的判断。以下为 main 函数部分的代码，其他函数不变。

```
1.  main(int argc, char *argv[])
2.  {
3.          int optchar;
4.          int rt=-1;
```

```
5.         opterr = 0;
6.         if (argc = = 1)
7.         {
8.               printf("Usage:%s   -l   filename\n",argv[0]);
9.               exit(0);
10.        }
11.        while ((optchar = getopt (argc, argv, "l:")) != −1)
12.        {
13.              switch (optchar)
14.              {
15.              case 'l':
16.                   rt=checkfiletype(optarg);
17.                   switch(rt)
18.                   {
19.                      case 1:
20.                      case 3:printlong(optarg);return;
21.                      default:printf("not regular or link file!\n");exit(1);
22.                   }
23.               case '?':
24.               if (optopt = = 'l')
25.                    printf (stderr, "Option \'−%c\' requires an argument.\n", optopt);
26.               else if (isprint (optopt))
27.                    fprintf (stderr, "Unknown option \'−%c\'.\n", optopt);
28.               else
29.                    fprintf (stderr,"Unknown option character \'%x\'.\n",optopt);
30.                    break;
31.             default:abort ();
32.              }
33.        }
34. }
```

习　　题

一、选择题

1．可以使用（　　）系统调用获得符号链接所引用文件名称。

A．link　　B．symlink　　C．readlink　　D．softlink

2．获得工作路径名称的系统调用是（　　）。

A．getcwd　　B．getpwuid　　C．getgrgid　　D．getlogin

3．通过文件属性中的 uid 获得文件所有者名的系统调用是（　　）。

A．getcwd　　B．getpwuid　　C．getgrgid　　D．getlogin

4．通过文件属性中的 gid 获得文件所属组名的系统调用是（　　）。

A．getcwd　　B．getpwuid　　C．getgrgid　　D．getlogin

5．根据文件路径来改变文件权限使用系统调用（　　）。

A．chown　　B．chmod　　C．fchmod　　D．fchown

二、填空题

1．使用系统调用（　　）可以设置和得到文件模式的屏蔽字。

2．创建硬链接使用系统调用（　　），创建符号链接使用系统调用（　　）。

3．获得工作路径名称的系统调用是（　　）。

4．可以使用系统调用（　　　）获取文件属性信息。

5．chmod、chown、utime 都可以修改文件 inode 的信息，其中 chmod 的功能是（　　　），chown 的功能是（　　　），utime 的功能是（　　　）。

6．若实现将标准输出重定向到文件描述符为 6 对应的文件上，则应使用语句（　　　）。

三、判断并解释原因

1．一个文件的硬链接中，第一个创建的硬链接与其他硬链接相比总是最后一个被删除。

2．可以对普通文件和目录文件创建硬链接和符号链接。

3．给一个文件创建硬链接时，如果新的链接文件已经存在，则覆盖之。

4．一个符号链接不能再引用另一个符号链接。

5．系统调用 lstat 可以获得某符号链接所引用的文件的 inode 信息。

四、简答题

1．简答 stat、fstat、lstat 这 3 个系统调用的区别。

2．简述 dup 和 dup2 的区别和联系。

3．简述硬链接和符号链接的区别。

五、编程题

1．编写程序 pro3.c，将字符串“hello world”通过输出重定向方式写入文件 f1 中。

2．实现“ls　-l　文件名”功能。

第 6 章　目录文件管理

在 UNIX/Linux 中，目录也是一种文件，用于保存该目录下文件相关信息。本章介绍目录文件的管理方法，如打开、读取、关闭、定位等操作。

本章最后设计了一个“显示指定目录下文件列表”案例，在第 5 章中我们已经实现了 ls 命令显示文件长格式信息的功能，本章继续完成 ls 显示指定目录下文件列表的功能，如“ls 目录”、“ls -l 目录”、“ls -l”。该案例需要以下知识内容：目录打开、目录读取、目录关闭。

6.1　目录基本操作

目录也是 Linux 系统的一种文件类型，其内容是该目录中文件名和文件索引节点编号的对应关系。

不能对目录文件进行写操作。当用户在一个目录下执行了创建/删除文件或目录的操作，系统会对目录文件的内容进行修改，用户不能自己直接修改目录文件。因此目录文件只能读取其信息，而不能修改。另外对目录文件访问时，不能直接使用系统调用 open、read 等，而需要使用专门目录的函数，如 opendir、readdir 等。

6.1.1　打开目录

访问一个目录文件之前，首先应使用函数 opendir 打开该目录文件，如表 6.1 所示。

表 6.1　函数 opendir

项目	描　　述
头文件	#include <sys/types.h> #include <dirent.h>
原型	DIR *opendir(const char *name);
功能	打开名为 name 的目录文件，并返回一个指向目录文件的指针
参数	name：要打开的目录文件的名字
返回值	如果打开成功，则返回一个指向目录文件的指针；如果打开失败，则返回一个空指针 NULL

函数 opendir 返回一个指向目录文件的指针。如果打开目录失败，则返回一个空指针 NULL，错误码如表 6.2 所示。

表 6.2　opendir 失败时的错误码

错误码	描　　述
EACCES	没有相应操作权限
EMFILE	当前进程已经打开太多文件（打开文件达到上限）
ENFILE	系统中已经打开了太多文件（打开文件达到上限）
ENOENT	目录不存在，或者 name 是空串
ENOMEM	没有足够的内存完成该操作
ENOTDIR	name 不是一个目录

像对文件操作一样，对目录访问之前也要先打开目录。打开目录文件时，需要给出目录名。打开后得到一个指向目录文件的指针，通过该指针可以对目录文件进行读目录等操作，访问完目录文件后，通过该指针关闭目录文件。

6.1.2 读目录

打开一个目录文件后，就可以通过函数 readdir 读出该目录文件的内容，如表 6.3 所示。

表 6.3 函数 readdir

项目	描 述
头文件	#include <sys/types.h> #include <dirent.h>
原型	struct dirent *readdir(DIR *dir);
功能	从 dir 指向的目录文件中读取一个目录项，并返回一个指向该目录项的指针
参数	dir：指向要读取的目录文件的指针。该指针在使用 opendir 打开该目录文件时得到
返回值	如果执行成功，则返回一个 dirent 结构体类型的指针。如果读到目录文件末尾，或者读目录执行失败，则返回一个空指针 NULL

如果执行成功，则函数 readdir 返回一个 dirent 结构体类型的指针，该结构体中存放有所读出目录项的信息。如果读到目录文件末尾，或者读目录执行失败，则返回一个空指针 NULL。

读出的目录项存放在一个 dirent 结构体中，该结构体的定义如下：

```
struct dirent
{
    long d_ino;                         /* inode number */
    off_t d_off;                        /* offset to this dirent */
    unsigned short d_reclen;            /* length of this d_name */
    char d_name [NAME_MAX+1];           /* file name (null-terminated) */
}
```

目录文件的内容存放的是该目录下每一个文件（或子目录）的文件名与其 inode 的对应关系。所以每一个目录项都包含两个主要信息：d_name，是文件名；d_ino，是该文件对应的索引节点编号。

每次执行 readdir 可以读出目录中的一个目录项。如果要读出目录中所有目录项信息，则可以通过一个循环结构来调用 readdir，直至读到目录文件末尾。

6.1.3 关闭目录

目录文件访问完之后，可以通过函数 closedir 关闭目录，如表 6.4 所示。

表 6.4 函数 closedir

项目	描 述
头文件	#include <sys/types.h> #include <dirent.h>
原型	int closedir(DIR *dir);
功能	关闭 dir 所指目录文件
参数	dir：指向要读取的目录文件的指针。该指针在使用 opendir 打开该目录文件时得到
返回值	如果执行成功，则返回 0；失败返回-1

【例 6-1】读取目录中的目录项。

编写一个程序，将当前目录下所有目录项及对应索引节点编号显示出来。

（1）源程序（dirtest.c）

```
1.  #include <unistd.h>
2.  #include <errno.h>
3.  #include <dirent.h>
4.  main()
5.  {
6.       DIR *d1;                              //指向目录文件的指针
7.       struct dirent *dent1;                 //存放目录项的结构体变量
8.       d1=opendir(".");                      //打开目录
9.       if(d1= =NULL)                         //判断目录是否成功打开
10.      {
11.          perror("open .");                 //打开失败，显示相应错误信息
12.          exit(1);
13.      }
14.      //反复读目录，直至读到NULL为止
15.      //这里每次读目录项之前都将错误代码置零来检测错误
16.     errno=0;
17.     while( (dent1=readdir(d1))!=NULL)
18.     {
19.         printf("inode=%d name=%s\n", dent1->d_ino, dent1->d_name);
20.         errno=0;
21.     }
22.     //如果循环退出并且错误代码非零，则报错
23.     if(errno!=0)
24.           perror("read dir error");
25.     closedir(d1);
26. }
```

（2）编译。

```
#gcc   -o   dirtest   dirtest.c
```

（3）运行。

```
#./dirtest
```

运行结果因当前目录不同而不同。

6.2 目录其他操作

6.2.1 切换当前目录

系统调用 chdir/fchdir 可以将用户的当前目录切换到指定的目录，如表 6.5 所示。

表 6.5 系统调用 chdir/fchdir

项目	描述
头文件	#include <unistd.h>
原型	int chdir(const char *path); int fchdir(int fd);
功能	系统调用 chdir 将当前目录切换到 path 指定的目录中 系统调用 fchdir 根据一个已打开目录的文件描述符切换到指定目录

续表

项目	描　　述
参数	path：要切换为当前目录的路径字符串 fd：要切换的已打开目录的文件描述符
返回值	在执行成功时返回 0，失败返回-1

【例 6-2】以下程序展示的是 Shell 内部命令 cd 的实现原理。

（1）源程序（mycd.c）

```
1.  #include <stdio.h>
2.  #include <stdlib.h>
3.  #include <unistd.h>
4.  int main(int argc,char *argv[])
5.  {
6.     char *p;
7.     if(argc= =1)
8.     {
9.         printf("before:\n");
10.        system("pwd");
11.        chdir(getenv("HOME"));
12.        printf("after:\n");
13.        system("pwd");
14.     }
15.     else
16.     {
17.         printf("before:\n");
18.         system("pwd");
19.         if(chdir(argv[1])= =-1)
20.              perror("chdir");
21.         printf("after:\n");
22.         system("pwd");
23.     }
24. }
```

（2）编译

```
#gcc  -o  mycd  mycd.c
```

（3）运行

```
[root@bogon 6]# ./mycd
before:
/home
after:
/root
[root@bogon 6]# ./mycd   /tmp
before:
/home
after:
/tmp
```

6.2.2　创建目录

系统调用 mkdir 可以创建一个新目录，如表 6.6 所示。

表 6.6　系统调用 mkdir

项目	描　　述
头文件	#include <sys/stat.h> #include <sys/types.h>
原型	int mkdir(const char *pathname, mode_t mode);
功能	创建一个名为 pathname 权限为 mode 的新目录
参数	pathname：要创建的新目录的路径名 mode：新建目录的权限
返回值	执行成功时返回 0，失败返回-1

6.2.3　删除目录

系统调用 rmdir 用于删除指定的目录，如表 6.7 所示。

表 6.7　系统调用 rmdir

项目	描　　述
头文件	#include <unistd.h>
原型	int rmdir(const char *pathname);
功能	删除一个名为 pathname 的目录。要删除的目录必须是空目录
参数	pathname：要删除的目录的路径名
返回值	执行成功时返回 0，失败返回-1

6.2.4　目录指针定位

与访问文件类似，在访问目录的过程中，也有一个读写指针指向目录文件中下一次要读的位置。通过下列函数（见表 6.8），可以得到或者改变下一次读写目录文件的位置。

表 6.8　函数 telldir/seekdir/rewinddir

项目	描　　述
头文件	#include <sys/types.h> #include <dirent.h>

原型	off_t telldir(DIR *dir);
	void seekdir(DIR *dir, off_t offset);
	void rewinddir(DIR *dir);

功能	函数 telldir 可以得到 dir 所指目录的当前读写位置 函数 seekdir 可将 dir 所指目录的读写指针设置为 offset 函数 rewinddir 可将 dir 所指目录文件的读写指针重置到目录文件开始处
参数	dir：指向要读取的目录文件的指针。该指针在使用 opendir 打开该目录文件时得到 offset：要设置的新的访问偏移位置
返回值	如果执行成功，则函数 telldir 返回目录文件的当前位置；否则执行失败，telldir 返回-1 函数 seekdir 和 rewinddir 没有返回值

6.3 案例 6：显示指定目录下文件列表

6.3.1 分析与设计

本案例完成 ls 显示指定目录下文件列表的功能，如“ls 目录”、“ls -l 目录”、“ls -l”。

（1）程序结构设计

本案例主要应用目录打开、读取、关闭函数完成，其中在读取目录时，由于函数 readdir 一次只能读取一个文件信息，因此需要循环进行，直至到达目录结尾。

（2）程序基本流程

程序流程图如图 6.1 所示。

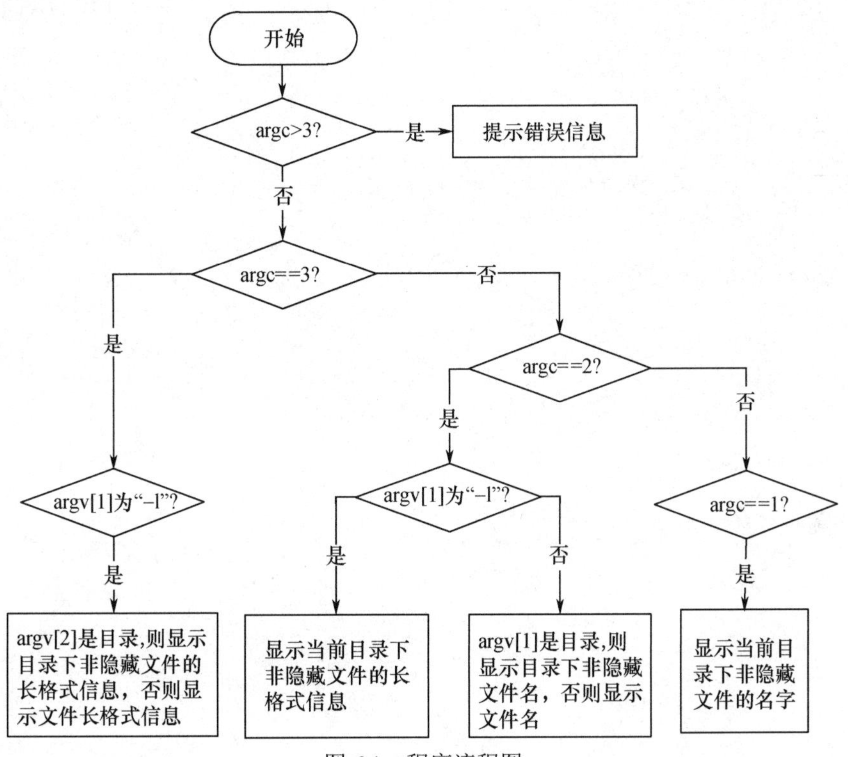

图 6.1 程序流程图

6.3.2 实施

通过系统调用 lstat，读取 inode 中的属性信息。源代码（myls.c）如下：

```
1.  #include <stdio.h>
2.  #include <stdlib.h>
3.  #include <sys/stat.h>
4.  #include <linux/fs.h>
5.  #include <time.h>
6.  #include <dirent.h>
7.  #include <errno.h>
8.  #include <grp.h>
9.  #include <pwd.h>
10. int typeflag;//file type
11. void print_size(struct stat *statp)
```

```
12. {
13.     switch (statp->st_mode & S_IFMT)
14.     {
15.     case S_IFCHR:
16.     case S_IFBLK:
17.         printf("%u,%u", (unsigned)(statp->st_rdev >> 8),
18.         (unsigned)(statp->st_rdev & 0xFF));
19.         break;
20.     default:
21.         printf("%u", (unsigned long)statp->st_size);
22.     }
23. }
24. void print_date(struct stat *statp)
25. {
26.     time_t now;
27.     double diff;
28.     char buf[100], *fmt;
29.     if (time(&now) = = -1)
30.     {
31.         printf(" ????????????");
32.         return;
33.     }
34.     diff = difftime(now, statp->st_mtime);
35.     if (diff < 0 || diff > 60 * 60 * 24 * 182.5) /* roughly 6 months */
36.         fmt = "%b %e    %Y";
37.     else
38.         fmt = "%b %e %H:%M";
39.     strftime(buf, sizeof(buf), fmt, localtime(&statp->st_mtime));
40.     printf("%s", buf);
41. }
42. void printlong(char *name)
43. {
44.     struct stat buf;
45.     struct passwd *user;
46.     struct group *grp;
47.     char linkname[64];
48.     char dirfilename[64];
49.     int rt;
50.     rt=lstat(name,&buf);
51.     if(rt= =-1)
52.     {
53.         perror("in printlong:lstat");
54.         return;
55.     }
56.     switch(buf.st_mode & S_IFMT)
57.     {
58.     case S_IFDIR:   printf("d");break;
59.     case S_IFLNK:   printf("l");break;
60.     case S_IFREG:   printf("-");break;
61.     case S_IFBLK:   printf("b");break;
62.     case S_IFCHR:   printf("c");break;
63.     case S_IFSOCK:  printf("s");break;
64.     case S_IFIFO:   printf("p");break;
65.     default:printf("?");
```

```
66.         }
67.         putchar((buf.st_mode & S_IRUSR) ? 'r' :'-');
68.         putchar((buf.st_mode & S_IWUSR) ? 'w' :'-');
69.         if(buf.st_mode & S_ISUID)
70.                 putchar((buf.st_mode & S_IXUSR) ? 's' :'S');
71.         else
72.                 putchar((buf.st_mode & S_IXUSR) ? 'x' :'-');
73.         putchar((buf.st_mode & S_IRGRP) ? 'r' :'-');
74.         putchar((buf.st_mode & S_IWGRP) ? 'w' :'-');
75.         if(buf.st_mode & S_ISGID)
76.                 putchar((buf.st_mode & S_IXGRP) ? 's' :'S');
77.         else
78.                 putchar((buf.st_mode & S_IXGRP) ? 'x' :'-');
79.         putchar((buf.st_mode & S_IROTH) ? 'r' :'-');
80.         putchar((buf.st_mode & S_IWOTH) ? 'w' :'-');
81.         if(buf.st_mode & S_ISVTX)
82.                 putchar((buf.st_mode & S_IXOTH) ? 't' :'T');
83.         else
84.                 putchar((buf.st_mode & S_IXOTH) ? 'x' :'-');
85.         printf("%u",buf.st_nlink);
86.         user=getpwuid(buf.st_uid);
87.         printf("%s",user->pw_name);
88.         grp=getgrgid(buf.st_gid);
89.         printf("%s",grp->gr_name);
90.         print_size(&buf);
91.         print_date(&buf);
92.         if(typeflag= =3)
93.         {
94.                 rt=readlink(name,linkname,sizeof(linkname));
95.                 linkname[rt]=0;
96.         printf("%s->%s",name,linkname);
97.         }
98.         else
99.                 printf("%s",name);
100.        printf("\n");
101. }
102. void lsdir(char *name,int flag)
103. {
104.        DIR *d1;
105.        struct dirent *dent1;
106.        char namebuf[128];
107.        char workdir[50];
108.        d1=opendir(name);
109.        if(d1= =NULL)
110.        {
111.                perror("opendir");
112.                exit(1);
113.        }
114.        getcwd(workdir,50);
115.        chdir(name);
116.        errno=0;
117.        dent1=readdir(d1);
118.        while(dent1!=NULL)
119.        {
```

```
120.                    if(dent1->d_name[0]!='.')
121.                    {
122.                        if(flag= =0)
123.                            printf("%s\t",dent1->d_name);
124.                        else
125.                            printlong(dent1->d_name);
126.                    }
127.                    dent1=readdir(d1);
128.        }
129.        if(errno!=0)
130.                    perror("readdir");
131.        if(flag= =0)
132.                    printf("\n");
133.        closedir(d1);
134.        chdir(workdir);
135. }
136. void checkfiletype(char *name)
137. {
138.        struct stat   buf;
139.        lstat(name,&buf);
140.        switch(buf.st_mode & S_IFMT)
141.        {
142.                    case S_IFREG:   typeflag=1;break;
143.                    case S_IFDIR:   typeflag=2;break;
144.                    case S_IFLNK:   typeflag=3;break;
145.                    case S_IFCHR:   typeflag=4;break;
146.                    case S_IFBLK:   typeflag=5;break;
147.                    case S_IFSOCK: typeflag=6;break;
148.                    case S_IFIFO:   typeflag=7;break;
149.                    default:typeflag=0;
150.        }
151. }
152. main(int argc, char *argv[])
153. {
154.        int rt=-1;
155.        if(argc>3)
156.        {
157.            printf("Usage:\n%s\n%s   filename\n%s   dirname\n%s   -l\n%s   -l   dirname\n%s   -l
        filename\n",argv[0],argv[0],argv[0],argv[0],argv[0],argv[0]);
158.            exit(1);
159.        }
160.        if(argc= =1)
161.            lsdir(".",0);
162.        else if(argc= =2)
163.        {
164.            if(strcmp(argv[1],"-l")= =0)
165.                lsdir(".",1);
166.            else
167.            {
168.                checkfiletype(argv[1]);
169.                if(typeflag= =2)
170.                    lsdir(argv[1],0);
171.                else if(typeflag= =1)
172.                printf("%s\n",argv[1]);
```

```
173.            }
174.        }
175.        else if(argc= =3)
176.        {
177.            if(strcmp(argv[1],"-l")= =0)
178.            {
179.                checkfiletype(argv[2]);
180.                if(typeflag= =2)
181.                    lsdir(argv[2],1);
182.                else if(typeflag= =1)
183.                    printlong(argv[2]);
184.            }
185.        }
186. }
```

6.3.3 编译与运行

（1）编译

```
#gcc  -o  myls  myls.c
```

（2）运行命令

根据程序要求，运行命令可以为如下格式：

```
#./myls
#./myls  文件名
#./myls  目录名
```

或

```
#./myls  -l
#./myls  -l   文件名
#./myls  -l   目录名
```

（3）可能的运行结果

如图 6.2 所示。

```
[root@localhost ch06]# ./myls
myls.c  myls

[root@localhost ch06]# ./myls  /etc/passwd
/etc/passwd

[root@localhost ch06]# ./myls  /root/
scsconfig.log   scsrun.log      install.log     myls    Desktop anaconda-ks.cfginstall.log.syslog

[root@localhost ch06]# ./myls  -l
-rwxrw-rw- 1  root  root  4471  Nov 15 09:31 myls.c
-rwxr-xr-x 1  root  root  9176  Nov 15 09:36 myls

[root@localhost ch06]# ./myls  -l   /etc/passwd
-rw-r--r-- 1  root  root  1929  Jul  8  2011 /etc/passwd

[root@localhost ch06]# ./myls  -l   /root/
-rw-r--r-- 1  root  root  69116  Jul  8  2011 scsconfig.log
-rw-r--r-- 1  root  root  209  Jul  8  2011 scsrun.log
-rw-r--r-- 1  root  root  40360  Jul  8  2011 install.log
-rwxr-xr-x 1  root  root  9176  Nov 14 13:15 myls
drwxr-xr-x 2  root  root  4096  Nov 14 10:21 Desktop
-rw------- 1  root  root  1680  Jul  8  2011 anaconda-ks.cfg
-rw-r--r-- 1  root  root  5131  Jul  8  2011 install.log.syslog

[root@localhost ch06]# ./myls .-l  /etc/passwd  /root/
Usage:
./myls
./myls  filename
./myls  dirname
./myls  -l
./myls  -l  dirname
./myls  -l  filename
```

图 6.2　运行结果

【创新能力】使用 getopt 实现对命令行参数的判断。

可以在 main 函数中使用 getopt 实现对命令行参数灵活的判断。以下为 main 函数部分的代码，其他函数不变：

```
1.  int main(int argc, char *argv[])
2.  {
3.        int optchar;
4.        int rt=-1,i;
5.        opterr = 0;
6.        longflag=0;
7.
8.        while ((optchar = getopt (argc, argv, "lh")) != -1)
9.        {
10.             switch (optchar)
11.             {
12.             case 'l':longflag=1;
                 break;
13.  case 'h':printf("Usage:%s   [-l]   [dirname/filename]\n",argv[0],argv[0],argv[0]);
14.         return 0;
15.              case '?':
16.              if (optopt = = 'l')
17.                  fprintf (stderr, "Option \'-%c\' requires an argument.\n", optopt);
18.              else if (isprint (optopt))
19.                  fprintf (stderr, "Unknown option \'-%c\'.\n", optopt);
20.              else
21.                  fprintf (stderr,"Unknown option character \'%x\'.\n",optopt);
22.     break;
23.          default:abort ();
24.          }
25.          }
26.  if(argc= =1)
27.  {     lsdir(".",0);
28.        return 0;
29.  }
30.  else if(optind= =argc)
31.  {
32.        lsdir(".",1);
33.        return 0;
34.  }
35.  for (i = optind; i < argc; i++)
36.  {     //printf ("Non-option argument %s\n", argv[i]);
37.        checkfiletype(argv[i]);
38.        if((typeflag= =2)&&(longflag= =0))
39.            lsdir(argv[i],0);
40.        else if((typeflag= =2)&&(longflag= =1))
41.            lsdir(argv[i],1);
42.        else if((typeflag= =1)&&(longflag= =0))
43.            printf("%s\n",argv[i]);
44.        else if((typeflag= =1)&&(longflag= =1))
45.            printlong(argv[i]);
46.  }
47.
48.
49.  }
```

习　　题

一、填空题

1．系统调用（　　　）的作用是删除目录项，这里的目录项是指（　　　）。

2．打开目录使用（　　　）函数，关闭目录使用（　　　）函数，读取目录内容使用（　　　）函数。

3．chdir 系统调用的功能是（　　　）。

4．创建目录使用（　　　）系统调用，删除目录使用（　　　）系统调用。

二、编程题

（在编程过程中，功能相似的几个程序尽量整合成为一个独立的程序）

1．实现“ls”功能。

2．实现“ls -i”功能。

3．实现“ls　目录”功能。

4．实现“ls -l”功能。

5．实现“cd”（cd 后不加参数）以及“cd 目录”功能。

6．实现“cp 文件　目录”的功能。

7．实现“cp 目录　目录”功能，不必处理符号链接、硬链接（可以直接复制完成），不用保持所有权、权限位、时间。

8．实现“cp 目录　目录”功能，保持所有权、权限位、时间。

9．实现“cp 目录　目录”功能，保持符号链接、硬链接。

第7章 进 程 控 制

在多用户、多任务操作系统中，程序都是以进程的形式运行的。在本书 12.1 节要开发的“Linux 网络传输系统”案例中，可以做成一个多进程的系统，在服务器端可以创建多个进程与多个客户端进行通信。

那么如何开发一个多进程的程序呢？本章将学习 Linux 系统进程相关知识、系统调用及函数，并且通过一个小案例“实现简单的 Shell”来学习开发多进程程序的技能，本案例涉及以下知识点：Shell 概念，创建新进程，执行程序，等待进程结束，进程退出等。

本章介绍了通过系统调用实现进程控制，包括创建进程（fork 和 vfork）、执行进程（exec*系列函数）、等待进程（wait）及终止进程（exit）等。

7.1 进程基本概念

7.1.1 进程和进程控制块

1. 进程

在现代操作系统理论中，进程是一个非常重要的概念。无论是大型的商用操作系统，如 IBM 公司的 AIX（一种 UNIX 系统），还是 PC 操作系统，如微软的 Windows 系统以及开源的 Linux 系统，都拥有强大的进程管理功能。那么什么是进程呢？

进程是操作系统中最基本、最重要的概念。进程是多道程序系统出现后，为了刻画系统内部出现的动态情况，描述系统内部各道程序的活动规律引进的一个概念，所有多道程序设计操作系统都建立在进程的基础上。

进程是具有一定独立功能的程序关于某个数据集合的一次运行活动。它是操作系统动态执行的基本单元。在传统的操作系统中，进程既是基本的分配单元，也是基本的执行单元。

进程的概念主要有两点：第一，进程是一个实体。每一个进程都有它自己的地址空间，一般情况下，包括文本区域（text region）、数据区域（data region）和堆栈区域（stack region）。文本区域存储处理器执行的代码；数据区域存储变量和进程执行期间使用的动态分配的内存；堆栈区域存储活动过程调用的指令和本地变量。第二，进程是一个“执行中的程序”。程序是一个没有生命的实体，只有处理器赋予程序生命时，它才能成为一个活动的实体，我们称其为进程。

进程具有以下特点：

- 动态性——进程的实质是程序的一次执行过程，进程是动态产生、动态消亡的；
- 并发性——任何进程都可以同其他进程一起并发执行；
- 独立性——进程是一个能独立运行的基本单位，同时也是系统分配资源和调度的独立单位；
- 异步性——由于进程间的相互制约，因此使进程具有执行的间断性，即进程按各自独立的、不可预知的速度向前推进。

在 Linux 系统中，要运行一个程序，首先必须由 Linux 为此程序创建进程。Linux 是多用户、多任务操作系统，也就是说，系统中会同时驻留多个进程。只有当某个进程获得其运行所需的所有资源（包括 CPU）时，它才能够开始执行；当进程终止（正常或异常终止）后，Linux 还要做一些资源收集（如回收内存）及清理工作。

2．进程控制块

进程是相互独立的，这意味着进程不能感知其他进程的存在。系统中只有内核有权管理所有进程。为了管理每个进程，Linux 会为每个进程分配唯一的数据结构来存储与该进程相关的信息，这个数据结构被称作进程控制块（Process Control Block，PCB）。Linux 中的 PCB 定义为 struct task_struct 数据类型，不同的内核版本，其定义会有所不同。

PCB 中记录了非常重要的信息：进程标识符、相关的文件描述符、进程状态、接收的信号等。除了这些信息，进程还拥有命令行参数和环境变量，它们由运行库维护，并不记录在 PCB 中。命令行参数在 3.3 节中已做了介绍，这里不再赘述。

7.1.2　进程标识

在 UNIX/Linux 系统中，每个进程都拥有一个唯一进程标识（Process ID）。进程标识是一个非负整数，Linux 系统中，进程标识的数据类型定义为 pid_t，对于 i386 体系结构，pid_t 实际上就是 int 类型。

进程标识为 0 和 1，是两个特殊的进程。

进程 0 是内核态进程，称为 idle 进程或 swapper 进程，是系统启动过程中的第一个进程，也是所有进程的祖先。由进程 0 创建 1 号进程（内核态），1 号进程负责执行内核的部分初始化工作及进行系统配置，并创建若干个用于高速缓存和虚拟主存管理的内核线程。随后，1 号进程调用 execve 函数运行可执行程序 init，并演变成用户态 1 号进程，即 init 进程。

进程 1 为用户态进程，称为 init 进程，init 是第一个用户进程，是所有用户进程的祖先。

每个进程都有一个唯一的父进程。此外，进程还属于某个进程组中。

Linux 提供了获取进程标识的系统调用，如表 7.1 所示。

表 7.1　系统调用 getpid

项目	描　述
头文件	#include <sys/types.h> #include <unistd.h>
原型	pid_t getpid(void); pid_t getppid(void);
功能	获取当前进程的 PID 或其父进程的 PID
参数	无
返回值	getpid 返回当前进程的 PID getppid 返回父进程的 PID

7.1.3　用户标识

/etc/passwd 文件中用户 ID（user ID）是一个整数，它标识系统中不同的用户。系统管理员在确定用户登录名的同时，确定其用户 ID。用户不能更改其用户 ID。通常每个用户有一个唯一的用户 ID。用户 ID 为 0 的用户为根（root）或超级用户（super user）。

/etc/passwd 文件中还记录了每个用户的组 ID（group ID）。组 ID 是管理员创建新用户时创建的。组的信息记录在/etc/group 文件中。

每个进程都有相关联的用户 ID 和组 ID，如表 7.2 所示。

表 7.2　与进程有关的用户 ID 和组 ID

进程具有的 ID	含　义
实际用户 ID 实际组 ID	代表启动进程的用户 ID 和组 ID，取自登录用户在/etc/passwd 中的 uid 和 gid
有效用户 ID 有效组 ID	进程访问系统资源时使用的用户 ID 和组 ID，用于文件存取许可权的检查 如果进程对应的可执行文件的 setuid（setgid）位被设置，则有效用户 ID（有效组 ID）为该文件的所有者 ID（所属组 ID），否则为实际用户 ID（实际组 ID）
保存的用户 ID 保存的组 ID	用来保存有效用户 ID 和有效组 ID 的副本

进程的实际用户 ID 是用来标识是谁在执行进程，一般来说是登录用户；而有效用户 ID 则标识该进程的访问权限。假设某进程的实际用户为 u1，而有效用户为 u2，则该进程可以访问 u2 用户可以访问的文件，但是不能访问 u1 用户的文件。

假设可执行文件 test1、test2、test3 和 test4 的长格式信息如下：

```
-rwsr-xr-x ...root    root ...... test1
-rwxr-sr-x ...root    root ...... test2
-rwsr-sr-x ...root    root ...... test3
-rwsr-sr-x ...u2      root ...... test4
```

有用户 u1(uid=503,gid=503)，u2(uid=504,gid=504)，u1 登录系统并执行这几个文件得到相应的进程，则这 4 个进程的几个 ID 分别为：

实际用户 ID：503/503/503/503

实际组 ID：503/503/503/503

有效用户 ID：0/503/0/504

有效组 ID：503/0/0/0

在 UNIX/Linux 系统中，用户可以通过/usr/bin/passwd 去修改个人登录密码，而实际上系统中保存用户信息的是/etc/passwd 等文件，这两个文件的长格式信息如下：

```
-rw-r--r-- 1 root root    2156 2015-08-01 /etc/passwd
-rwsr-xr-x 1 root root 22960 2006-07-17 /usr/bin/passwd
```

可以看到，/etc/passwd 文件只有 root 用户可以修改，普通用户是不能修改的，但是普通用户却可以通过/usr/bin/passwd 命令去修改/etc/passwd 文件的内容，就是因为/usr/bin/passwd 命令生成的进程的有效用户 ID 是 root，通过这个命令访问系统资源时是以 root 身份去操作/etc/passwd 文件的，所以普通用户才能修改成功。

Linux 提供以下几个系统调用获取用户标识，如表 7.3 和表 7.4 所示。

表 7.3　系统调用 getuid

项目	描　述
头文件	#include <unistd.h> #include <sys/types.h>
原型	uid_t getuid(void); uid_t geteuid(void);

续表

项目	描　　述
功能	获取当前实际用户 ID 或有效用户 ID
参数	无
返回值	getuid 返回实际用户 ID geteuid 返回有效用户 ID

表 7.4　系统调用 getgid

项目	描　　述
头文件	#include <unistd.h> #include <sys/types.h>
原型	gid_t getgid(void); gid_t getegid(void);
功能	获取当前实际用户组 ID 或有效用户组 ID
参数	无
返回值	getgid 返回实际用户组 ID getegid 返回有效用户组 ID

【例 7-1】获取进程和用户相关标识信息。

显示输出当前实际用户 ID、有效用户 ID 和组 ID 等信息。

（1）源程序（getids.c）

```
1.  #include <stdio.h>
2.  int main(int argc,char * argv[])
3.  {
4.          printf("pid=%d\n",getpid());
5.          printf("ppid=%d\n",getppid());
6.          printf("uid=%d\n",getuid());
7.          printf("euid=%d\n",geteuid());
8.          printf("gid=%d\n",getgid());
9.          printf("egid=%d\n",getegid());
10.         return 0;
11. }
```

（2）编译

```
# gcc   -o   getids   getids.c
```

（3）运行

```
# ./getids
```

（4）可能的运行结果

```
pid=13877
ppid=13778
uid=0
euid=0
gid=0
egid=0
```

此运行结果是 getids 可执行文件启动的进程的相关 ID，pid 为进程 ID，ppid 为父进程 ID（父进程是当前 Shell 进程 ID），uid 和 gid 都为 0 说明启动进程的登录用户 ID 为 0（即 root）。

7.2 进 程 控 制

7.2.1 创建进程

Linux 系统提供了两个系统调用 fork 和 vfork，用于在一个运行的进程中创建新进程。

1．fork

系统调用 fork 创建的新进程被称为子进程，调用 fork 的进程则为父进程。如表 7.5 所示。

表 7.5　系统调用 fork

项目	描　　述
头文件	#include <sys/types.h> #include <unistd.h>
原型	pid_t fork(void);
功能	创建一个子进程
参数	无
返回值	当子进程创建成功时，在父进程中返回子进程的 PID，在子进程中返回 0；创建失败时，返回-1 并置错误码 errno

系统调用 fork 比较特殊，它由父进程调用一次，但是返回两次。一次返回到父进程，另一次返回到子进程。返回到父进程的值为创建的子进程的进程 PID，返回到子进程的值为 0。fork 创建的子进程是父进程的复制品，子进程拥有父进程的数据空间、堆、栈的一个拷贝，父、子进程并不共享这部分存储空间。一般来说，正文段（代码段）是只读的，子进程和父进程共享正文段。fork 成功之后，父、子进程都执行 fork 调用之后的语句。

Linux 中系统调用 fork 的实现并不将父进程的数据段、堆、栈完全复制到子进程中，而是使用写时复制（Copy On Write，COW）技术，即父、子进程共享这些存储空间，当某个进程修改这些存储空间时，才做一个拷贝。另外，一般调用 fork 之后常常调用 exec*系列函数（后面介绍）。

【例 7-2】创建子进程，观察分析父、子进程执行代码的顺序。

（1）源程序（fork1.c）

```
1.  #include <unistd.h>
2.  #include <stdlib.h>
3.  #include <stdio.h>
4.  main()
5.  {
6.          pid_t id;
7.
8.          id=fork();
9.   if(id<0)
10.          {
11.             perror("fork");
12.             exit(1);
13.          }
14.          else if(id= =0)
15.          {   printf("I am child, my pid=    %d\n",getpid());    }

16.          else
```

```
17.            {    printf("I am parent, my pid=    %d\n",getpid());    }
18.            printf("%d print this sentence\n",getpid());
19. }
```

（2）编译

```
# gcc   -o   fork1   fork1.c
```

（3）运行

```
# ./fork1
```

（4）运行结果（每次运行，进程 pid 会不同）

```
[root@bogon 7]# ./fork1
I am child, my pid=   8704
8704 print this sentence
I am parent, my pid=   8703
8703 print this sentence
```

通过运行结果可以看出，创建子进程后，子进程比父进程先执行输出了 15 行和 18 行，然后父进程执行输出了 17 行和 18 行。

父进程创建子进程后，父、子进程对程序段的代码是共享使用的，只是子进程执行 fork 返回值等于 0 的分支及以后 if 分支外的代码，父进程执行的是 fork 返回值大于 0 的分支及以后 if 分支外的代码。因此，第 18 行代码父进程和子进程都会在各自进程中执行一次，但是由于父、子进程都通过同一个终端界面显示，因此能看到第 18 行输出两次。

父、子进程执行的先后次序由操作系统的处理器调度策略决定，大多数情况下，该策略都会让新创建的进程得到一个时间片优先执行，因此大多数情况下都是子进程先于父进程执行；但是如果子进程要执行的代码在一个时间片内无法执行完，则之后父、子进程的执行次序就完全取决于处理器调度程序了。

读者可以通过例 7-3 来体会父、子进程执行的先后顺序。

【例7-3】创建子进程，在父、子进程中分别使用循环方式输出一行信息，查看输出结果并分析原因。

（1）源程序（fork2.c）

```
1.  #include <unistd.h>
2.  #include <stdlib.h>
3.  #include <stdio.h>
4.
5.  main()
6.  {
7.          pid_t id;
8.          int    i;
9.
10.         id=fork();
11.
12.         if(id<0)
13.         {
14.                 perror("fork");
15.             exit(1);
16.          }
17.         else if(id= =0)
18.           {
19.                 for(i=0;i<10;i++)
20.               {
21.                     printf("I am child, my pid=    %d\n",getpid());
```

```
22.                          sleep(1);
23.                 }
24.         }
25.         else
26.         {
27.             for(i=0;i<10;i++)
28.                 {
29.                         printf("I am parent, my pid=    %d\n",getpid());
30.                         sleep(1);
31.                 }
32.         }
33.         printf("%d print this sentence\n",getpid());
34. }
```

（2）编译

```
# gcc   -o   fork2   fork2.c
```

（3）运行

```
# ./fork2
```

（4）运行结果（每次运行，进程 pid 会不同）

```
[root@bogon 7]# ./fork2
I am child, my pid=   8849
I am parent, my pid=    8848
I am parent, my pid=    8848
I am child, my pid=   8849
I am parent, my pid=    8848
I am child, my pid=   8849
I am parent, my pid=    8848
I am child, my pid=   8849
I am parent, my pid=    8848
I am child, my pid=   8849
I am parent, my pid=    8848
I am child, my pid=   8849
I am parent, my pid=    8848
I am child, my pid=   8849
I am parent, my pid=    8848
I am child, my pid=   8849
I am parent, my pid=    8848
I am child, my pid=   8849
I am parent, my pid=    8848
I am child, my pid=   8849
8848 print this sentence
[root@bogon 7]# 8849 print this sentence
```

通过输出结果可以看到第一次执行的是子进程，但是子进程的代码无法在一个处理器时间片内执行完毕，在第一次循环时子进程调用 sleep 进入睡眠状态并保持 1s，此时处理器调度程序调度父进程去执行，父进程执行完第一次循环后也调用 sleep 进入睡眠状态，处理器调度程序又调度已经结束睡眠状态的子进程去执行，以此类推。

在程序运行过程中，读者可以打开另一个终端运行“ps   -la”命令查看进程关系：

```
[root@bogon 7]# ps -la
F S    UID    PID   PPID    C PRI    NI ADDR SZ WCHAN    TTY            TIME CMD
0 S      0   8848  26255    0   75     0 -       384 -       pts/1          00:00:00 fork2
1 S      0   8849   8924    0   78     0 -       384 -       pts/1          00:00:00 fork2
4 R      0   8926   8904    0   77     0 -      1119 -       pts/2          00:00:00 ps
```

可以看到 pid 为 8849 的父进程 pid 为 8848，而 pid 为 8848 的父进程 pid 为 26255，这个进程就是当前的 Shell 进程。

在父、子进程执行第 33 行代码时，为什么子进程的输出代码在 Shell 的命令提示符后显示？

因为 pid 为 8848 是父进程，8849 是子进程，而 8848 进程的父进程即当前的 Shell 进程，Shell 进程在当前执行的进程（即 Shell 的子进程 8848）结束后就会输出命令提示符，不会等待 8848 新建的子进程 8849 执行完毕，所以一旦 8848 运行结束后，Shell 就会立即输出命令提示符，8849 进程被调度执行输出语句自然就在命令提示符后面了。需要注意的是，此时命令提示符后面的字符只是显示出来，并不是即将执行的命令。

【例 7-4】通过 fork 创建子进程并比较父、子进程中的数据。

程序 forkvalue.c 演示了如何创建子进程，并说明了子进程复制了父进程的地址空间。

（1）源程序（forkvalue.c）

```
1.  #include <stdio.h>
2.  #include <stdlib.h>
3.  #include <unistd.h>
4.  #include <sys/types.h>
5.  #include <string.h>
6.  int global;
7.  char buf[] = "write infomation to stdout\n";
8.  int main(int argc,char* argv[])
9.  {
10.         int var = 0;
11.         pid_t pid;
12.         if(write(STDOUT_FILENO, buf, strlen(buf)) < 0)
13.         {
14.               perror("write error");
15.         }
16.         printf("before fork\n");
17.         if((pid = fork()) < 0)
18.         {
19.               perror("fork error");
20.         }
21          else if(pid = = 0)
22.         {
23.               global ++;
24.               var ++;
25.         }
26.         else
27.         {
28.               sleep(1);
29          }
30.         printf("pid = %d global = %d var = %d\n",getpid(), global, var);
31.         exit(0);
32   }
```

（2）编译

```
# gcc  -o  forkvalue  forkvalue.c
```

（3）运行

```
# ./ forkvalue
```

（4）可能的运行结果

```
write infomation to stdout
before fork
pid = 7822 global = 1 var = 1
pid = 7821 global = 0 var = 0
```

得到的结果中pid为7822是子进程，7821是父进程，子进程对global和var进行加1成功，父进程没有进行操作依然为0。第30行代码父进程和子进程都执行了一次，因此显示了两遍。

如果按照如下方式执行，则会出现不同的结果：

```
#./fork > out
#cat out
write infomation to stdout
before fork
pid = 7837 global = 1 var = 1
before fork
pid = 7836 global = 0 var =0
```

其中第16行代码被显示两遍，因为printf是标准输出语句，该语句在直接连接终端时是行缓冲（遇到换行符或缓冲区满时输出），所以在第一种运行方式时第16行只显示一次，而第二种方式程序运行时没有直接显示到终端而是输出到文件out中，此时是全缓冲（缓冲区满或强制输出时才输出），此时“before fork”还在缓冲区中，子进程会继承父进程的缓冲区，因此子进程也会将“before fork”输出一遍。

【例7-5】分析父、子进程中对文件访问的关系。

父进程打开文件后创建子进程，然后子进程写文件，父进程读文件，分析父、子进程对文件访问的关系。

（1）源程序（forkfile.c）

```
1.  #include <stdio.h>
2.  #include <stdlib.h>
3.  #include <unistd.h>
4.  #include <sys/types.h>
5.  #include <sys/stat.h>
6.  #include <fcntl.h>
7.  #include <string.h>
8.  int main(int argc,char* argv[])
9.  {
10.         pid_t pid;
11.         int fd;
12.         char * info = "hello world";
13.         char buf[64] = {0};
14.         int nBytes;
15.         fd = open("file",O_RDWR | O_CREAT，0644);
16.         if(fd < 0)
17.         {
18.                 perror("open file failed");
19.                 exit(1);
20.         }
21.         printf("before fork\n");
22.         if((pid = fork()) < 0)
23.         {
24.                 perror("fork error");
```

```
25.        }
26.        else if(pid = = 0)
27.        {
28.            if((nBytes = write(fd, info, strlen(info))) < 0)
29.            {
30.                perror("write failed");
31.            }
32.            exit(0);
33.        }
34.        else
35.        {
36.            sleep(1);
37.            lseek(fd, 0,SEEK_SET);
38.            if((nBytes = read(fd, buf, 64)) < 0)
39.            {
40.                perror("read failed");
41.            }
42.            printf("%s\n",buf);
43.        }
44.        exit(0);
45.  }
```

（2）编译

```
# gcc  -o forkfile  forkfile.c
```

（3）运行

```
# ./ forkfile
```

（4）运行结果

```
before fork
hello world
```

此例中，父进程首先打开一个文件 file。当调用 fork 创建子进程后，子进程继承了父进程中打开的文件，也就是说父、子进程共享该文件，如图 7.1 所示，父、子进程通过同一个打开文件描述符来读写文件。子进程向 file 中写入“hello world”，然后退出。父进程在休眠 1s 后，读取 file 中的内容，并将读取的内容输出到标准输出文件。

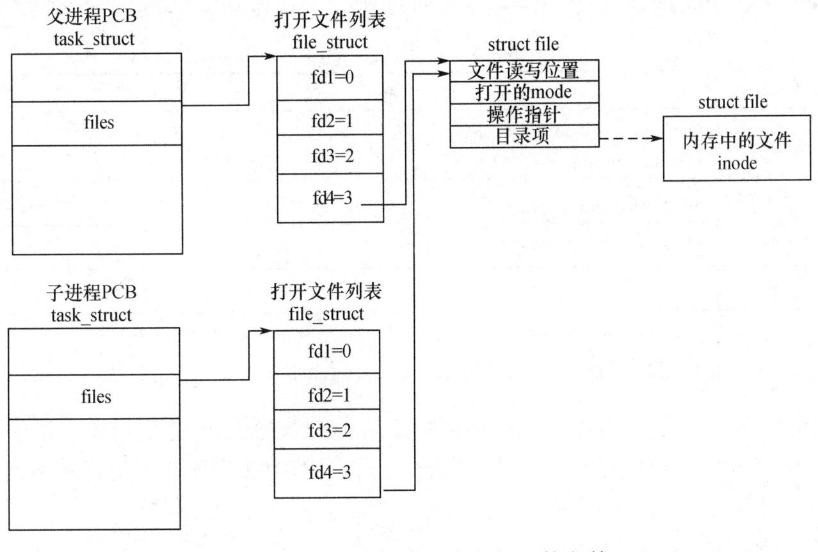

图 7.1　子进程继承父进程打开的文件

Linux 会为进程打开 3 个文件：标准输入文件、标准输出文件、标准错误输出文件。

子进程会继承父进程打开的文件。除了打开文件，很多父进程的其他性质也由子进程继承：

① 实际用户 ID、实际用户组 ID、有效用户 ID、有效用户组 ID；

② 添加组 ID；

③ 进程组 ID；

④ 对话期 ID；

⑤ 控制终端；

⑥ 设置-用户-ID 标志和设置-组-ID 标志；

⑦ 当前工作目录；

⑧ 根目录；

⑨ 文件方式创建屏蔽字；

⑩ 信号屏蔽和排列；

⑪ 对任一打开文件描述符在执行时关闭标志；

⑫ 环境；

⑬ 连接的共享存储段；

⑭ 资源限制。

fork 有两种典型的用法。

（1）一个父进程希望复制自己，使父、子进程同时执行不同的代码段。这在网络服务进程中是常见的——父进程等待委托者的服务请求。当这种请求到达时，父进程调用 fork，使子进程处理此请求，父进程则继续等待下一个服务请求。

（2）一个进程要执行一个不同的程序。这对 Shell 是常见的情况。在这种情况下，子进程在从 fork 返回后立即调用 execve 来执行新程序。在 7.3.2 节中的 forkexec.c 是 fork 的典型应用。

2．vfork

Linux 提供了另一个系统调用 vfork 创建进程，如表 7.6 所示。vfork 和 fork 的功能相同。通常，vfork 和 exec*系列函数（见 7.2.2 节）同时使用，使得在子进程空间运行另一个程序。

表 7.6　系统调用 vfork

项目	描　　述
头文件	#include <sys/types.h> #include <unistd.h>
原型	pid_t vfork(void);
功能	创建一个子进程并阻塞父进程
参数	无
返回值	当子进程创建成功时，在父进程中返回子进程的 pid，在子进程中返回 0；创建失败时，返回-1 并置错误码 errno

vfork 与 fork 的区别是：调用 vfork 不会将父进程的数据空间复制到子进程中，子进程与父进程共享数据空间，父进程等待子进程先执行。子进程中如果不调用 exec*系列函数，则需要调用_exit 系统调用。

【例 7-6】比较 fork 和 vfork 的区别。

程序 vfork.c 演示了调用 vfork 创建子进程，并说明了父、子进程共享数据空间。

（1）源程序（vfork.c）

```
1.  #include <stdio.h>
2.  #include <stdlib.h>
3.  #include <unistd.h>
4.  #include <sys/types.h>
5.  #include <string.h>
6.  int global;
7.  int main(int argc,char* argv[])
8.  {
9.          int var = 0;
10.         pid_t pid;
11.         printf("before fork\n");
12.         if((pid = vfork()) < 0)
13.         {
14.             perror("fork error");
15.         }
16.         else if(pid = = 0)
17.         {
18.             global ++;
19.             var ++;
20.             _exit(0);
21.         }
22.         sleep(3);
23.         printf("pid = %d global = %d var = %d\n",getpid(), global, var);
24.         exit(0);
25. }
```

（2）编译

```
# gcc   -o   vfork   vfork.c
```

（3）运行

```
# ./vfork
```

（4）运行结果

vfork 创建子进程，在子进程中修改了全局变量 global 和局部变量 var，然后子进程退出；而父进程输出 global 和 var 的值。由于 vfork 创建的子进程与父进程共享数据空间，因此父进程输出的值类似以下结果：

```
# before fork
# pid = 13799 global = 1 var = 1
```

7.2.2 exec*系列函数

前面已经介绍了系统调用 fork 创建子进程时，子进程拥有和父进程相同的代码段。如果希望运行另外一个程序，则需要调用 exec*系列函数。通常，调用 fork 后，子进程调用 exec*系列函数运行一个新的程序。exec*系列函数不会创建新进程，而是用新的程序替换子进程的地址空间，包括代码段、数据、堆、栈。因此，新进程的 pid 保持不变，新进程从 main 函数开始运行。

事实上，exec*系列函数只是一种统称。Linux 系统提供了 6 个以 exec 字母开头的函数。其中，execve 是一个系统调用（见表 7.7），另外 5 个函数是库函数，也就是说，实现这些库函数的代码中调用了系统调用 execve。

表 7.7　系统调用 execve

项目	描　　述
头文件	#include <unistd.h>
原型	int　execve(const char *path, char *const argv[], char *const envp[]);
功能	将指定程序加载到当前进程中执行
参数	file：要加载的程序名 argv：加载程序执行的参数 envp：加载程序执行时的环境变量
返回值	加载执行成功时，无返回；失败时，返回-1 并置错误码

其他 5 个 exec*系列函数的原型如下所示：

```
int execl (const char *path, const char *arg, ...);
int execlp(const char *file, const char *arg, ...);
int execle(const char *path, const char *arg, ..., char * const envp[]);
int execv (const char *path, char * const argv[]);
int execvp(const char *file, char * const argv[]);
```

这 6 个以 exec 字母开头的函数，有两个函数名包含字母 p。这两个函数的第一个参数 file 指定了要运行程序（或脚本）的文件。若 file 中包含/符号，则视为路径名；否则，在 path 变量指定的路径中搜索可执行文件。

有 3 个函数名中包含字母 l（execl，execlp，execle），另外 3 个包含 v（execv，execvp，execve）。带字母 l 的函数包含可变参数（以 NULL 作为结束标志），用于向新程序中传递命令行参数。带字母 v 的函数通过第二个参数——一个字符串数组 char*const argv[]（以 NULL 作为结束标志）向新程序中传递命令行参数。

两个包含字母 e（execle,execve）的函数通过参数 char* const envp[]向新程序中传递环境变量。

exec*系列函数之间的区别如表 7.8 所示。

表 7.8　exec*系列函数之间的区别

	可执行文件名		命令行参数		环境变量
	要包含路径	使用 path 变量	列表方式	数组方式	
execl	√		√		
execlp		√	√		
execle	√		√		√
execv	√			√	
execvp		√		√	
execve	√			√	√

【例 7-7】execlp 函数的验证。

exectest.c 演示了调用 execlp 在当前的地址空间运行 ps 命令。

（1）源程序（exectest.c）

```
1.  #include <unistd.h>
2.  #include <stdlib.h>
3.  int main(void)
```

```
4.  {
5.          execlp("ps", "ps", "-o", "pid,ppid,pgrp,session,tpgid,comm", NULL);
6.          perror("exec ps");
7.          exit(1);
8.  }
```

（2）编译

```
# gcc   -o   exectest   exectest.c
```

（3）运行

```
# ./exectest
```

（4）运行类似结果

```
PID   PPID   PGRP   SESS TPGID COMMAND
6614   6608   6614   6614   7199 bash
7199   6614   7199   6614   7199 ps
```

运行结果中第 6 行代码没有输出的原因在于 execlp 函数成功执行导致当前进程的程序段发生替换，原程序代码已被 ps 程序代码替换，因此第 6 行 perror 代码已经不存在，自然就不能输出。

【例 7-8】如何调用 execvp。

```
1.  #include <unistd.h>
2.  #include <stdlib.h>
3.  int main(void)
4.  {
5.          char * args[] = {"ps", "-o", "pid,ppid,pgrp,session,tpgid,comm", NULL};
6.          execvp(args[0], args);
7.          perror("exec ps");
8.          exit(1);
9.  }
```

【例 7-9】通过 execl 函数在子进程中加载程序运行。

程序 forkexec.c 演示了创建一个子进程后，调用 execl 函数在子进程的地址空间运行新的程序。

（1）源程序（forkexec.c）

```
1.  #include <stdio.h>
2.  #include <stdlib.h>
3.  #include <unistd.h>
4.  #include <sys/types.h>
5.  #include <sys/stat.h>
6.  #include <fcntl.h>
7.  #include <string.h>
8.  int main(int argc,char* argv[])
9.  {
10.         int var = 0;
11.         int fd;
12.         pid_t pid;
13.         printf("before fork\n");
14.         if((pid = fork()) < 0)
15.         {
16.                 perror("fork error");
17.         }
18.         else if(pid = = 0)
19.         {
20.                 fd = open("restdout", O_RDWR | O_CREAT, 0644);
```

```
21.             if(fd < 0)
22.             {
23.                 perror("open failed");
24.                 exit(1);
25.             }
26.             dup2(fd, 1); //重定向标准输出到文件restdout
27.             execl("/bin/ls","ls","-l",NULL);
28.             perror("execl failed");
29.         }
30.         else
31.         {
32.             printf("parent writes to stdout\n");
33.         }
34.     exit(0);
35. }
```

（2）编译

```
# gcc   -o   forkexec   forkexec.c
```

（3）运行

```
# ./ forkexec
```

（4）运行结果

```
before fork
parent writes to stdout
```

查看 restdout 文件内容：

```
# more restdout（查看文件restdout的内容，用户的该文件内容可能与此不同）
```

显示如下：

```
总计 300
-rw-r--r--   1   root   root   668    06-18 19:20   7.2.c
-rw-r--r--   1   root   root   3279   06-18 19:27   7.3.c
-rwxr-xr-x   1   root   root   6260   06-18 19:29   7.3.out
-rw-r--r--   1   root   root   1832   06-18 19:28   7.4.c
-rw-r--r--   1   root   root   260    04-14 22:10   abort.c
……
```

7.2.3 进程终止

有 5 种原因可以引起进程终止，其中 3 种为正常终止，2 种为异常终止。

以下事件使得进程正常终止：

（1）main 函数中执行 return 语句。

（2）调用 exit 函数。exit 是库函数，在进程调用 exit 后，C 语言运行库会进行一些操作，如调用由 atexit 注册的函数；最后，会调用_exit 系统调用。

（3）调用_exit 系统调用。

【例 7-10】比较 exit 和_exit 的区别。

程序 exittest.c 通过调用 atexit 函数演示了调用 exit 和_exit 终止进程时的区别。

（1）源程序（exittest.c）

```
1.  #include <stdio.h>
2.  #include <stdlib.h>
3.  #include <unistd.h>
4.  #include <string.h>
5.  char buf[] = "a write to stdout\n";
```

```
6.  void func1();
7.  void func2();
8.  int main(int argc,char* argv[])
9.  {
10.         int var = 0;
11.         pid_t pid;
12.         if(write(STDOUT_FILENO, buf, strlen(buf)) < 0)
13.         {
14.             perror("write error");
15.         }
16.         atexit(func1);
17.         atexit(func2);
18.         exit(0);
19. }
20. void func1()
21. {
22.         printf("func1()\n");
23. }
24. void func2()
25. {
26.         printf("func2()\n");
27. }
```

（2）编译

```
# gcc   -o exittest   exittest.c
```

（3）运行

```
# ./exittest
```

（4）运行结果

```
a write to stdout
func2()
func1()
```

运行结果中，func1 和 func2 函数的运行次序与 atexit 函数注册的次序正好相反。

如果将此程序中的 exit(0)改为_exit(0)，则输出为：

```
a write to stdout
```

因为系统调用_exit 不会执行 atexit 注册的函数。

另外，以下事件会引起进程异常终止：

（1）调用 abort 函数。abort 函数会产生 SIGABRT 信号。

如果将此程序中的 exit(0)改为 abort()，则输出为：

```
a write to stdout
已放弃
```

（2）当进程接收到某种信号，如内存越界访问。

7.2.4 等待进程结束

父进程通过系统调用 wait（见表 7.9）或 waitpid 等待子进程的状态发生改变。所谓状态改变，是指：①子进程终止；②由于收到信号，子进程停止；③由于收到信号，子进程继续运行。

对于第一种情况，执行系统调用 wait 意味着让系统释放与子进程相关的资源。如果不执行系统调用 wait，那么子进程结束后，其状态变为僵死（zombie）状态。此时，其 PCB 仍然残留在系统中。

进程终止后，内核会在该进程的 PCB 中标记进程的终止状态，以便其父进程能够获得其终止状态。如果进程异常终止，则内核会直接在 PCB 中标记内核的终止状态；如果进程正常终止，则内核先将进程的退出状态转换成终止状态。退出状态是指传递给 exit、_exit 的参数或 main 函数的返回值。

表 7.9　系统调用 wait

项目	描　述
头文件	#include <sys/types.h> #include <sys/wait.h>
原型	pid_t wait(int *status);
功能	等待子进程结束
参数	子进程结束时返回的终止状态
返回值	结束子进程的 pid

如果子进程存在，则父进程调用 wait 后便挂起，一直到某个子进程状态改变。wait 返回子进程的进程标识，同时将子进程的状态存储在 status 变量所指向的内存单元中。这个状态值为一个整数，可以通过宏获取进程的终止状态信息。常用的宏如下：

（1）WIFEXITED(status)：如果子进程正常终止，则返回 true。

（2）WEXITSTATUS(status)：返回子进程的退出状态。

（3）WIFSIGNALED(status)：如果子进程被某个信号终止，则返回 true。

若父进程不关心子进程的状态，可以向 wait 传递 NULL；若父进程在终止前，没有调用 wait，那么已经终止运行的子进程并没有完全销毁，处于僵死状态，这样的子进程被称为僵死进程（zombie）。还有一种情况，子进程被称为孤儿进程，即父进程终止后，子进程仍然在运行。此时，子进程被 init 进程收养。

如果子进程不存在，则父进程调用 wait 后立即返回，返回值为-1。

【例 7-11】孤儿进程示例。

如下代码为孤儿进程的产生原因。

（1）源程序（guer.c）

```
int main()
{
    pid_t pid;
    if((pid=fork())= =-1)
      perror("fork");
    else if(pid= =0)
    {
      printf("pid=%d,ppid=%d\n",getpid(),getppid());
      sleep(2);
      printf("pid=%d,ppid=%d\n",getpid(),getppid());
    }
    else
      exit(0);
}
```

（2）编译

```
# gcc  -o  guer  guer.c
```

（3）运行

```
# ./guer
```

（4）运行结果

```
pid=9867,ppid=9634
pid=9867,ppid=1
```

通过结果可以看出子进程 9867 的父进程原来是 9634，当子进程调用 sleep 函数进入睡眠时，父进程调用 exit 函数退出，此时子进程就变成孤儿进程，但是操作系统会立即将祖先进程 init 指派为其新的父进程，因此在此输出父进程 pid 时就变成了 1（即祖先进程 init 的 pid）。

init 祖先进程在开机时创建很多子进程启动了操作系统，系统启动后 init 进程的主要作用就是作为很多孤儿进程的新父进程，从而回收那些进程终止后遗留的资源。

【例 7-12】查看系统中的僵死进程。

程序 zombie.c 演示了子进程退出后成为 zombie 进程。

（1）源程序（zombie.c）

```
1.  #include <stdio.h>
2.  #include <stdlib.h>
3.  #include <unistd.h>
4.  #include <sys/types.h>
5.  #include <sys/wait.h>
6.  int main()
7.  {
8.          pid_t pid;
9.          if((pid = fork()) < 0)
10.         {
11.                 perror("fork failed");
12.                 exit(1);
13.         }else if(pid = = 0)
14.         {
15.                 printf("child...\n");
16.         }else
17.         {
18.                 printf("parent...\n");
19.                 while(1);
20.         }
21.         return 0;
22. }
```

（2）编译

```
# gcc  -o  zombie  zombie.c
```

（3）运行

```
# ./ zombie
```

（4）运行结果

在当前终端挂起当前进程，然后输入命令“ps　u”，能看到僵死进程信息。

```
[root@localhost ch07]# gcc -o  zombie  zombie.c
[root@localhost ch07]# ./zombie
child...
parent...
/****此时按Ctrl+Z组合键挂起zombie进程***********/
[1]+  Stopped                 ./zombie

[root@localhost ch07]# ps  u
USER PID %CPU %MEM VSZ  RSS  TTY  STAT  START TIME  COMMAND
root  9634  0.0  0.3   4928  1488  pts/1   Ss   15:41   0:00  bash
root  9675  3.9  0.0   1536  304   pts/1   T    15:42   0:04  ./zombie
```

```
root   9676  0.0  0.0      0     0    pts/1    Z     15:42    0:00   [zombie] <defunct>
root   9736  0.0  0.2   4520   952    pts/1    R+    15:44    0:00   ps u
[root@localhost ch07]# fg
./zombie
/****此时按Ctrl+C组合键终止zombie进程***********/
[root@localhost ch07]#
```

PID 为 9676 的进程[zombie] <defunct>的 STAT 为 Z，表明此进程为僵死进程。

【例 7-13】避免僵死进程。

程序 waittest.c 演示了父进程调用 wait 系统调用，避免子进程退出后成为 zombie 进程。

（1）源程序（waittest.c）

```
1.  #include <stdio.h>
2.  #include <stdlib.h>
3.  #include <unistd.h>
4.  #include <sys/types.h>
5.  #include <sys/wait.h>
6.  int main()
7.  {
8.          pid_t pid;
9.          if((pid = fork()) < 0)
10.         {
11.             perror("fork failed");
12.             exit(1);
13.         }else if(pid = = 0)
14.         {
15.             printf("child...\n");
16.         }else
17.         {
18.             wait(NULL);
19.             printf("parent...\n");
20.             while(1);
21.         }
22.         return 0;
23. }
```

（2）编译

```
# gcc   -o   waittest   waittest.c
```

（3）运行

```
# ./waittest
```

（4）运行结果

```
child...
parent...
```

【例 7-14】获取进程的退出状态。

程序 getexitstatus.c 演示了如何获取进程的退出状态。

（1）源程序（getexitstatus.c）

```
1.  #include <stdio.h>
2.  #include <stdlib.h>
3.  #include <unistd.h>
4.  #include <sys/types.h>
5.  #include <sys/wait.h>
6.  #include <string.h>
7.  int main()
8.  {
```

```
9.        int status;
10.       pid_t pid;
11.       if((pid = fork()) < 0)
12.       {
13.           perror("fork failed");
14.           exit(0);
15.       }else if(pid = = 0)
16.       {
17.           printf("child...\n");
18.           exit(0);
19.       }else
20.       {
21.           wait(&status);
22.           printf("termination status :%d\n",status);
23.           if(WIFEXITED(status))
24.           {
25.               printf("exit status :%d\n",WEXITSTATUS(status));
26.           }
27.           if(WIFSIGNALED(status))
28.           {
29.               printf("signal number %d\n",WTERMSIG(status));
30.           }
31.       }
32.       return 0;
33.   }
```

（2）编译

```
# gcc   -o   getexitstatus   getexitstatus.c
```

（3）运行

```
# ./getexitstatus
```

（4）运行结果

```
child...
termination status :0
exit status :0
```

父进程可能拥有多个子进程。如果父进程调用了 wait，当某个子进程的状态改变时（如子进程结束），则父进程中的 wait 便返回。但是，在某些情况下，父进程希望等待某个特定的子进程结束。此时，如果仍然调用 wait，则父进程通过比较 wait 的返回值和特定子进程的 PID 来判断该子进程是否为要等待的子进程。如果不是，则需要再次调用 wait。POSIX.1 定义了 waitpid（见表 7.10），用于等待指定子进程的状态发生改变。

表 7.10　系统调用 waitpid

项目	描　　述
头文件	#include <sys/types.h> #include <sys/wait.h>
原型	pid_t waitpid(pid_t pid, int *status, int options);
功能	等待指定的子进程结束
参数	pid：要等待的子进程的 PID status：子进程结束时返回的终止状态 options：等待的方式
返回值	结束子进程的 PID

pid 可能的取值情况及含义如下：

（1）pid > 0，等待进程 ID 为 pid 的子进程；

（2）pid = = 0，等待其组 ID 等于调用进程的组 ID 的任一子进程；

（3）pid = = -1，等待任意的子进程，此时 waitpid 与 wait 等效；

（4）pid < -1，等待其组 ID 等于 pid 的绝对值的任一子进程。

waitpid 返回终止子进程的进程 ID，而该子进程的终止状态则通过 status 返回。但是对于 waitpid，如果指定的进程或进程组不存在，或者调用进程没有子进程，那么都有可能导致出错。第 3 个参数 options 的取值可能为 0 或以下常数的或运算，如表 7.11 所示。

表 7.11　options 的取值

项目	取值	说　　明
WNOHANG	0x00000001	如果子进程没有退出（exit），则 waitpid 立刻返回
WUNTRACED	0x00000002	如果子进程（没有调用 ptrace 跟踪）停止（stop），则 waitpid 返回

【例 7-15】 通过 waitpid 等待指定的子进程结束。

程序 waitpid.c 演示了调用 waitpid 等待特定的子进程退出。

（1）源程序（waitpid.c）

```
1.  #include <stdio.h>
2.  #include <stdlib.h>
3.  #include <unistd.h>
4.  #include <sys/types.h>
5.  #include <sys/wait.h>
6.  #define CHILDS   5
7.  int main(int argc, char* argv[])
8.  {
9.          int i, status;
10.         pid_t pids[CHILDS];
11.         pid_t pid_w = -1;
12.         for(i = 0; i < CHILDS; i++)
13.         {//创建5个子进程
14.                 if((pids[i] = fork()) < 0)
15.                 {
16.                         perror("fork failed");
17.                         exit(-1);
18.                 }else if(pids[i] = = 0)
19.                 {
20.                         sleep(i);
21.                         printf("%d created\n",getpid());
22.                         exit(i);
23.                 }
24.         }
25.         pid_w = waitpid(pids[4], &status, 0); //等待PID为pids[4]的子进程结束
26.         printf("child(PID:%d) exits %d\n", pid_w, status);
27.         return 0;
28. }
```

（2）编译

```
# gcc  -o  waitpid  waitpid.c
```

（3）运行

```
# ./waitpid
```

（4）运行结果

显示器输出以下类似的结果：

```
16453 created
16454 created
16455 created
16456 created
16457 created
child(PID:16457) exits 1024              //1024值为exit函数参数4左移8位的结果
```

修改 waitpid 这行代码（第 25 行）为：pid_w = waitpid(pids[2], &status, 0)。重新编译后再次运行，输出以下类似的结果：

```
16605 created
16606 created
16607 created
child(PID:16607) exits 512              //512为exit函数参数2左移8位的结果
[root@localhost process]# 16608 created
16609 created
```

父进程调用 waitpid 等待 PID 为 pids[2]的子进程。当该子进程退出后，waitpid 返回，父进程输出 child(PID:16607) exits 512。

7.2.5 system 函数

ANSI C 语言中定义了函数 system（见表 7.12），用于在程序中执行一个 Shell 命令。

表 7.12 system 函数

项目	描　　述
头文件	#include <stdlib.h>
原型	int system(const char *command);
功能	加载执行 Shell 命令
参数	command：要加载执行的命令
返回值	命令执行失败时返回-1

参数 command 指定了要执行的 Shell 命令。事实上，system 执行“/bin/sh -c command”。当 command 执行完成后，system 才返回。在 command 执行过程中，信号 SIGCHLD 被阻塞，信号 SIGINT 和 SIGQUIT 被忽略。如果 system 出错，则返回-1。如果 command 为 NULL，则：①Shell 可用时，返回非 0 值；②Shell 不可用时，返回 0。

【例 7-16】system 函数的验证。

对于某些应用，用户可以通过调用一组函数来实现。例如，获得当前系统日期，并以字符串形式保存到文件中。首先，需要调用 time 系统调用获取系统日历时间，再调用函数 localtime 将日历时间转换成年、月、日、时、分、秒、周形式，最后调用函数 strftime 将结果格式化并将结果保存到文件中。

程序 timetest.c 演示了获取当前日并将其保存到文件 out 中。

（1）源程序（timetest.c）

```
1.    #include <stdio.h>
2.    #include <stdlib.h>
```

```
3.   #include <unistd.h>
4.   #include <time.h>
5.   #include <string.h>
6.   #include <sys/stat.h>
7.   #include <sys/types.h>
8.   #include <fcntl.h>

9.   int main(int argc, char* argv[])
10.  {
11.       int fd;
12.       time_t t;
13.       struct tm * ptm;
14.       char datetime[128] = {0};
15.       if(time(&t) = = (time_t)-1)
16.       {
17.            perror("time() failed ");
18.            exit(1);
19.       }
20.       if((ptm = localtime(&t)) = = NULL)
21.       {
22.            perror("localtime failed");
23.            exit(2);
24.       }
25.       if(strftime(datetime,sizeof(datetime),"%D",ptm) = = 0)
26.       {
27.            perror("strftime failed");
28.            exit(3);
29.       }
30.       if((fd = open("out",O_RDWR | O_CREAT, 0644)) = = -1)
31.       {
32.            perror("open() failed");
33.            exit(4);
34.       }
35.       if(write(fd, datetime, strlen(datetime)) = = -1)
36.       {
37.            perror("write() failed");
38.            exit(5);
39.       }
40.       close(fd) ;
41.       printf("%s\n",datetime);
42.       return 0;
43.  }
```

（2）编译

```
# gcc  -o  timetest  timetest.c
```

（3）运行

```
# ./timetest
```

查看 out 文件内容：

```
# more out
```

结果类似：

```
06/18/09
```

同样的功能也可以由程序 systemtest.c 通过调用 system 函数来实现。

（1）源程序（systemtest.c）

```
1.  #include <stdlib.h>
2.  int main(int argc, char* argv[])
3.  {
4.          system("date   +%D>out");
5.          return 0;
6.  }
```

（2）编译

```
# gcc   -o   systemtest   systemtest.c
```

（3）运行

```
# ./systemtest
```

查看 out 文件内容：

```
# more out
```

输出与 timetest 相同的结果：

```
06/18/09
```

7.3　什么是 Shell

Shell 本身是一个用 C 语言编写的程序，它是用户使用 Linux 系统的桥梁。Shell 既是命令解释器，又是一种程序设计语言。

作为命令解释器，Shell 是 Linux 系统中最重要的程序之一，是操作系统内核与用户之间重要的接口。每个登录用户都要指明登录后调用哪个 Shell 程序与系统内核交互。

作为程序设计语言，Shell 定义了各种变量和参数，并提供了许多在高级语言中才具有的控制结构，包括循环和分支。用户可以编写 Shell 脚本文件，完成更复杂的系统管理工作。因此，Linux 系统管理员必须要熟练掌握 Shell 编程。

本节主要介绍作为命令解释器功能的 Shell。

7.3.1　用户登录 Shell

用户登录 Linux 系统与系统进行交互，这就需要使用 Shell。用户能使用的 Shell，可用命令“chsh　-l”查看：

```
[root@localhost root]# chsh -l
/bin/sh
/bin/bash
/sbin/nologin
/bin/bash2
/bin/ash
/bin/bsh
/bin/tcsh
/bin/csh
```

用户登录所使用的 Shell 在/etc/passwd 文件中指明，用户所在行的最后一段即为用户登录 Shell，默认的 Shell 为/bin/bash。以下是/etc/passwd 文件中 root 用户所在行信息：

```
root:x:0:0:root:/root:/bin/bash
```

当用户登录系统输入用户名（User Name）和口令（Password）并验证成功后，系统将启动用户登录 Shell，如/bin/bash。

Shell 启动后，首先显示提示符“#”或“$”，其中“#”代表 root 用户登录，“$”代表普通用户登录。如 root 登录后 Shell 状态如下：

```
[root@localhost ~]#
```

普通用户登录后 Shell 状态如下：

```
[tom@localhost ~]$
```

如果用户不知道自己登录的 Shell，也可以用命令“echo $SHELL”查看。

7.3.2 Shell 执行命令

Linux 命令分为内部命令（built-in）和外部命令。

（1）内部命令

内部命令是指 Shell 程序自身实现的最简单、最常用的命令，这些命令不具有独立的可执行文件，是在编写 Shell 程序过程中同时实现的。如 cd、echo、export、pwd 等，使用命令“man builtins”可以查看 bash 这个 Shell 提供的内部命令。

（2）外部命令

外部命令是具有独立的可执行程序的命令，是一些实用的工具程序，是由程序员独立开发出来的。用户自行编写的可执行程序就可以称为外部命令，如 ls、cp、chmod、chown 等。

Shell 本身是一个命令解释器，用户在命令提示符后输入 Linux 命令，Shell 将该命令及参数传递给系统内核执行，并将执行结果反馈给用户。例如，用户在 Shell 提示符下输入“ls -l”，Shell 会以长格式显示当前目录下的文件信息：

```
[root@localhost ~]#ls -l
总计 64
-rw-------    1   root   root  1285    10-12 05:52   anaconda-ks.cfg
drwxr-xr-x    2   root   root  4096    10-16 20:29   Desktop
-rw-r--r--    1   root   root  34318   10-12 05:52   install.log
-rw-r--r--    1   root   root  0       10-12 05:29   install.log.syslog
-rw-r--r--    1   root   root  209     10-11 21:57   scsrun.log
```

对于外部命令来说，用户输入命令后，Shell 会运行这个命令，命令执行结束后，Shell 再次显示提示符，如此反复进行。

总结 Shell 执行外部命令的过程如下：

① 接收用户输入的外部命令；

② 创建新的进程执行这个命令；

③ 等待该命令所在进程结束。

本章要实现的 Shell 就是要循环实现以上过程。

7.4 案例 7：实现简单的 Shell

7.4.1 分析与设计

本书 12.1 节要开发的“Linux 网络传输系统”是一个多进程、多线程的系统。本章主要学习进程及进程控制的基本概念，并通过“实现简单的 Shell”案例来掌握开发多进程程序的技能。

本章实现简单的 Shell——DemoShell 只能解释用户输入的命令（程序），需要具备如下功能：

（1）显示命令提示符“%”；

（2）接收用户输入的外部命令（即独立的可执行程序）并执行，等待该命令执行结束后继续显示命令提示符“%”，准备下一次接收用户输入；

（3）如果输入“exit”或“logout”，则退出 Shell。

DemoShell 流程图如图 7.2 所示。

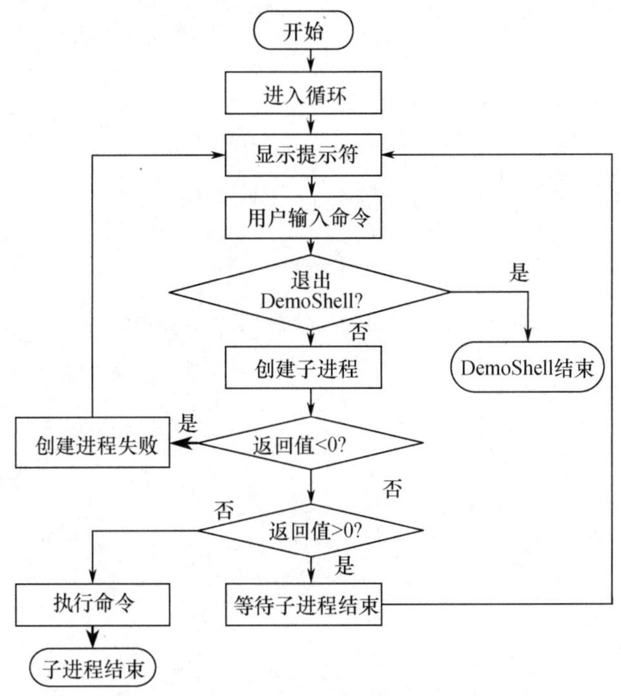

图 7.2　DemoShell 流程图

7.4.2　实施

本案例源代码（Demoshell.c）如下：

```
1.  #include <stdio.h>
2.  #include <stdlib.h>
3.  #include <unistd.h>
4.  #include <sys/wait.h>
5.  #include <sys/stat.h>

6.  #define   MAXLINE    4096
7.  int parse(char *, char * * );
8.  int main(void)
9.  {
10.         pid_t   pid;
11.         char *rt;
12.         char     buf[MAXLINE];
13.         int       status;
14.         char    *args[64];
15.         int       argnum = 0;

16.         while (1)
17.         {
18.              printf("%%");   //print prompt
19.              rt=fgets(buf, MAXLINE, stdin);
20.              if(rt= =NULL)
```

```
21.             {
22.               printf("fgets error\n");
23.               exit(1);
24.         }
25.         if(!strcmp(buf,"\n"))    //deal with enter only
26.         {
27.               printf("%%");    //print prompt
28.               continue;               //end loop this time
29.         }
30.         if (buf[strlen(buf) - 1] = = '\n')
31.         buf[strlen(buf) - 1] = 0;                //replace newline with null

32.         argnum=parse(buf, args);    //analyze user input to get argnum and args

33.         if((strcmp(args[0],"logout")= =0)||(strcmp(args[0],"exit")= =0))//exit shell
34.               exit(0);
35.         else    //execute other command
36.         {
37.               if ((pid = fork()) < 0) //fork
38.               {
39.                     printf("fork error,please reput command\n");
40.                     continue;               //end loop this time
41.               }
42.               else if (pid = = 0)
43.               {//child
44.                     execvp(*args, args);
45.                     printf("couldn't execute: %s\n", buf);
46.                     exit(127);
47.               }
48.               //parent
49.               if ((pid = waitpid(pid, &status, 0)) < 0)
50.                     printf("waitpid error\n");
51.               }
52.         }
53.         exit(0);
54.   }

55.   int parse (char *buf, char **args)
56.   {
57.         int num=0;
58.         while (*buf != '\0')
59.         {
60.               while((* buf = =' ')||(* buf = = '\t'||(*buf = = '\n')))
61.                     *buf++ = '\0';    //该循环是定位到命令中每个字符串的第一个非空字符
62.               *args++ = buf;          //将找到的非空字符串依次赋值给args［i］
63.               ++num;
64.               //正常的字母就往后移动，直至定位到非空字符后面的第一个空格
65.               while ((*buf!='\0')&&(* buf!=' ')&&(* buf!= '\t') && (*buf!= '\n'))
66.
67.               buf ++;
68.         }
69.         *args = '\0';
70.         return num;
71.   }
```

7.4.3 编译与运行

使用如下命令编译该程序：

```
#gcc   Demoshell.c   -o   Demoshell
```

运行命令及可能的运行结果如图 7.3 所示。

```
[root@localhost jiaocai]# ./Demoshell
% ls
12      Demoshell    getids.c    setenvvar.c   vartest.c
a.out   Demoshell.c  setenvvar   vartest
% pwd
/home/jiaocai
% ps
  PID TTY          TIME CMD
13890 pts/0    00:00:00 bash
13999 pts/0    00:00:00 Demoshell
14002 pts/0    00:00:00 ps
% exit
[root@localhost jiaocai]# █
```

图 7.3　程序运行结果

习　题

一、简答题

1．简述 fork 与 vfork 的区别。

2．阅读如下代码段，若 execlp 调用成功的话，“Done!”会打印输出吗？为什么？

```
#include <stdio.h>
int main()
{
    printf("Running  ps  with  execlp\n");
    execlp("ps",  "ps",  "-af",  0);
    printf("Done!\n");
    exit(0);
}
```

3．假设 u1 用户（uid=501，gid=501）登录系统并运行 test 可执行文件，test 文件的长格式信息如下：

```
-rwsr-sr-x   1   root   root   1029   2014-05-11   /home/test
```

请回答 test 进程的实际用户 ID、有效用户 ID、实际组 ID 和有效组 ID 分别是多少。

二、编程题

1．使用 fork 创建进程，在子进程中打印“I am the child”和子进程 PID，在父进程中打印“I am the father”和父进程 PID。

2．创建子进程，在子进程中执行“ps　-A”命令，父进程等待子进程结束后打印“child over”及所处理的子进程 ID。

第8章 线　　程

为了提高计算机的并行处理能力，经常会使用到多进程或多线程技术，而在多进程或多线程并发操作时往往涉及对临界资源的访问，所以同步、互斥的问题就显得尤为重要。本章在讲解多线程基本的编程方法之后，利用所学知识解决典型的“读者—写者”问题，从而加深对线程的理解，更好掌握多线程编程。

8.1 线程概念

线程（thread）技术早在20世纪60年代就被提出，真正的多线程应用于操作系统是在20世纪80年代中期，当时Sun公司推出的Solaris是这方面的佼佼者。线程有时被称为轻量级进程（Light Weight Process，LWP）。进程是资源分配的最小单位，而线程是计算机中独立运行、CPU 调度的最小单元。一个程序包含一个或多个进程，一个进程包含一个或多个线程，因此线程比进程有更高的并发性。进程和线程的关系如图8.1所示。

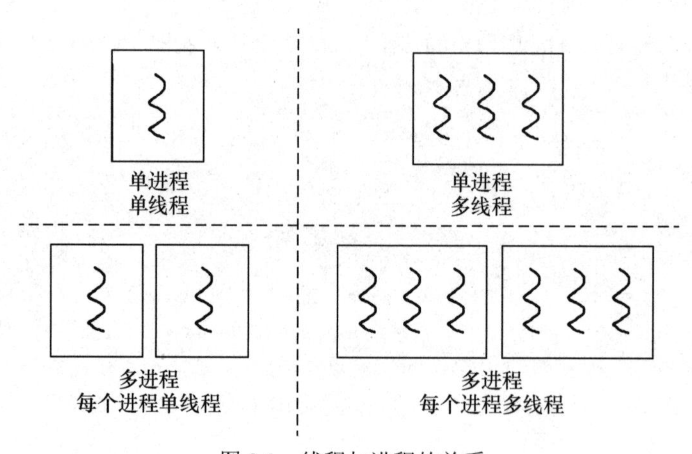

图8.1　线程与进程的关系

线程与进程相比有如下优势：

- 由于线程不占用或占用很少资源，因此创建一个新线程系统开销小；
- 多线程间共享地址空间，线程间的切换效率高；
- 在通信方面，线程间的通信更加方便和省时；
- 可以提高应用程序的响应速度；
- 目前处理器一般是多核结构，多线程可以提高多处理器执行效率；
- 在大程序中，采用多线程程序设计可以改善程序结构。

虽然线程有众多优点，但并不是说多线程就比多进程好，要根据不同情形，选择更加适合的方式。写程序时若有并发需求，在多进程或多线程的选择上，一般遵循以下准则：

- 需要频繁创建或销毁的，尽量选择多线程；
- 需要大量计算的，优先考虑多线程；

- 若编程和调试都相对简单的程序，可以优先考虑多进程；
- 若对可靠性有一定要求，多进程会更加安全可靠，而多线程共享进程的地址空间，对资源进行同步、互斥的访问时易产生错误；
- 并发处理间的相关性比较强的，优先考虑多线程，反之，优先考虑多进程；
- 在都满足需求的情况下，选择自己最熟悉的方式。

其实在实际应用中，更多采用“进程+线程”的结合方式。

近些年来推出的通用操作系统都引入了线程，以便进一步提高系统的并发性，并把它视为现代操作系统的一个重要指标。Linux 系统内核级的线程实现机制符合 POSIX（Portable Operating System Interface of UNIX，可移植的操作系统接口）规范，对于用户级的多线程编程接口也遵循 POSIX 标准，称为 Pthread（POSIX Thread）。Linux 采用 Pthread 线程库实现对线程的访问和控制。

Linux 下编写多线程应用程序需要使用头文件 pthread.h，链接时需要使用库 libpthread.a，所以编译时应给出-lpthread 选项，例如：

```
gcc -o thread thread.c -lpthread
```

8.2 线程基本操作

Linux 系统关于线程的基本操作见表 8.1。

表 8.1 Linux 系统关于线程的基本操作

名称	说　明
pthread_create	创建新线程，见表 8.2
pthread_self	获取线程 ID，见表 8.3
pthread_exit	线程退出，见表 8.4
pthtead_join	线程等待，见表 8.5

表 8.2 线程创建函数 pthread_create

项目	描　述
头文件	#include <pthread.h>
原型	int pthread_create(pthread_t *thread, const pthread_attr_t *attr, void *(*start_routine)(void*), void *arg);
功能	创建新线程
参数	thread：当线程创建成功时，返回新线程 ID attr：线程属性，NULL 表示默认属性 start_routine：线程创建后调用的函数，也称线程函数 arg：传递给线程函数的参数
返回值	成功返回 0，失败返回错误代码

表 8.3 获取线程 ID 函数 pthread_self

项目	描　述
头文件	#include <pthread.h>
原型	pthread_t pthread_self(void);
功能	获取线程 ID
参数	void
返回值	返回线程的 ID

表 8.4　线程退出函数 pthread_exit

项目	描　　述
头文件	#include <pthread.h>
原型	void pthread_exit(void *retval);
功能	线程退出
参数	retval：线程结束时的返回值，由 pthread_join 接收
返回值	无返回值

表 8.5　线程等待函数 pthread_join

项目	描　　述
头文件	#include <pthread.h>
原型	ind pthread_join(pthread_t thread, void **retval);
功能	线程等待
参数	thread：等待线程 ID retval：不为 NULL 时，retval 为被等待线程结束时的返回值
返回值	成功返回 0，失败返回错误代码

调用 pthread_join 函数的线程将被挂起，等待线程 ID 为 thread 的线程结束。

【例 8-1】线程的创建。

编写程序，创建一个新的线程，并输出新线程 ID。

（1）源程序（thread_create.c）

```
//thread_create.c
//线程创建
1.  #include <pthread.h>
2.  #include <stdio.h>
3.  #include <stdlib.h>

4.  void *thread_fun();

5.  int main(int argc, char **argv)
6.  {
7.      int rtn;
8.      pthread_t thread_id;
9.      rtn = pthread_create(&thread_id, NULL, &thread_fun, NULL);
10.     if(rtn != 0)
11.     {
12.         perror("pthread_create error !");
13.         exit(1);
14.     }
15.     sleep(1);
16.     return 0;
17. }
```

```
18.  void *thread_fun()
19.  {
20.      pthread_t new_thid;
21.      new_thid = pthread_self();
22.      printf("This is a new thread, thread ID is %u\n", new_thid);
23.      printf("-----end-----\n");
24.  }
```

（2）编译

```
gcc -o thread_create thread_create.c -lpthread
```

（3）运行

```
./thread_create
```

（4）运行结果

```
[root@localhost ch8]# ./thread_create
This is a new thread, thread ID is 3078552432
-----end-----
```

> 提示　若主线程返回或调用 exit 退出，则整个进程将会终止，进程中的所有线程也将终止。故主线程不能过早从 main 函数退出，因此在 thread_create.c 的 main 函数中使用 sleep，使主线程休眠一段时间，等待新创建的线程结束后再退出。

主线程调用线程退出函数 pthread_exit 仅仅使主线程消亡，进程不会结束，进程中的线程也不会终止，直到所有线程结束，进程才终止。

【例 8-2】线程的退出。

编写程序，演示线程退出。

（1）源程序（thread_exit.c）

```
//thread_exit.c
//线程退出
1.  #include <pthread.h>
2.  #include <stdio.h>
3.  #include <stdlib.h>

4.  void *thread_fun(void *ptr);

5.  int main(int argc, char **argv)
6.  {
7.      int rtn;
8.      pthread_t thread_id;
9.      char *message = "new_thread";
10.     rtn = pthread_create(&thread_id, NULL, &thread_fun, (void*)message);
11.     if(rtn != 0)
12.     {
13.         perror("pthread_create error !");
14.         exit(1);
15.     }
16.     pthread_exit(0);
17. }

18. void *thread_fun(void *ptr)
19. {
20.     pthread_t new_thid;
```

```
21.        char *message;
22.        message = (char*)ptr;
23.        new_thid = pthread_self();
24.        printf("This is a new thread, thread ID is %u, message: %s\n", new_thid, message);
25.        sleep(2);
26.        printf("-----end-----\n");
27.    }
```

（2）编译

```
gcc  –o thread_exit thread_exit.c -lpthread
```

（3）运行

```
./thread_exit
```

（4）运行结果

```
[root@localhost ch8]# ./thread_create
This is a new thread, thread ID is 3079187312, message: new_thread
-----end-----
```

【例 8-3】等待线程结束。

编写程序，创建两个线程，主线程通过线程等待函数 pthread_join 等待两个线程结束。

（1）源程序（thread_join.c）

```
//thread_join.c
//线程等待
1.  #include <pthread.h>
2.  #include <stdio.h>
3.  #include <stdlib.h>

4.  void *thread_fun(void *ptr);

5.  int main(int argc, char **argv)
6.  {
7.        int rtn1, rtn2;
8.        pthread_t thread_id1;
9.        pthread_t thread_id2;
10.       char *message1 = "new_thread1";
11.       char *message2 = "new_thread2";
12.       rtn1 = pthread_create(&thread_id1, NULL, &thread_fun, (void*)message1);
13.       if(rtn1 != 0)
14.       {
15.           perror("pthread_create error !");
16.           exit(1);
17.       }
18.       rtn2 = pthread_create(&thread_id2, NULL, (void*)thread_fun, (void*)message2);
19.       if(rtn2 != 0)
20.       {
21.           perror("pthread_create error !");
22.           exit(1);
23.       }
24.       pthread_join(thread_id1, NULL);
25.       pthread_join(thread_id2, NULL);
26.       printf("thread1 return %d\n", rtn1);
27.       printf("thread2 return %d\n", rtn2);
28.       return 0;
29.  }
```

```
30.  void *thread_fun(void *ptr)
31.  {
32.      pthread_t new_thid;
33.      char *message;
34.      message = (char*)ptr;
35.      new_thid = pthread_self();
36.      printf("This is a new thread, thread ID is %u, message: %s\n", new_thid, message);
37.      sleep(2);
38.      printf("-----end-----\n");
39.  }
```

（2）编译

```
gcc  –o thread_join thread_join.c -lpthread
```

（3）运行

```
./thread_join
```

（4）运行结果

```
[root@localhost ch8]# ./thread_join
This is a new thread, thread ID is 3068332912, message: new_thread2
This is a new thread, thread ID is 3078822768, message: new_thread1
-----end-----
-----end-----
thread1 return 0
thread2 return 0
```

虽然在新创建的线程中调用 sleep 使其休眠一段时间，但在主线程中调用了函数 pthread_join 来等待新线程结束，所以主线程并不会过早退出。两个新线程全部结束后，主线程才继续运行。

8.3　线程间通信

线程间共享进程的地址空间，因此线程间通信的难点在于对共享资源访问时的同步和互斥。线程等待函数 pthread_join 使线程挂起，等待另一线程结束后再运行，可以解决简单的线程同步。除此之外，Linux 系统还提供了多种方式处理线程间的同步、互斥问题，其中比较常用的有互斥锁、条件变量、信号量和读写锁等。

互斥锁的相关操作主要有互斥锁的初始化、销毁、加锁和解锁等，相关函数见表 8.6。

表 8.6　互斥锁的相关函数

名称	说　明
pthread_mutex_init	初始化互斥锁，见表 8.7
pthread_mutex_destroy	销毁互斥锁，见表 8.8
pthtead_mutex_lock	对互斥锁加锁，见表 8.9
pthread_mutex_unlock	对互斥锁解锁，见表 8.10
pthread_mutex_trylock	尝试加锁，若不成功（已经上锁），则立刻返回，见表 8.11

表 8.7　创建互斥锁函数 pthread_mutex_init

项目	描　述
头文件	#include <pthread.h>
原型	int pthread_mutex_init(pthread_mutex_t *restrict mutex, const pthread_mutexattr_t *restrict attr);

续表

项目	描　述
功能	初始化互斥锁
参数	mutex：互斥锁 attr：互斥锁属性，NULL 表示默认属性
返回值	成功返回 0，失败返回错误代码

注意：互斥锁使用前应先初始化，可以使用上述函数 pthread_mutex_init 动态初始化，也可以静态初始化：

```
pthread_mutex_t mutex = PTHREAD_MUTEX_INITIALIZER;
```

初始化后就可以使用加锁、解锁函数。

表 8.8　互斥锁销毁函数 pthread_mutex_destroy

项目	描　述
头文件	#include <pthread.h>
原型	int pthread_mutex_destroy(pthread_mutex_t *mutex);
功能	注销互斥锁
参数	mutex：互斥锁
返回值	成功返回 0，失败返回错误代码

表 8.9　互斥锁加锁函数 pthread_mutex_lock

项目	描　述
头文件	#include <pthread.h>
原型	int pthread_mutex_lock(pthread_mutex_t *mutex);
功能	对互斥锁加锁
参数	mutex：互斥锁
返回值	成功返回 0，失败返回错误代码

表 8.10　互斥锁解锁函数 pthread_mutex_unlock

项目	描　述
头文件	#include <pthread.h>
原型	int pthread_mutex_unlock(pthread_mutex_t *mutex);
功能	对互斥锁解锁
参数	mutex：互斥锁
返回值	成功返回 0，失败返回错误代码

表 8.11　互斥锁尝试加锁函数 pthread_mutex_trylock

项目	描　述
头文件	#include <pthread.h>
原型	int pthread_mutex_trylock(pthread_mutex_t *mutex);
功能	尝试对互斥锁加锁，若失败则立刻返回
参数	mutex：互斥锁
返回值	成功返回 0，失败返回错误代码

【例 8-4】利用互斥锁实现多线程对临界资源的同步、互斥问题。

编写程序，假设有一个全局变量 count 为临界资源，创建两个线程对 count 修改并输出结果。

（1）源程序（thread_mutex.c）

```
//thread_mutex.c
//用互斥锁实现多线程的同步、互斥
1.  #include <pthread.h>
2.  #include <stdio.h>
3.  #include <stdlib.h>
4.  pthread_mutex_t mutex = PTHREAD_MUTEX_INITIALIZER;
5.  int count = 0;

6.  void *thread_fun();

7.  int main(int argc, char **argv)
8.  {
9.      int rtn1, rtn2;
10.     pthread_t thread_id1;
11.     pthread_t thread_id2;
12.     rtn1 = pthread_create(&thread_id1, NULL, &thread_fun, NULL);
13.     rtn2 = pthread_create(&thread_id2, NULL, &thread_fun, NULL);
14.     pthread_join(thread_id1, NULL);
15.     pthread_join(thread_id2, NULL);
16.     pthread_exit(0);
17. }

18. void *thread_fun()
19. {
20.     pthread_mutex_lock(&mutex);
21.     count++;
22.     sleep(1);
23.     printf("count = %d\n", count);
24.     pthread_mutex_unlock(&mutex);
25. }
```

（2）编译

```
gcc –o thread_mutex thread_mutex.c -lpthread
```

（3）运行

```
./thread_mutex
```

（4）运行结果

```
[root@localhost ch8]# ./thread_mutex
count = 1
-----end------
count = 2
-----end------
```

此例中有两个线程并发执行 thread_fun 函数，在该函数中对共享的全局变量 count 进行互斥访问。线程在对 count 做自增操作前，先用 pthread_mutex_lock 函数加锁，这样若有线程正在执行 count 加法时，另一个线程也进入 thread_fun 函数并试图对 mutex 加锁，这时会发现互斥锁 mutex 已经被前一个线程锁住，该线程就会发生阻塞。直到前一个线程对 count 做完加法操作后，使用 pthread_mutex_unlock 函数对 mutex 解锁，才会被唤醒，从而继续访问 count。以此实现了对临界资源 count 的同步、互斥效果。

除了互斥锁可以实现线程间同步、互斥，Linux 系统也提供了条件变量、信号量、读写锁等，也是实现多线程同步、互斥的方法。在此下面只做简单介绍。

条件变量是利用线程间共享的全局变量进行同步的一种机制。Linux 系统提供的关于条件变量的函数见表 8.12。

表 8.12　条件变量的相关函数

名称	说　明
pthread_cond_init	初始化条件变量
pthread_cond_destroy	销毁条件变量
pthread_cond_signal	触发条件变量
pthread_cond_broadcast	广播条件变量
pthread_cond_wait	无条件等待
pthread_cond_timedwait	计时等待

条件变量类似于 if 语句，符合条件就能执行某段代码，若不符合条件，就等待条件的成立，以此来实现同步和互斥。

Linux 同时也实现了将 POSIX 的无名信号量来用于线程间的同步和互斥。关于无名信号量的主要函数见表 8.13。

表 8.13　无名信号量的相关函数

名称	说　明
sem_init	创建并初始化信号量
sem_wait	相当于 P 操作
sem_post	相当于 V 操作
sem_getvalue	得到信号量的值
sem_destory	销毁信号量

无名信号量类似于进程间通信（IPC）中的信号量 semaphore，利用 PV 操作实现线程的同步、互斥。

读写锁也称“共享—排他”锁，读写锁有 3 种状态，因此相对于互斥锁有更高的并发性，比较适合读者比写者频繁的情形。

用法：当读写锁是写加锁状态时，所有试图对读写锁加锁的线程都将被挂起；当读写锁是读加锁状态时，所有以读模式对它加锁的线程能够被允许访问，但如果线程试图以写模式对它加锁，则将会被挂起。

同样地，读写锁在使用之前也应先初始化。关于读写锁的相关函数见表 8.14。

表 8.14　读写锁的相关函数

名称	说　明
pthread_rwlock_init	初始化读写锁
pthread_rwlock_destory	销毁读写锁
pthread_rwlock_rdlock	对读写锁加读锁
pthread_rwlock_wrlock	对读写锁加写锁

续表

名称	说　明
pthread_rwlock_tryrdlock	尝试加读锁，若不成功，立刻返回
pthread_rwlock_trywrlock	尝试加写锁，若不成功，立刻返回
pthread_rwlock_unlock	对读写锁解锁

8.4　案例 8：线程实例

8.4.1　分析与设计

“读者—写者”问题描述：有 100 个读线程（reader）和 100 个写线程（writer）共同读、写文件。要求：

（1）允许多个 reader 同时读一个文件；

（2）当有一个 reader 在读文件时，不允许 writer 写文件；

（3）当有一个 writer 在写文件时，不允许 reader 读文件，也不允许其他 writer 写文件。

可以用读写锁解决“读者—写者”问题。在此对文件的读、写采用标准的输入和输出进行模拟，读、写文件锁用的时间开销通过让线程 sleep 一个随机的时间（0～1s）来实现，程序运行后首先创建 100 个读线程和 100 个写线程。

程序流程图如图 8.2 所示。

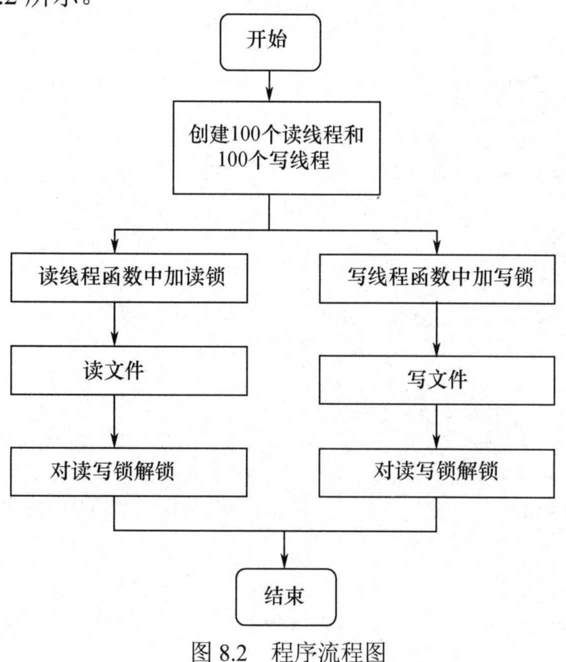

图 8.2　程序流程图

8.4.2　实施

（1）源代码（thread_rdwr.c）

```
//thread_rdwr.c
//"读者—写者"问题
1.    #include <stdio.h>
```

```
2.    #include <stdlib.h>
3.    #include <pthread.h>
4.    #include <time.h>
5.    #define NUM 100

6.    void ReadFile(int id);
7.    void WriteFile(int id);
8.    void RandomSleep();
9.    void *Reader(void *id);
10.   void *Writer(void *id);

11.   int ReaderNum=0, WriterNum=0;
12.   pthread_rwlock_t rwlock;

13.   int main()
14.   {
15.       int id[NUM];
16.       int i;
17.       pthread_t readthread[NUM], writethread[NUM];
18.       pthread_rwlock_init(&rwlock, NULL);
19.       srand(time(NULL));
20.       for(i=0; i<NUM; i++)
21.       {
22.           id[i] = i;
23.           pthread_create(&readthread[i], NULL, Reader, (void *)&id[i]);
24.           pthread_create(&writethread[i], NULL, Writer, (void *)&id[i]);
25.       }
26.       for(i=0; i<NUM; i++)
27.       {
28.           pthread_join(readthread[i], NULL);
29.           pthread_join(writethread[i], NULL);
30.       }
31.       pthread_exit(0);
32.   }

33.   void *Reader(void *id)
34.   {
35.       RandomSleep();
36.       pthread_rwlock_rdlock(&rwlock);
37.       ReaderNum++;
38.       ReadFile(*((int *)id));
39.       ReaderNum--;
40.       pthread_rwlock_unlock(&rwlock);
41.   }

42.   void *Writer(void *id)
43.   {
44.       RandomSleep();
45.       pthread_rwlock_wrlock(&rwlock);
46.       WriterNum++;
47.       WriteFile(*((int *)id));
48.       WriterNum--;
49.       pthread_rwlock_unlock(&rwlock);
50.   }
```

```
51.  void RandomSleep()
52.  {
53.      struct timespec tv;
54.      tv.tv_sec = 0;
55.      tv.tv_nsec = (long)(rand()*1.0/RAND_MAX * 999999999);
56.      nanosleep(&tv, NULL);
57.  }

58.  void ReadFile(int id)
59.  {
a)       printf("Reader ID: %d; Reader Num: %d; Writer Num %d\n", id, ReaderNum, WriterNum);
b)       RandomSleep();
60.  }

61.  void WriteFile(int id)
62.  {
63.      printf("Writer ID: %d; Reader Num: %d; Writer Num %d\n", id, ReaderNum, WriterNum);
64.      RandomSleep();
65.  }
```

8.4.3 编译与运行

（1）编译

```
gcc  -o  thread_rdwr   thread_rdwr.c  -lpthread
```

（2）运行命令

```
./thread_rdwr
```

（3）运行结果

结果演示（部分结果，仅供参考）如图 8.3 所示。

```
Reader ID: 9; Reader Num: 1; Writer Num 0
Reader ID: 18; Reader Num: 2; Writer Num 0
Reader ID: 80; Reader Num: 3; Writer Num 0
Reader ID: 7; Reader Num: 4; Writer Num 0
Reader ID: 20; Reader Num: 5; Writer Num 0
Reader ID: 64; Reader Num: 6; Writer Num 0
Reader ID: 0; Reader Num: 7; Writer Num 0
Reader ID: 56; Reader Num: 8; Writer Num 0
Reader ID: 84; Reader Num: 9; Writer Num 0
Reader ID: 66; Reader Num: 10; Writer Num 0
Reader ID: 91; Reader Num: 11; Writer Num 0
Reader ID: 31; Reader Num: 12; Writer Num 0
Reader ID: 47; Reader Num: 13; Writer Num 0
Reader ID: 85; Reader Num: 14; Writer Num 0
Reader ID: 49; Reader Num: 14; Writer Num 0
Reader ID: 14; Reader Num: 15; Writer Num 0
                  ......
Writer ID: 41; Reader Num: 0; Writer Num 1
Writer ID: 22; Reader Num: 0; Writer Num 1
Writer ID: 62; Reader Num: 0; Writer Num 1
Writer ID: 39; Reader Num: 0; Writer Num 1
Writer ID: 51; Reader Num: 0; Writer Num 1
Writer ID: 72; Reader Num: 0; Writer Num 1
Writer ID: 13; Reader Num: 0; Writer Num 1
Writer ID: 76; Reader Num: 0; Writer Num 1
Writer ID: 35; Reader Num: 0; Writer Num 1
Writer ID: 57; Reader Num: 0; Writer Num 1
Writer ID: 85; Reader Num: 0; Writer Num 1
Writer ID: 73; Reader Num:_0; Writer Num 1
```

图 8.3　运行结果

上述代码功能相对简单，采用模拟文件访问的方式实现多线程同步、互斥，尚有许多不足之处，也可尝试用其他方式，如 mutex 来实现该问题。

在多线程编程中，线程间共享进程的地址空间，所以进程的全局变量为所有线程可见。但有时候并不希望多线程共享同一全局变量：如用来返回错误代码的变量 errno，多个线程都要访问该变量，若 errno 作为全局变量，有可能线程 1 返回的是线程 2 的错误代码。线程的私有数据（Thread-Specific Data，TSD）可以解决该问题。在线程内部，线程的私有数据可以被该线程访问，但对其他线程是不可见的。

线程的私有数据采用"一键多值"技术：首先用 pthread_key_create 函数创建一个键值（key），这个键值的功能是获得对线程私有数据的访问权；然后各线程就可以使用函数 pthread_setspecific，根据自己的需要在该键上输入不同的值，相当于同名而不同值的全局变量，即所谓的"一键多值"；接下来线程可通过调用 pthread_getspecific 函数得到与键值（key）相关联的数据；最后，若不再需要，可调用 pthread_key_delete 函数删除该键值。线程私有数据的相关函数见表 8.15。

表 8.15　线程私有数据的相关函数

名称	说　　明
pthread_key_create	创建键值
pthread_setspecific	设置线程的私有数据
pthread_getspecific	得到线程的私有数据
pthread_key_delete	删除键值

【知识验证】线程私有数据编程实例。

（1）源程序（thread_tsd.c）

```
hread_tsd.c
//线程私有数据编程实例
1.  #include<stdio.h>
2.  #include<string.h>
3.  #include<pthread.h>

4.  pthread_key_t key;

5.  void *thread2_fun(void *arg)
6.  {
7.      int tsd=5;
8.      printf("thread2 is running, thread2's id is:%u\n", pthread_self());
9.      pthread_setspecific(key, (void*)tsd);
10.     printf("thread2 returns %d\n", pthread_getspecific(key));
11. }

12. void *thread1_fun(void *arg)
13. {
14.     int tsd = 10;
15.     pthread_t thread2;
16.     printf("thread1 is running, thread1's id is:%u\n",pthread_self());
17.     pthread_setspecific(key, (void*)tsd);
18.     pthread_create(&thread2, NULL, &thread2_fun, NULL);
19.     sleep(3);
20.     printf("thread1 returns %d\n", pthread_getspecific(key));
```

```
21.  }

22.  int main()
23.  {
24.      pthread_t thread1;
25.      printf("beginning.....\n");
26.      pthread_key_create(&key, NULL);
27.      pthread_create(&thread1, NULL, &thread1_fun, NULL);
28.      sleep(5);
29.      pthread_key_delete(key);
30.      printf("--------end--------\n");
31.      pthread_exit(0);
32.  }
```

（2）编译

```
gcc  －o thread_tsd thread_tsd.c -lpthread
```

（3）运行

```
./thread_tsd
```

（4）运行结果

```
[root@localhost ch8]# ./thread_tsd
beginning.....
thread1 is running, thread1's id is:3078490992
thread2 is running, thread2's id is:3068001136
thread2 returns 5
thread1 returns 10
--------end--------
```

首先用 pthread_key_t 定义一个全局变量 key，在主函数中，调用 pthread_key_create 创建键值，接下来在新创建的线程 thread1 和 thread2 中分别设置该键值所对应的私有数据。根据结果，可以看出两个线程的私有数据互不相干。

线程操作是 Linux 编程的重点和难点之一，在案例练习基础之上，掌握了本章所介绍的知识点之后，更多内容还需要在今后不断学习。

习　题

1．编程：由用户键盘输入次数 n 和字符串 str，要求在新线程中显示 n 次 str 字符串。

2．试写出下列程序段的运行结果，并解释原因。

```
int x=0,int y=0;
void thread1(void)
{
      printf("This is pthread1.the sentense 1\n");
      y=7;
      sleep(1);
     printf("This is pthread1.the sentense 2\n");
      x=x+y;
}
void thread2(void)
{
      printf("This is pthread2.the sentense 1\n");
      x=4;
      sleep(1);
      printf("This is pthread2.the sentense 2\n");
```

```
        y=8+y;
}
int main(void)
{
        pthread_t id1,id2;
        pthread_create(&id1,NULL,(void *) thread1,NULL);
        pthread_create(&id2,NULL,(void *) thread2,NULL);
        pthread_join(id1,NULL);
        pthread_join(id2,NULL);
        printf("x=%d, y=%d\n",x,y);
}
```

第 9 章　信号与管道

本章介绍 Linux 系统中两种传统的进程间的通信方式：信号和管道。信号是一种比较简单的进程间通信方式，但是十分重要。本章首先介绍信号的基本概念，然后着重介绍信号如何产生、进程如何响应信号、信号集的概念和相应的操作；管道是一种很常用的进程间通信方式，这部分重点介绍如何在进程中创建有名管道和无名管道，以及利用这两种管道进行进程间通信。

9.1　信　　号

9.1.1　信号的概念

在 Linux 系统中，信号是一个 32 位整型值，代表一个简单信息。Linux 中定义了几十种信号，不同内核版本会稍有差别。为了便于记忆，每个信号都有一个以 SIG 开头的名字，实际上是系统定义的宏，如 SIGINT 代表中断信号，它的值为 2。最小的信号值为 1。

在命令行可以使用命令“kill　-l”查看当前系统所支持的所有信号，也可以使用“man 7 signal”命令查看信号的详细信息。

使用“kill　-l”命令显示的信号列表如下：

```
 1) SIGHUP        2) SIGINT        3) SIGQUIT       4) SIGILL
 5) SIGTRAP       6) SIGABRT       7) SIGBUS        8) SIGFPE
 9) SIGKILL      10) SIGUSR1      11) SIGSEGV      12) SIGUSR2
13) SIGPIPE      14) SIGALRM      15) SIGTERM      16) SIGSTKFLT
17) SIGCHLD      18) SIGCONT      19) SIGSTOP      20) SIGTSTP
21) SIGTTIN      22) SIGTTOU      23) SIGURG       24) SIGXCPU
25) SIGXFSZ      26) SIGVTALRM    27) SIGPROF      28) SIGWINCH
29) SIGIO        30) SIGPWR       31) SIGSYS       34) SIGRTMIN
35) SIGRTMIN+1   36) SIGRTMIN+2   37) SIGRTMIN+3   38) SIGRTMIN+4
39) SIGRTMIN+5   40) SIGRTMIN+6   41) SIGRTMIN+7   42) SIGRTMIN+8
43) SIGRTMIN+9   44) SIGRTMIN+10  45) SIGRTMIN+11  46) SIGRTMIN+12
47) SIGRTMIN+13  48) SIGRTMIN+14  49) SIGRTMIN+15  50) SIGRTMAX-14
51) SIGRTMAX-13  52) SIGRTMAX-12  53) SIGRTMAX-11  54) SIGRTMAX-10
55) SIGRTMAX-9   56) SIGRTMAX-8   57) SIGRTMAX-7   58) SIGRTMAX-6
59) SIGRTMAX-5   60) SIGRTMAX-4   61) SIGRTMAX-3   62) SIGRTMAX-2
63) SIGRTMAX-1   64) SIGRTMAX
```

列表中，SIGRTMIN 前面的信号为传统 UNIX 支持的信号，是不可靠信号（非实时的）；SIGRTMIN 到 SIGRTMAX 的信号是后来扩充的，称为可靠信号（实时信号）。不可靠信号和可靠信号的区别在于前者不支持排队，可能会造成信号丢失，而后者不会。

9.1.2　信号的产生

信号由内核产生，有 3 种方式可以使得内核产生信号。

（1）用户操作。按组合键 Ctrl+C，最终使得内核产生信号 SIGINT。

（2）进程执行出错。如浮点数溢出，内核也会产生信号。

（3）进程执行某个系统调用或函数。如调用 kill 系统调用向某个进程或进程组发送信号，又或者调用 raise 函数或 alarm 系统调用可以给进程自身发送信号。

内核产生信号后，要把它传递给某个或某些进程。信号的传递可分为两个不同的阶段。

（1）生成（generating）。内核要更新目标进程的数据结构，表示一个新的信号已经被发送给此进程。此时，进程并没有对信号做出任何响应。

（2）传递（delivery）。强迫目标进程对信号做出响应。

信号生成后到传递前的那段时间，信号处于未决（pending）状态。未决状态信号的产生主要是因为进程对信号的阻塞造成的。

信号可以被阻塞。如果为进程产生了一个信号，这个信号已经被进程设置为阻塞，并且对该信号的动作是系统默认动作或捕捉该信号，则这个信号将一直处于未决（pending）状态，直到进程对此信号解除了阻塞，或者将对此信号的动作更改为忽略。

以下分别介绍可以产生信号的系统调用 kill、alarm 和 raise、abort 函数。

1．kill 系统调用

kill 系统调用（见表 9.1）允许进程将信号发送给某个进程（可以是进程自己）或进程组，而 raise 函数只能给进程自己发送信号。

表 9.1　系统调用 kill

项目	描　述
头文件	#include <sys/types.h> #include <signal.h>
原型	int kill(pid_t pid, int sig);
功能	发送信号
参数	pid：接收进程的 pid sig：要发送的信号
返回值	成功时返回 0；失败时返回-1 并置错误码

kill 中的第一个参数 pid 为发送信号的对象，第二个参数为所发送的信号。

pid 的 4 种可能取值及意义如下。

（1）pid > 0。将信号 sig 发送给进程 ID 等于 pid 的那个进程。

（2）pid = = 0。将信号 sig 发送给调用进程同组的进程，包括进程自己。

（3）pid = = −1。当进程拥有发送信号的权限时，把信号 sig 发送给除 init 进程之外的所有进程。有发送信号的权限是指：进程拥有 CAP_KILL 的能力；或发送信号的进程的真实用户 ID 或有效用户 ID 等于目标进程的真实用户 ID 或有效用户 ID。

（4）pid < −1。将信号 sig 发送给进程组号为 pid 绝对值的进程。

【例 9-1】调用 kill 向进程发送信号。

程序 killtest.c 调用 signal 设置 SIGUSR1 的处理函数为 sig_handler。main 函数创建子进程，子进程调用 kill 向其父进程发送 SIGUSR1 信号。父进程接收到 SIGUSR1 信号后，执行信号处理函数 sig_handler。

（1）源程序（killtest.c）

```
//子进程向父进程发送信号
1.  #include<stdio.h>
2.  #include<stdlib.h>
```

```
3.  #include<signal.h>
4.  #include<unistd.h>
5.  #include<sys/types.h>
6.  void sig_handler(int sig)
7.  {
8.     printf("begin signal handler......\n");
9.     switch(sig)
10.    {
11.    case SIGUSR1:
12.            printf("SIGUSR1 is caught\n");
13.            break;
14.    default:
15.            printf("other signal is caught\n");
16.    }
17. }
18. int main(void)
19. {
20.    pid_t pid;
21.    if(signal(SIGUSR1, sig_handler) = = SIG_ERR)
22.    {
23.            printf("signal(SIGUSR1) error\n");
24.            exit(1);
25.    }
26.    pid = fork();
27.    if(pid = = 0)
28.    {
29.            if(kill(getppid(),SIGUSR1) = = -1)
30.            {
31.                    printf("kill() failed\n");
32.                    exit(2);
33.            }
34.            }else if(pid > 0)
35.            {
36.                    wait(NULL);
37.            }
38.    return 0;
39. }
```

（2）编译

```
# gcc   -o   killtest   killtest.c
```

（3）运行

```
# ./killtest
```

（4）运行结果

```
begin signal handler......
SIGUSR1 caught
```

前面提到了，最小的信号值为 1。但是 POSIX 定义了一个值为 0 的信号，称为空信号。如果 sig 为 0，则 kill 不会发送信号，但是会进行错误检查。通常执行 kill(pid,0)来检查进程 pid 是否仍然存在。

【例 9-2】0 值信号的特殊用法。

（1）源程序（kill0.c）

```
1.  //判断子进程是否存在
2.  #include<stdio.h>
```

```
3.  #include<stdlib.h>
4.  #include<unistd.h>
5.  #include<sys/types.h>
6.  #include<signal.h>
7.  #include<errno.h>
8.  int main(void)
9.  {
10.     pid_t pid;
11.     int rtn;
12.     pid = fork();
13.     if(pid = = 0)
14.     {
15.         exit(1);
16.     }else if(pid > 0)
17.     {
18.         wait(NULL);
19.         rtn = kill(pid,0);
20.         if(rtn = = -1)
21.         {
22.             if(errno = = ESRCH)
23.             {
24.                 printf("process does not exit\n");
25.             }
26.         }
27.     }
28.     return 0;
29. }
```

（2）编译

```
# gcc -o kill0 kill0.c
```

（3）运行

```
# ./kill0
```

（4）运行结果

```
process does not exit
```

2. raise 函数

raise 函数用来向进程本身发送信号，见表 9.2。

表 9.2 函数 raise

项目	描述
头文件	#include <signal.h>
原型	int raise(int sig);
功能	给当前进程发送信号
参数	sig：要发送的信号
返回值	成功时返回 0；失败时返回非 0 值

【例 9-3】进程向自己发送信号。

程序 raise.c 演示了 raise 向进程自己发送信号。

（1）源程序（raise.c）

```
1.  #include<stdio.h>
2.  #include<stdlib.h>
```

```
3.      #include<signal.h>
4.      #include<unistd.h>
5.      #include<sys/types.h>
6.      void sig_handler(int sig)
7.      {
8.              printf("begin signal handler......\n");
9.              switch(sig)
10.             {
11.             case SIGUSR1:
12.                     printf("SIGUSR1 is caught\n");
13.                     break;
14.             default:
15.                     printf("other signal is caught\n");
16.             }
17.     }
18.     int main(void)
19.     {
20.             pid_t pid;
21.             if(signal(SIGUSR1, sig_handler) = = SIG_ERR)
22.             {
23.                     printf("signal(SIGUSR1) error\n");
24.                     exit(1);
25.     }
26.     raise(SIGUSR1);
27.     return 0;
28.     }
```

（2）编译

```
# gcc   -o   raise   raise.c
```

（3）运行

```
# ./raise
```

（4）运行结果

```
begin signal handler......
SIGUSR1 caught
```

3．alarm 系统调用

系统调用 alarm 设置一个时间值（见表 9.3）。当所经过的时间超过所设置的秒数值，内核产生并向此进程发送 SIGALRM 信号。SIGALRM 的默认动作为终止当前进程。

表 9.3　系统调用 alarm

项目	描　　述
头文件	#include <unistd.h>
原型	unsigned int alarm(unsigned int seconds);
功能	设置一个定时器
参数	seconds：定时器的时间
返回值	返回上一个定时器剩余时间；如果没有其他定时器则返回 0

每个进程只拥有一个闹钟时间。如果在调用 alarm 之前已经设置了闹钟且还没有超时，则此次 alarm 调用返回上次所设时间的剩余值，并重新设置闹钟时间。

4．abort 函数

abort 函数的功能是使进程异常终止，见表 9.4。

表 9.4　函数 abort

项目	描　述
头文件	#include <stdlib.h>
原型	void abort(void);
功能	使进程异常终止
参数	无
返回值	无

调用 abort 函数使内核向调用进程发送 SIGABRT 信号并使进程异常终止，进程可以捕捉此信号。捕捉 SIGABRT 信号的目的是在进程异常结束前完成清除操作。

【例 9-4】 SIGABRT 信号终止进程。

程序 aborttest.c 演示了调用 abort 产生 SIGABRT 信号，SIGABRT 使得进程异常退出。

（1）源程序（aborttest.c）

```
#include <stdio.h>
#include <stdlib.h>
#include <sys/types.h>
#include <signal.h>

void sig_handler(int sig)
{
    switch(sig){
        case SIGABRT:
            printf("signal SIGABRT is caught\n");
            break;
        default:
            printf("other signal is caught\n");
    }
}

int main()
{
    signal(SIGABRT,sig_handler);
    abort();
    printf("after abort()\n");
    return 0;
}
```

（2）编译

```
# gcc  -o  aborttest  aborttest.c
```

（3）运行

```
# ./aborttest
```

（4）运行结果

程序首先设置信号处理函数，然后调用 abort。abort 使得内核向进程传递信号 SIGABRT，因此，进程执行信号处理函数。由于 abort 使程序异常退出，因此程序不会执行 abort 后面的语句：

```
signal SIGABRT is caught
已放弃
```

9.1.3 信号的响应方式

进程接收到信号后，可以采取以下 3 种方式之一：

（1）忽略信号；

（2）执行系统默认动作；

（3）捕捉信号。

Linux 系统中的两个信号 SIGKILL 和 SIGSTOP 不能被忽略和捕捉。因为超级用户可以通过发送这两个信号终止或停止某个（某些）进程。如果进程不做任何设置，则在接收到信号后，执行系统的默认动作。每个信号都有对应的默认动作。例如，信号 SIGINT 的默认动作为终止进程；SIGCHLD 信号的默认动作是忽略，即当子进程结束后向父进程发送 SIGCHLD，如果父进程不捕捉 SIGCHLD，则忽略 SIGCHLD。捕捉信号是指当进程接收到某一信号后（除 SIGKILL 和 SIGSTOP）执行进程中的信号处理函数。

```
# ping   127.0.0.1
# ^C   //按组合键 Ctrl+C，终止进程
```

早期 UNIX 系统中，信号是不可靠的。不可靠的意思是信号产生了，但是进程却不知道。Linux 支持 POSIX 定义的可靠信号和实时（real-time）信号。所谓的实时信号是指，如果在进程解除对某个信号的阻塞之前，这种信号发生了多次，则多次传递该信号，称这些信号排了队。可靠信号不支持排队，而实时信号是支持排队的信号。

Linux 系统提供 signal 系统调用允许进程设置信号的响应方式，见表 9.5。

表 9.5　系统调用 signal

项目	描　述
头文件	#include <signal.h>
原型	sighandler_t signal(int signum, sighandler_t handler);
功能	设置信号的响应方式
参数	signum：信号值 handler：信号指定的响应方式（执行操作或处理函数）
返回值	返回前一个 sighandler_t 的值，出错返回 SIG_ERR

Linux 定义了 3 个宏：SIG_ERR，SIG_DFL，SIG_IGN。SIG_ERR 用于 signal 返回，表示出错；SIG_DFL 表示系统默认动作；SIG_IGN 表示忽略信号。

【例 9-5】进程对 SIGINT 的默认响应方式是终止进程。

程序 signaltest1.c 是一个很简单的程序。如果不终止进程，则进程会一直运行下去，每隔 1s 向显示器输出一个整数。在程序运行过程中按组合键 Ctrl+C，向进程发送 SIGINT 信号，结果是进程被终止。

（1）源程序（signaltest1.c）

```
1.   #include <stdio.h>
2.   int main()
3.   {
4.        int second = 0;
5.        while(1)
6.        {
7.            printf("%d\n", second ++);
8.            sleep(1);
```

```
9.          }
10.         return 0;
11.     }
```

（2）编译

```
# gcc  -o  signaltest1  signaltest1.c
```

（3）运行

```
# ./signaltest1
```

（4）运行结果

在运行过程中按组合键 Ctrl+C 向进程发送中断信号，进程将终止运行。

```
0
1
2
//此时按下了 Ctrl+C，中断了进程执行
```

【例 9-6】通过 signal 调用改变 SIGINT 的响应方式。

程序 signaltest2.c 演示了如何注册信号处理函数，以及如何定义信号处理函数。

（1）源程序（signaltest2.c）

```
1.  #include <stdio.h>
2.  #include <unistd.h>
3.  #include <sys/types.h>
4.  #include <signal.h>

5.  void sig_handler(int sig)
6.  {
7.      switch(sig)
8.      {
9.      case SIGINT:
10.         printf("signal SIGINT is caught\n");
11.         break;
12.      default:
13.          printf("other signal is caught\n");
14.     }
15.  }
16.  int main()
17.  {
18.      int second = 0;
19.      if(signal(SIGINT,sig_handler) != SIG_ERR)
20.      {
21.          while(1)
22.          {
23.              printf("%d\n", second ++);
24.              sleep(1);
25.           }
26.     }
27.     return 0;
28.     }
```

（2）编译

```
# gcc  -o  signaltest2  signaltest2.c
```

（3）运行

```
# ./signaltest2
```

（4）运行结果

```
0
1
2
signal SIGINT catched
3
4
signal SIGINT catched
5
……
```

程序 signaltest2.c 调用 signal 捕捉 SIGINT 信号。当程序运行时按组合键 Ctrl+C，向进程发送 SIGINT 信号。由于 signal 设置了 SIGINT 的信号处理函数 sig_handler，因此当进程接收到 signal 信号后，执行 sig_handler 中的代码。sig_hander 返回后，main 函数继续运行。

如果将第 19 行代码换成如下代码，则代表将忽略 SIGINT 信号，不对按组合键 Ctrl+C 做出响应：

```
if(signal(SIGINT,SIG_IGN) != SIG_ERR)
```

9.1.4　sleep 函数和 pause 系统调用

1．sleep 函数

sleep 函数见表 9.6。

表 9.6　函数 sleep

项目	描　述
头文件	#include <unistd.h>
原型	unsigned int sleep(unsigned int seconds);
功能	当前进程睡眠指定的秒数
参数	seconds：要睡眠的秒数
返回值	睡眠结束时返回 0；否则返回睡眠剩余时间

如果希望进程挂起一段时间，则可以调用 sleep 函数。sleep 函数的参数为无符号整型值，表示要挂起的秒数。进程调用 sleep 函数后挂起直到以下两种情况发生：

（1）经过了 seconds 指定的秒数，此时 sleep 返回 0；

（2）捕捉到一个信号并从信号处理函数返回，此时 sleep 返回剩余的秒数。

【例 9-7】sleep 使进程挂起一段时间。

程序 sleeptest.c 演示了 sleep 函数的用法。

（1）源程序（sleeptest.c）

```
1.  #include <stdio.h>
2.  #include <stdlib.h>
3.  #include <unistd.h>
4.  #include <sys/types.h>
5.  #include <signal.h>

6.  void sig_handler(int sig)
7.  {
8.      switch(sig)
9.      {
```

```
10.         case SIGQUIT:
11.             printf("SIGQUIT is caught\n");
12.             break;
13.         default:
14.             printf("other signal is caught\n");
15.         }
16.     }

17.     int main()
18.     {
19.         int rtn;
20.         if(signal(SIGQUIT,sig_handler) != SIG_ERR)
21.         {
22.             printf("please enter Ctrl-\\\n");
23.             rtn = sleep(1000);
24.             printf("sleep returns and %d seconds remain\n",rtn);
25.             rtn = sleep(3);
26.             printf("sleep finishes and returns %d seconds\n",rtn);
27.         }
28.         return 0;
29.     }
```

（2）编译

```
# gcc   -o   sleeptest   sleeptest.c
```

（3）运行

```
# ./sleeptest
```

（4）运行结果

```
please enter Ctrl+\ （按照提示按组合键 Ctrl+\）
SIGQUIT is caught
sleep returns and 997 seconds remain
sleep finishes and returns 0 seconds
```

2．pause 系统调用

pause 系统调用见表 9.7。

表 9.7　系统调用 pause

项目	描　述
头文件	#include <unistd.h>
原型	int pause(void);
功能	暂停并等待信号
参数	无
返回值	当捕获到信号时，返回-1

进程调用 pause 会挂起，直到进程捕捉到一个信号。当执行完信号处理函数并返回时，pause 才返回。pause 始终返回-1。

【例 9-8】 pause 使进程挂起并等待某个信号传递。

程序 pausetest.c 演示了调用 pause 使进程挂起至接收到一个信号。

（1）源程序（pausetest.c）

```
1.  #include<stdio.h>
2.  #include<stdlib.h>
```

```
3.  #include<signal.h>
4.  #include<unistd.h>
5.  #include<sys/types.h>
6.  void sig_handler(int sig)
7.  {
8.      printf("begin signal handler......\n");
9.      switch(sig)
10.     {
11.     case SIGALRM:
12.          printf("SIGALRM is caught\n");
13.          break;
14.     default:
15.          printf("other signal is caught\n");
16.     }
17. }

18. int main(void)
19. {
20.     int rtn;
21.     if (signal(SIGALRM, sig_handler) != SIG_ERR)
22.     {
23.         rtn = alarm(5);
24.         printf("first time alarm returns %d second\n",rtn);
25.         sleep(1);
26.         rtn = alarm(5);
27.         printf("last alarm remains %d second\n",rtn);
28.         rtn = pause();
29.         printf("pause returns %d\n",rtn);
30.     }
31.     return 0;
32. }
```

（2）编译

```
# gcc  -o  pausetest  pausetest.c
```

（3）运行

```
# ./pausetest
```

（4）运行结果

```
first time alarm returns 0 second
last alarm remains 4 second
begin signal handler......
SIGALRM is caught
pause returns -1
```

9.1.5 信号集

Linux 系统中支持信号集数据类型 sigset_t，sigset_t 表示多个信号。同时，定义了 5 个操作信号集的函数，见表 9.8。

sigemptyset 函数清空 set 指向的信号集，使信号集中不包含任何信号。

sigfillset 函数使 set 指向的信号集中包含系统中所支持的所有信号。

sigaddset 函数将信号 sig 添加到 set 所指向的信号集中。

sigdelset 函数将信号 sig 从 set 所指向的信号集中移除。

以上这 4 个函数成功时返回 0，出错时返回-1。

sigismember 函数用于判断信号 sig 是否包含在 set 指向的信号集中。若存在则返回 1，否则返回 0。

表 9.8　信号集函数

项目	描　述
头文件	#include <signal.h>

原型	int sigemptyset(sigset_t *set);
	int sigfillset(sigset_t *set);
	int sigaddset(sigset_t *set, int signum);
	int sigdelset(sigset_t *set, int signum);
	int sigismember(const sigset_t *set, int signum);

功能	sigemptyset：清空信号集 sigfillset：填充信号集 sigaddset：将信号加入信号集 sigdelset：从信号集中删除信号 sigismember：判断信号是否属于信号集
参数	set：信号集 signum：要操作的信号
返回值	sigemptyset、sigfillset、sigaddset 和 sigdelset 执行成功时返回 0，失败时返回-1。当 signum 属于信号集 set 时，sigismember 返回 1，否则返回 0

信号集常用在与阻塞信号相关的系统调用中，如设置信号屏蔽字的 sigprocmask、获取未决信号的 sigpending、临时设置信号屏蔽字的 sigsuspend。另外，进程设置对信号的响应方式除 signal 系统调用外，还有 sigaction 系统调用。sigaction 系统调用相关的数据结构中也有信号量类型数据。

1．设置进程的信号屏蔽字

每个进程都有一个信号屏蔽字，屏蔽字的类型是信号集，其中包括当前要阻塞传递给该进程的信号。系统调用 sigprocmask 可以设置信号屏蔽字，也可以获取当前的信号屏蔽字，见表 9.9。

表 9.9　系统调用 sigprocmask

项目	描　述
头文件	#include <signal.h>
原型	int sigprocmask(int how, const sigset_t *set, sigset_t *oldset);
功能	设置或者获取信号屏蔽字
参数	how：设置方式 set：信号集 oldset：原信号集
返回值	成功时返回 0；失败时返回-1

how 有 3 种取值。

（1）SIG_BLOCK。将 set 指向的信号集所包含的信号添加到进程当前信号屏蔽字中。

（2）SIG_UNBLOCK。将 set 指向的信号集所包含的信号从当前的信号屏蔽字中移除。

（3）SIG_SETMASK。将 set 指向的信号集设置为新的信号屏蔽字。

set 可以为 NULL，此时 how 的取值无意义。

sigprocmask 通过 oldset 指向的信号集返回当前的信号屏蔽字。如果不关心当前的信号屏蔽字，则 oldset 可以为 NULL。

如果要获取当前信号屏蔽字，则可以执行以下代码：

```
sigset_t oldset;
sigprocmask(SIG_BLOCK, NULL, &oldset);
```

【例 9-9】获得进程被屏蔽的信号。

程序 sigprocmasktest1.c 演示了调用 sigprocmask 获取信号屏蔽字，并判断是否屏蔽信号 SIGINT。

（1）源程序（sigprocmasktest1.c）

```
1.  #include <stdio.h>
2.  #include <stdlib.h>
3.  #include <unistd.h>
4.  #include <sys/types.h>
5.  #include <signal.h>
6.  int main()
7.  {
8.      sigset_t oldset;
9.      int member;
10.     if(sigprocmask(SIG_BLOCK, NULL, &oldset) = = 0)//获取当前屏蔽字
11.     {   //判断当前屏蔽字中是否有 SIGINT
12.         if((member = sigismember(&oldset, SIGINT)) = = 1)
13.         {
14.             printf("signal SIGINT is in oldset\n");
15.         }else if(member = = 0)
16.         {
17.             printf("signal SIGINT is not in oldset\n");
18.         }else
19.         {
20.             printf("sigismember error\n");
21.         }
22.     }
23.     return 0;
24. }
```

（2）编译

```
# gcc   -o sigprocmasktest1   sigprocmasktest1.c
```

（3）运行

```
# ./sigprocmasktest1
```

（4）运行结果

```
signal SIGINT is not in oldset
```

sigprocmasktest1 获取当前进程屏蔽字，并判断屏蔽字中是否包含 SIGINT。

【例 9-10】设置新的屏蔽字。

程序 sigprocmasktest2.c 演示了为进程设置新的屏蔽字，屏蔽字中只包含 SIGINT。

（1）源程序（sigprocmasktest2.c）

```
1.  #include <stdio.h>
2.  #include <stdlib.h>
```

```
3.  #include <unistd.h>
4.  #include <sys/types.h>
5.  #include <signal.h>

6.  int main()
7.  {
8.      sigset_t set, oldset;
9.      int member;
10.     if(sigemptyset(&set) = = -1)//清空信号集 set
11.     {
12.         printf("sigemptyset error\n");
13.         exit(1);
14.     }
15.     if(sigaddset(&set, SIGINT) = = -1)//将 SIGINT 加入 set
16.     {
17.         printf("sigaddset error\n");
18.         exit(2);
19.     }
20.     //设置屏蔽字为 set，并使用 oldset 保存原屏蔽字
21.     if(sigprocmask(SIG_SETMASK, &set, &oldset) = = -1)
22.     {
23.         printf("set new procmask error\n");
24.         exit(3);
25.     }
26.     //判断 SIGINT 是否在原屏蔽字中
27.     if((member = sigismember(&oldset, SIGINT)) = = 1)
28.     {
29.         printf("signal SIGINT is in oldset\n");
30.     }else if(member = = 0)
31.     {
32.         printf("signal SIGINT is not in oldset\n");
33.     }else
34.     {
35.         printf("sigismember error\n");
36.     }
37.     if(sigprocmask(SIG_SETMASK, &oldset, NULL) = = -1)//恢复原屏蔽字
38.     {
39.         printf("reset old procmask error\n");
40.         exit(4);
41.     }
42.     return 0;
43. }
```

（2）编译

```
# gcc   -o   sigprocmasktest2   sigprocmasktest2.c
```

（3）运行

```
# ./sigprocmasktest2
```

（4）运行结果

```
signal SIGINT is not in oldset
```

2．获取未决信号

被阻塞的信号产生时将保持在未决状态，直到进程解除对此信号的阻塞，才执行到达的动作。可以使用 sigpending 系统调用获取当前的未决信号。

系统调用 sigpending 见表 9.10。

表 9.10　系统调用 sigpending

项目	描　述
头文件	#include <signal.h>
原型	int sigpending(sigset_t *set);
功能	获取未决信号
参数	set：信号集
返回值	成功时返回 0；失败时返回-1

进程调用 sigpending 可以获取未决信号，获取的信号包含在 set 所指向的信号集中。

【例 9-11】 获取未决信号。

程序 sigpendingtest.c 演示了获取未决的信号。

（1）源程序（sigpendingtest.c）

```
1.  #include <stdio.h>
2.  #include <stdlib.h>
3.  #include <sys/types.h>
4.  #include <signal.h>
5.  static void
6.  sig_handler(int sig)
7.  {
8.      switch(sig)
9.      {
10.     case SIGQUIT:
11.         printf("SIGQUIT is caught\n");
12.         break;
13.     default:
14.         printf("other signal is caught\n");
15.     }
16. }
17. int main(void)
18. {
19.     int rtn;
20.     sigset_t set, oldset;
21.     if (signal(SIGQUIT, sig_handler) = = SIG_ERR)//设置对 SIGQUIT 信号捕捉
22.         printf("signal() error\n");
23.     rtn = sigpending(&set); //获取未决信号存入 set
24.     if(rtn = = 0)
25.     {
26.         rtn = sigismember(&set, SIGQUIT); //判断 SIGQUIT 是否在未决信号中
27.         if(rtn = = 1)
28.         {
29.             printf("SIGQUIT is pending\n");
30.         }else
31.         {
32.             printf("SIGQUIT is not pending\n");
33.         }
34.     }else
35.     {
36.     printf("sigpending() error\n");
37.     exit(1);
38.     }
```

```
39.     sigemptyset(&set);//清空信号集 set
40.     sigaddset(&set, SIGQUIT); //将 SIGQUIT 加入 set
41.     //设置屏蔽字为 set，并使用 oldset 保存原屏蔽字
42.     if (sigprocmask(SIG_SETMASK, &set, &oldset) = = -1)
43.         printf("set new procmask error\n");
44.     printf("sleep 3 seconds and please enter Ctrl-\\...\n");
45.     sleep(3);   //等待 3s 以便用户按键
46.     sigemptyset(&set); //清空信号集 set
47.     rtn = sigpending(&set); //获取未决信号存入 set
48.     if(rtn = = 0)
49.     {
50.         rtn = sigismember(&set, SIGQUIT); //判断 SIGQUIT 是否在未决信号中
51.         if(rtn = = 1)
52.         {
53.             printf("SIGQUIT is pending\n");
54.         }else
55.         {
56.             printf("SIGQUIT is not pending\n");
57.         }
58.     }else
59.     {
60.         printf("sigpending() error\n");
61.         exit(1);
62.     }
63.     //将 set 中的信号从当前屏蔽字中移除
64.     if(sigprocmask(SIG_UNBLOCK, &set, NULL) = = -1)
65.     {
66.         printf("unblock SIGQUIT error\n");
67.         exit(3);
68.     }
69.     sigprocmask(SIG_SETMASK, &oldset, NULL); //恢复原屏蔽字
70.     return 0;
71. }
```

（2）编译

```
# gcc  -o  sigpendingtest  sigpendingtest.c
```

（3）运行

```
# ./sigpendingtest
```

（4）运行结果

程序依次执行以下操作：

① 调用 signal 设置 SIGQUIT 信号的处理函数；

② 调用 sigpending 判断信号 SIGQUIT 是否挂起；

③ 设置新的信号屏蔽字（包含 SIGQUIT）；

④ 程序挂起 3s（给用户时间按组合键 Ctrl+\）；

⑤ 再次判断信号 SIGQUIT 是否挂起；

⑥ 解除对信号 SIGQUIT 的阻塞；

⑦ 恢复初始信号屏蔽字。

如果程序挂起 3s 期间，用户不按组合键 Ctrl+\，则输出以下结果：

```
SIGQUIT is not pending
sleep 3 seconds and please enter Ctrl+\...
SIGQUIT is not pending
```

表明信号 SIGQUIT 始终都没有被挂起。

如果程序挂起 3s 期间，用户按组合键 Ctrl+\，则输出以下结果：

```
SIGQUIT is not pending
sleep 3 seconds and please enter Ctrl+\...（按组合键 Ctrl+C）
SIGQUIT is pending
SIGQUIT is caught
```

因为信号 SIGQUIT 被解除阻塞后，内核会将此信号传递给该进程，所以接下来进程执行 sig_handler 函数。

3. sigsuspend 系统调用

程序中执行临界区代码时不希望被信号中断，因此，在执行临界区代码之前调用 sigprocmask 设置要被阻塞的信号，如 SIGINT；临界区代码执行完毕后，解除对 SIGINT 的阻塞，并调用 pause 等待 SIGINT 信号到来。基本过程如下：

```
sigset_t    newmask,oldmask;
sigemptyset(&newmask);              //清空 newmask
sigaddset(&newmask,SIGINT);         //将 SIGINT 信号加入 newmask
//调用 sigprocmask 设置进程要阻塞的信号集，并将原来的值保存到 oldmask 中
sigprocmask(SIG_BLOCK, &newmask, &oldmask);
/*执行临界代码；*/
//恢复进程要阻塞的信号集，解除对 SIGINT 信号的阻塞
sigprocmask(SIG_SETMASK, &oldmask, NULL);
pause();
```

如果在解除对 SIGINT 信号阻塞与 pause 之间的某个时刻产生了 SIGINT 信号，则进程会永远阻塞（如果之后不再产生任何信号）。为了避免这种情况，可以把以上两条语句作为原子操作。sigsuspend 系统调用具有相同的功能，见表 9.11。

表 9.11　系统调用 sigsuspend

项目	描　述
头文件	#include <signal.h>
原型	int sigsuspend(const sigset_t *mask);
功能	设置要被阻塞的信号
参数	mask：要阻塞的信号
返回值	成功时返回 0；失败时返回-1

进程调用 sigsuspend 后，其屏蔽字被临时设置为 sigmask 所指向的信号集，并将自己阻塞起来，直至接收到一个信号。这个信号不包括在 sigmask 所指向的信号集中。当信号处理函数返回后，sigsuspend 返回，并将进程的信号屏蔽字恢复成调用 sigsuspend 之前的值。sigsuspend 始终返回-1。

【例 9-12】sigsuspend 举例。

（1）源程序（sigsuspendtest.c）

```
#include<stdio.h>
#include<stdlib.h>
#include<sys/types.h>
#include<signal.h>

void sig_handler(int sig)
{
    switch(sig){
```

```
            case SIGQUIT:
                printf("SIGQUIT is caught\n");
                break;
            default:
                printf("other signal is caught\n");
        }
}
int main()
{
    sigset_t set;

    signal(SIGQUIT,sig_handler);
    signal(SIGINT,sig_handler);
    sigemptyset(&set);
    sigaddset(&set,SIGINT);
    printf("please enter Ctrl-\\...\n");
    sigsuspend(&set);
    printf("after sigsuspend returns\n");
    return 0;
}
```

（2）编译

```
# gcc  -o  sigsuspendtest  sigsuspendtest.c
```

（3）运行

```
# ./sigsuspendtest
```

（4）运行结果

程序首先设置信号 SIGQUIT 的处理函数，然后向 set 中添加信号 SIGINT，最后调用 sigsuspend。sigsuspend 临时将进程的信号屏蔽字设置为 set，并将进程阻塞。因此，首先输出以下信息并阻塞：

```
please enter Ctrl+\...
```

如果用户按组合键 Ctrl+\，则内核向进程传递信号 SIGQUIT。因此，继续输出以下结果：

```
SIGQUIT is caught
after sigsuspend returns
```

如果用户按组合键 Ctrl+C，则进程仍然保持阻塞，因为进程的当前信号屏蔽字中包含信号 SIGINT。若继续按组合键 Ctrl+\，则内核向进程传递信号 SIGQUIT，sigsuspend 返回并恢复进程初始的信号屏蔽字。因为初始的信号屏蔽字中不包括信号 SIGINT，所以内核会继续把信号 SIGINT 传递给进程，进程执行信号处理函数。

```
SIGQUIT is caught
SIGINT is caught
after sigsuspend returns
```

4．sigaction 系统调用

sigaction 系统调用与 signal 的功能相似。在 Linux 内核 2.9.138 中，signal 是通过 sigaction 实现的，见表 9.12。

表 9.12　函数 sigaction

项目	描　述
头文件	#include <signal.h>
原型	int sigaction(int signum, const struct sigaction *act, struct sigaction *oldact);
功能	测试或设置信号的处理方式

续表

项目	描　述
参数	signum：指定信号 act 和 oldact：sigaction 结构指针
返回值	成功时返回 0；出错时返回-1

其中结构体 sigaction 定义如下：

```
#include <signal.h>
struct sigaction {
    void (*sa_handler)(int);
    void (*sa_sigaction)(int, siginfo_t *, void *);
    sigset_t sa_mask;
    int sa_flags;
    void (*sa_restorer)(void);
}
```

9.2 管　　道

9.2.1 管道基本概念

管道是最早的进程间通信（IPC）方式。进程间可以通过管道传递数据。发送数据的进程从管道的一端将数据写入，接收数据的进程可以从管道的另一端将数据读出。这种方式具有两个明显的特征：

（1）管道是半双工的，即通过管道可以实现两个方向的数据流，但通信时只有一个方向的数据流；

（2）使用管道进行通信的两个进程一定要有共同的祖先进程。

系统调用 pipe（见表 9.13）接收一个具有两个元素的整型数组 fds 作为参数，pipe 成功后返回 0，并向 fds 返回两个文件描述符。fds[0]对应管道的读出端，fds[1]对应管道的写入端，读出端和写入端的关系如图 9.1 所示。Linux 内核 2.9.130 以前，每一个管道有一个管道缓冲区，大小为 4096 字节。可以在命令行输入“ulimit　-p”查看系统当前管道缓冲区的大小（以 512 字节为单位）。

表 9.13　系统调用 pipe

项目	描　述
头文件	#include < unistd.h>
原型	int pipe (int fds[2]);
功能	创建管道
参数	fds：文件描述符
返回值	成功返回 0；失败返回-1

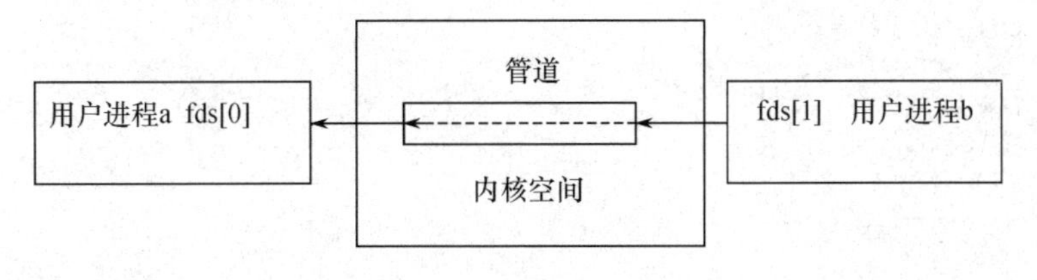

图 9.1　管道示意图

【例 9-13】管道的默认大小。

编写一个简单的程序，将系统中 PIPE_BUF 的大小输出。

（1）源程序（pipesize.c）

```
//输出 PIPE_BUF 的大小，Linux 内核 2.9.130 以前有 1 个缓冲区，之后为 16 个缓冲区
1.  #include<stdio.h>
2.  #include <linux/limits.h>
3.  int main()
4.  {
5.      printf("PIPE_BUF %d(bytes)\n",PIPE_BUF);
6.      return 0;
7.  }
```

（2）编译

```
#gcc  -o  pipesize  pipesize.c
```

（3）运行

```
#./ pipesize
```

（4）运行结果

```
[root@localhost ch6]# ./pipesize
PIPE_BUF 4096(bytes)
```

通过运行结果可以看到，本系统中 PIPE_BUF 的大小为 4096 字节。

这里讨论的管道也称为无名管道，也就是说通信的进程不需要为管道命名就可以访问该管道，通过该管道进行数据的传递。如前所述，使用管道进行通信的两个进程一定要有共同的祖先进程。典型的用法是：

① 父进程调用 pipe 创建管道，并返回两个文件描述符 fds[0]和 fds[1]；

② 调用 fork 创建子进程，子进程继承 fds[0]和 fds[1]；

③ 如果子进程向父进程传输数据，则子进程关闭 fds[0]，父进程关闭 fds[1]；如果父进程向子进程传输数据，则子进程关闭 fds[1]，父进程关闭 fds[0]。

【例 9-14】父、子进程通过管道实现通信。

编写一个程序，实现父、子进程通过管道传递数据。

（1）源程序（pipefork1.c）

```
1.  //pipe 的典型用法 1
2.  #include <stdio.h>
3.  #include <stdlib.h>
4.  #include <unistd.h>
5.  #include <sys/types.h>
6.  #include <sys/stat.h>
7.  #include <fcntl.h>
8.  #include <string.h>
9.  int main()
10. {
11.     pid_t pid;
12.     char data[32] = "hello";
13.     char buf[32] = {0};
14.     int fds[2];
15.     if(pipe(fds) = = 0)
16.     {
17.         pid = fork();
18.         if(pid = = 0)
19.         {
```

```
20.             close(fds[0]);
21.             write(fds[1],data,strlen(data));
22.             exit(0);
23.         }else if(pid > 0)
24.         {
25.             wait(NULL);
26.             close(fds[1]);
27.             read(fds[0],buf,sizeof(buf));
28.             printf("%s\n",buf);
29.         }
30.     }
31.     return 0;
32. }
```

（2）编译

```
#gcc  -o  pipefork1  pipefork1.c
```

（3）运行

```
#./pipefork1
```

（4）运行结果

```
[root@localhost ch6]# ./pipefork1
hello
```

在该程序中，父进程创建了管道后，调用 fork 创建子进程，子进程关闭管道的读出端，保留管道的写入端；而父进程关闭管道的写入端，保留管道的读出端，即子进程向管道里写数据，父进程从管道里读数据。子进程首先通过管道的写入端 fds[1]向管道写入字符串“hello”，父进程从管道的读出端 fds[0]读出字符串并输出。父、子进程使用管道通信的示意图如图 9.2 所示。

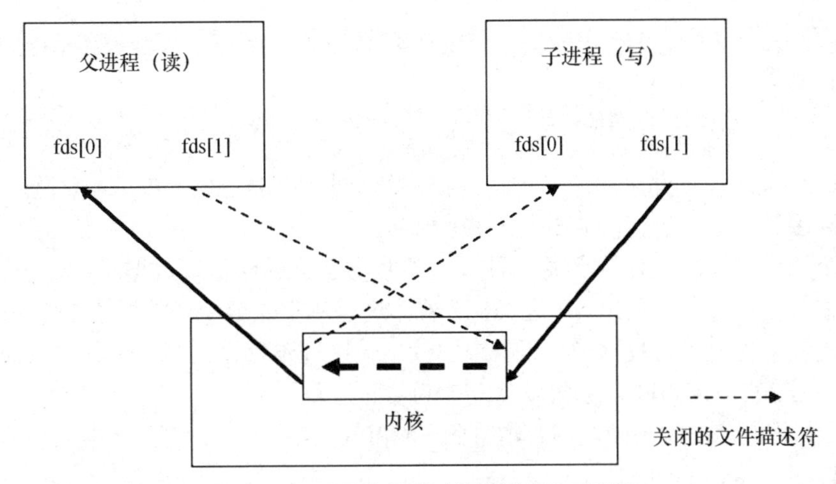

图 9.2　父、子进程通过管道通信的示意图

【例 9-15】亲缘进程之间通过管道实现通信。

编写一个程序，实现两个子进程通过管道进行通信。

（1）源程序（pipefork2.c）

```
1.  //pipe 的典型用法 2
2.  #include<stdio.h>
3.  #include<stdlib.h>
4.  #include<unistd.h>
5.  #include<sys/types.h>
```

```
6.   int main()
7.   {
8.       int fds[2];
9.       int pid1,pid2;
10.      int sibling,self;
11.      if(pipe(fds) = = 0)
12.      {
13.          if((pid1 = fork()) = = 0)
14.          {
15.              close(fds[0]);
16.              self = getpid();
17.              write(fds[1],&self,sizeof(int));
18.              exit(1);
19.          }
20.          if((pid2 = fork()) = = 0)
21.          {
22.              close(fds[1]);
23.              read(fds[0],&sibling,sizeof(int));
24.              printf("sibling pid = %d\n",sibling);
25.              exit(2);
26.          }
27.      }
28.      return 0;
29.  }
```

（2）编译

```
#gcc  -o  pipefork2  pipefork2.c
```

（3）运行

```
#./ pipefork2
```

（4）运行结果

```
[root@localhost ch6]# ./pipefork2
sibling pid = 28334
```

pipefork2 中父进程创建了两个子进程。第一个子进程把自己的 pid 写入管道，第二个子进程从管道中读出第一个子进程的 pid。

因为一个管道的缓冲区容量有限，所以，写进程向已满的管道写数据时，写进程将被阻塞，直至读进程把数据从管道中读出。与之类似，若读进程从空管道中读数据，则读进程也会被阻塞，直至写进程向管道中写数据。如果管道的读出端进程不存在，则写进程调用 write 时，内核向此进程发送信号 SIGPIPE，系统默认动作为终止进程。

【例 9-16】管道读出端关闭，写管道收到 SIGPIPE 信号。

（1）源程序（pipesignal.c）

```
1.   #include <unistd.h>
2.   #include <sys/types.h>
3.   #include <sys/stat.h>
4.   #include <fcntl.h>
5.   #include <string.h>
6.   #include <signal.h>
7.   #include <stdio.h>
8.   #include <stdlib.h>
9.   void sig_handler(int sig)
10.  {
```

```
11.         switch(sig)
12.         {
13.         case SIGPIPE:
14.             printf("Get SIGPIPE signal:reader does not exist\n");
15.         case SIGCHLD:
16.             printf("Get SIGCHLD signal:child exits\n");
17.         }
18.     }
19.     int main()
20.     {
21.         pid_t pid;
22.         char data[32] = "hello";
23.         int fds[2];
24.         signal(SIGCHLD,sig_handler); //设置当前进程对 SIGCHLD 信号捕捉函数
25.         if(pipe(fds) = = 0)
26.         {
27.             pid = fork();
28.             if(pid = = 0)
29.             {
30.                 printf("Child is waiting 2s for closing pipereadend of parent\n");
31.                 sleep(2);
32.                 close(fds[0]); //关闭子进程管道读出端
33.                 signal(SIGCHLD,SIG_DFL); //设置子进程对 SIGCHLD 信号默认处理方式
34.                 signal(SIGPIPE,sig_handler); //设置子进程对 SIGPIPE 信号捕捉函数
35.                 write(fds[1],data,strlen(data)); //子进程写 data 进入管道
36.             }else if(pid > 0)
37.             {
38.                 close(fds[0]); //关闭父进程管道读出端
39.                 wait(NULL);
40.             }
41.         }
42.         return 0;
43.     }
```

（2）编译

```
#gcc  -o  pipesignal  pipesignal.c
```

（3）运行

```
#./ pipesignal
```

（4）运行结果

```
[root@localhost ch6]# ./pipesignal
Child is waiting 2s for closing pipereadend of parent
Get SIGPIPE signal:reader does not exist
Get SIGCHLD signal:child exits
Get SIGCHLD signal:child exits
```

【例 9-17】管道写入端关闭，读管道返回 0 字节。

（1）源程序（pipesignal2.c）

```
44.  #include <unistd.h>
45.  #include <sys/types.h>
46.  #include <sys/stat.h>
47.  #include <fcntl.h>
48.  #include <string.h>
49.  #include <signal.h>
50.  #include <stdio.h>
```

```
51.  #include <stdlib.h>
52.  void sig_handler(int sig)
53.  {
54.      switch(sig)
55.      {
56.      case SIGPIPE:
57.          printf("Get SIGPIPE signal:reader does not exist\n");
58.      case SIGCHLD:
59.          printf("Get SIGCHLD signal:child exits\n");
60.      }
61.  }
62.  int main()
63.  {
64.      pid_t pid;
65.      char data[32] = "hello";
66.      char buf[32] = {0};
67.      int num= -2;
68.
69.      int fds[2];
70.      signal(SIGCHLD,sig_handler); //设置当前进程对 SIGCHLD 信号捕捉函数
71.      if(pipe(fds) = = 0)
72.      {
73.          pid = fork();
74.          if(pid = = 0)
75.          {
76.              close(fds[0]);
77.              signal(SIGCHLD,SIG_DFL);
78.              signal(SIGPIPE,sig_handler);
79.              sprintf(data,"hello");
80.              write(fds[1],data,strlen(data));
81.              printf("child waiting 3s for parent's reading\n");
82.              sleep(3);
83.              close(fds[1]);
84.          }else if(pid > 0)
85.          {
86.              close(fds[1]);
87.              printf("parent waiting 2s for child's writing\n");
88.              sleep(2);
89.              num=read(fds[0],buf,sizeof(buf));
90.              if(num= = -1)
91.                  perror("parent read");
92.              else
93.                  printf("parent:readnum:%d    readstr:%s\n",num,buf);
94.              printf("parent waiting 3s for child's exit\n");
95.              sleep(3);
96.              num=read(fds[0],buf,sizeof(buf));
97.              if(num= = -1)
98.                  perror("parent read");
99.              else
100.                 printf("parent:readnum:%d    readstr:%s\n",num,buf);
101.         }
102.     }
103.     return 0;
104. }
```

（2）编译

```
#gcc  -o  pipesignal2   pipesignal2.c
```

（3）运行

```
#./ pipesignal2
```

（4）运行结果

```
[root@localhost ch6]# ./pipesignal
child waiting 3s for parent's reading
parent waiting 2s for child's writing
parent:readnum:5   readstr:hello              //第一次读出了 hello
parent waiting 3s for child's exit
Get SIGCHLD signal:child exits                //子进程退出，管道的写入端全部关闭
parent:readnum:0   readstr:hello              //第二次读出的字节数为 0，buf 中还是原值
```

9.2.2 FIFO

FIFO 也称为有名管道。与 pipe 不同，FIFO 允许不相关的进程可以相互通信。在 Linux 系统中，FIFO 是一种文件类型，这种文件存在于文件系统中。FIFO 文件中的数据始终驻留在内存中，关闭 FIFO 文件后，数据被销毁。因此，文件的大小始终为 0（在 RedHat Enterprise Linux 5.0 中测试）。

可以通过两种方法创建 FIFO 文件。

（1）在命令行使用 mkfifo 命令

```
#mkfifo  -m  644  file.fifo
```

（2）调用函数 mkfifo

函数 mkfifo 见表 9.14。

表 9.14　函数 mkfifo

项目	描　述
头文件	#include <sys/types.h> #include <sys/stat.h>
原型	int mkfifo (const char *pathname, mode_t mode);
功能	创建有名管道
参数	pathname：有名管道文件路径名 mode：管道文件访问权限
返回值	成功时返回有名管道文件描述符；失败时返回-1

第一个参数 pathname 指定要创建的 FIFO 文件的路径名，第二个参数 mode 与系统调用 open 的 mode 相同。创建了 FIFO 文件后，便可以调用 open、read、write、close，如同访问普通文件一样。

【例 9-18】利用 FIFO 实现任意进程之间的通信。

编写程序，创建 FIFO 文件，并将 argv[1]写入文件。

（1）源程序（fifotest.c）

```
//创建 FIFO 文件，并将 argv[1]写入文件
1.  #include <unistd.h>
2.  #include <sys/stat.h>
3.  #include <sys/types.h>
4.  #include <fcntl.h>
5.  #include <string.h>
```

```
6.  #include <errno.h>

7.  int main(int argc,char * argv[])
8.  {
9.      int fd;
10.     int rtn;
11.     if(argc != 2)
12.     {
13.         printf("need a string\n");
14.         exit(1);
15.     }
16.     if(mkfifo("file.fifo", 0644) = = -1)
17.     {
18.         if(errno = = EEXIST)
19.         {
20.             printf("file.fifo exists\n");
21.         }
22.     }
23.     if((fd = open("file.fifo",O_RDWR)) = = -1)
24.     {
25.         printf("open FIFO failed\n");
26.         exit(2);
27.     }
28.     if((rtn = write(fd,argv[1],strlen(argv[1]) + 1)) = = -1)
29.     {
30.         printf("write failed\n");
31.         exit(3);
32.     }
33.     pause(); //等待管道读出端读取数据
34.     return 0;
35. }
```

（2）编译

```
#gcc  -o  fifotest  fifotest.c
```

（3）运行

```
#./fifotest  abcde
```

【例 9-19】从 FIFO 文件中将数据读出。

（1）源程序（fiforead.c）

```
//尝试从 FIFO 文件中读数据
1.  #include <stdio.h>
2.  #include <stdlib.h>
3.  #include <unistd.h>
4.  #include <sys/stat.h>
5.  #include <sys/types.h>
6.  #include <fcntl.h>
7.  #include <string.h>

8.  int main(int argc,char * argv[])
9.  {
10.     int fd;
11.     char info[128] = {0};
12.     if((fd = open("file.fifo",O_RDWR)) = = -1)
13.     {
14.         printf("open FIFO failed\n");
```

```
15.            exit(1);
16.        }
17.        if(read(fd,info,sizeof(info))==-1)
18.        {
19.            printf("read failed\n");
20.            exit(2);
21.        }
22.        printf("%s\n",info);
23.        return 0;
24.    }
```

（2）在 RedHat Enterprise Linux 5.0 中编译程序

```
#gcc  -o  fiforead  fiforead.c
```

（3）运行

```
#./fiforead
```

（4）运行结果

```
[root@localhost ch6]# ./fiforead
Abcde
```

如果执行如下命令：

```
#ls -l
```

可以看到当前目录下有 FIFO 文件 file.fifo，其长度为 0 字节：

```
-rw-r--r--    1 root    root      493  3月  1 18:14 9.18.c
-rwxr-xr-x    1 root    root    11988  3月  1 18:14 9.18.out
prw-r--r--    1 root    root        0  3月  1 18:11 file.fifo
```

习　　题

一、简答题

1．进程间通信的 6 种方式是什么？简述它们的通信原理。

2．简述 pipe 与 FIFO 的区别与联系。

3．什么是信号？说明产生信号的几种方式及进程对信号的处理方式。

4．说明信号传递的过程。

二、编程题

1．编写程序处理 SIGINT 信号，当程序接收到 SIGINT 信号后，输出“SIGINT is caught”。

2．编写程序屏蔽信号 SIGINT 和 SIGQUIT。

3．使用 pipe 实现父进程向子进程发送“1234567890”，子进程接收并显示。

4．编写程序 sender.c 和 receiver.c，使用 FIFO 实现 sender.c 向 receiver.c 发送“hello FIFO”，receiver.c 接收并显示。

5．主程序首先使用 alarm 定时 3s，然后使用循环方式计算 1～10 的和 sum，每次循环都暂停 1s。在循环过程中，如果收到定时器信号 SIGALRM，则将当前 sum 值保存到一个名为 sumfile 的文件中。

6．编写程序 pro21.c 和 pro22.c，使用有名管道实现 pro21 向 pro22 发送“abcdefg”，pro22 接收并显示的功能。

第 10 章　进程间通信

进程间通信（Inter-Process Communication，IPC）是指多个进程之间相互通信，交换信息的方法。Linux 支持的 IPC 包括最初的 UNIX 的 IPC（信号和管道），还包括信号量、共享内存、消息队列及套接字（Socket）网络通信。其中信号量、共享内存和消息队列有两个版本，一个是 System V，另一个是 POSIX。System V 是 UNIX 系统最早的商业发行版之一，最初由 AT&T 公司开发。POSIX（Portable Operating System Interface for UNIX）是由 IEEE 开发的。

本章介绍 System V 支持的 3 种进程间通信方式：消息队列、共享内存、信号量，重点介绍每一种方式的特征及相应的系统调用，并通过示例程序演示如何通过这 3 种方式实现进程间的通信。

10.1　System V IPC 简介

System V IPC 源自 System V UNIX，包括消息队列、共享内存、信号量。Linux 支持 System V IPC。这 3 种 IPC 的使用方式非常相似，因此，首先介绍 System V IPC 的基础知识。

1．基础知识

System V 按照统一的方式管理 3 种 IPC 资源，因此这 3 种 IPC 资源在 System V 中有一些相似的属性和使用方法。

（1）IPC 资源只在本机通信中使用，不能跨网络。

（2）IPC 资源生存期与内核相同。

除非用户删除它，否则建立好的 IPC 资源一直存在直到系统结束。当系统重启后，原先建立的所有 IPC 资源会全部消失。

（3）每个 IPC 资源都有一个关键字 key。

每个 IPC 资源都有一个唯一的整数标识符 id。用户根据关键字 key 创建一个 IPC 资源。IPC 资源创建好时，会得到一个资源的 id，在生存期内，任何进程都可使用该 id 访问该资源。

（4）每个 IPC 资源都有一个结构体 Xid_ds 记录其属性。其中 X 可以是 sem（信号量）、shm（共享内存）、msg（消息队列）。

该结构体中有一个表示该资源访问权限的 ipc_perm 结构及其他描述资源的信息。ipc_perm 用于记录该 IPC 资源的访问权限，包括该 IPC 资源的创建者、所有者的 ID、访问权限等。

（5）可使用 ipcs 显示状态、ipcrm 删除对象。

在 System V 中，系统提供了两个命令用于访问 IPC 资源。一个命令是 ipcs，用于显示系统中所有 IPC 资源的状态；另一个命令是 ipcrm，用于删除 IPC 资源对象。在支持 System V IPC 的 Linux 系统中，同样也提供了这两个命令。

（6）访问权限：读、写，没有执行。

像文件一样，不同用户对系统中的每一个 IPC 资源都拥有不同的访问权限。但 IPC 资源的访问权限一般只有读、写权限，而没有执行权限。

（7）3 种 IPC 资源有类似的系统调用。

所有的 IPC 资源都有 Xget 和 Xctl 系统调用。Xget 系统调用用于创建 IPC 资源；Xctl 系统调用用于对 IPC 资源进行控制。其中 X 可以是 sem（信号量）、shm（共享内存）、msg（消息队列）。

2．key、id 及 Xid_ds 之间的关系

当用户访问文件时，首先根据文件名通过执行系统调用 open 来打开或创建该文件，成功时得到一个文件描述符 fd，接下来用户通过该文件描述符来访问文件。同时，系统中还有一个内存 inode，用来记录该文件的各种属性信息。

与上面描述的文件访问类似，System V IPC 资源的访问也是这样的。用户根据资源的 key 通过执行系统调用 Xget 来打开或创建一个 IPC 资源，执行成功时得到一个资源的 id，接下来用户通过该 id 来访问资源。同时系统中还有一个结构体 Xid_ds 来记录资源的属性，如图 10.1 所示。

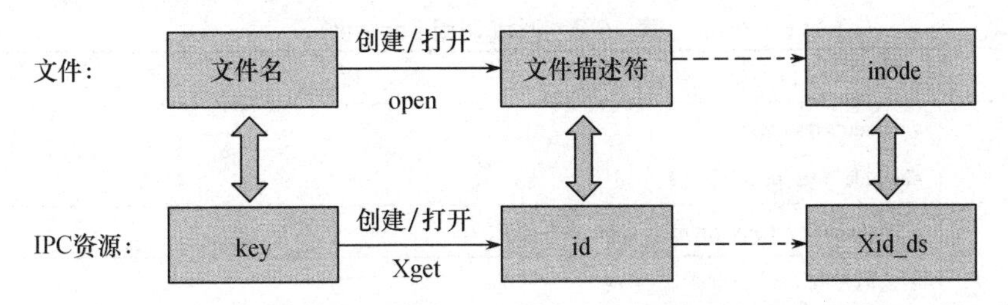

图 10.1　System V IPC 资源与文件的对比

3．资源键值 key 和 ftok 函数

任何一种 System V IPC 的资源对象都对应一个 key_t 类型的值 key，称为键值。键值 key 可以理解为资源的名字，类似于文件的文件名。键值的类型 key_t 一般定义为长整型。在执行系统调用 Xget 打开或创建一个 IPC 资源时，需要指定该资源的 key 值。key 值可以取值为 IPC_PRIVATE（其值为 0）或非 IPC_PRIVATE 的其他值。当 key 取值为 IPC_PRIVATE 时，表示要创建一个新的 IPC 资源而不是打开原有的资源。另外，Xget 中还有一个 flags 参数，当 flags 取值为 IPC_CREAT 时，也表示要创建一个新的资源。

如果在程序中程序员直接指定一个具体的数值来作为一个 IPC 资源的键值不是很方便，系统还提供了一个 ftok 函数（见表 10.1），ftok 函数可以根据文件名等信息生成一个键值。用户进程中可以调用相应的函数，根据键值创建、访问、销毁 IPC 对象。

表 10.1　函数 ftok

项目	描　述
头文件	# include <sys/types.h> # include <sys/ipc.h>
原型	key_t ftok(const char * pathname,int id);
功能	通过 pathname 和 id 组合生成键值
参数	pathname：某文件路径名 id：id 值
返回值	成功时返回键值；失败时返回-1

ftok 函数通过 pathname 和 id 组合生成键值。一种典型的实现是 ftok 调用 stat，然后将以下 3 个值组合成键值：

（1）pathname 所在文件系统的信息；

（2）文件的 inode；

（3）id 的低 8 位，id 的低 8 位一定不能为 0。

还可以直接指定 IPC_PRIVATE 作为键值，它能保证创建一个新的、唯一的 IPC 对象。

10.2 System V 信号量

信号量（semaphore）是一种比较特殊的 IPC，它是一个计数器（counter）。一般情况下，多个进程在访问共享对象时使用信号量实现同步操作，如经典的生产者—消费者问题。

System V IPC 操作信号量的相关系统调用有 3 个：semget、semctl、semop。

（1）semget 用于创建新的信号量集或打开已存在的信号量集，见表 10.2。

表 10.2 系统调用 semget

项目	描　述
头文件	#include <sys/types.h> #include <sys/ipc.h>
原型	int semget(key_t key, int nsems, int semflg);
功能	创建信号量
参数	key：信号量的键值 nsems：信号量的个数 semflg：创建标志，可以是 IPC_CREAT 或 IPC_CREAT | IPC_EXCL
返回值	成功时返回信号量 ID；失败时返回-1，并设置 errno

（2）semctl 用于信号量集的控制操作。如获取信号量集的内核信息、删除信号量集等，见表 10.3。

表 10.3 系统调用 semctl

项目	描　述
头文件	#include <sys/types.h> #include <sys/ipc.h> #include <sys/sem.h>
原型	int semctl(int semid, int semnum, int cmd, ...);
功能	信号量控制

参数	semid：信号量 ID
	cmd：控制命令
	semnum：信号量集中信号量的序号
	根据 cmd 命令不同可能有第 4 个参数，如果有则第 4 个参数是 union 类型
	union semun {
	　int　val;　　/* cmd 为 SETVAL */
	　/* 获取或设置内核新的的缓冲，cmd 为 IPC_STAT，IPC_SET */
	　struct semid_ds *buf;
	　unsigned short　*array;　/* cmd 为 GETALL，SETALL */
	　struct seminfo　*_ _buf;　/*cmd 为 IPC_INFO (用于 Linux) */
	};

返回值	成功时返回非负值，返回值表 10.4；失败时返回-1，并置错误代码

表 10.4　系统调用 semctl 返回值

项目	说　明
GETNCNT	semncnt 的值
GETPID	sempid 的值
GETVAL	semval 的值
GETZCNT	semzcnt 的值
IPC_INFO	返回内核内部关于信号集信息的最大可用入口索引
SEM_INFO	与 IPC_INFO 相同
SEM_STAT	返回信号集标识符

semctl 接收可变参数，根据 cmd 的值确定参数的个数，可以为 3 或 4。semid 为 semget 返回的标识符。semnum 指定信号量集中信号量的序号，从 0 开始。cmd 取值见表 10.5。

表 10.5　cmd 的取值

项目	说　明
IPC_STAT	获取信号量集的内核信息
IPC_SET	设置信号量集的内核信息
IPC_RMID	从系统中删除该信号量集，这种删除是立即的。仍在使用此信号量的其他进程在它们下次意图对此信号量进行操作时，将出错返回 EIDRM
GETVAL	返回成员 semnum 的 semval 值
SETVAL	设置成员 semnum 的 semval 值
GETPID	返回成员 semnum 的 sempid 值
GETNCNT	返回成员 semnum 的 semncnt 值
GETZCNT	返回成员 semnum 的 semzcnt 值
GETALL	取该集合中所有信号量的值，并将它们存放在由 arg.array 指向的数组中
SETALL	按 arg.array 指向的数组中的值设置该集合中所有信号量的值

（3）semop 用于信号量操作，见表 10.6。System V 信号量通过向 semop 传递不同的参数来完成 wait 和 signal 操作。如果信号量的值大于 0，则 wait 操作将信号量的值减 1；如果信号量的值等于 1，则执行 wait 操作的进程被阻塞。

表 10.6　系统调用 semop

项目	描　述
头文件	#include <sys/types.h> #include <sys/ipc.h> #include <sys/sem.h>
原型	int semop(int semid, struct sembuf *sops, unsigned nsops);
功能	信号量操作
参数	semid：信号量 id sops：指向在集合上执行操作的数组 nsops：在 sembuf 数组上操作的个数
返回值	成功时返回 0；失败时返回-1

sops 为一个 sembuf 结构变量数组，nsops 为数组中元素的个数。

```
struct sembuf{
    unsigned short   sem_num;          /*信号量序号，从 0 开始*/
    short            sem_op;           /*在信号量上的操作（可以为正、零、负）*/
    short            sem_flg;          /*IPC_NOWAIT 或 SEM_UNDO*/
}
```

【例 10-1】 信号量举例。

下面的例子（sem.c）创建包含 3 个信号量的信号量集，命令行参数个数为 1 时对第 0 个信号量赋值为 1，然后对 0 号信号量执行一次申请和释放过程，执行前后输出 0 号信号量的值及时间；命令行参数个数为 2 且第二个参数为“del”时删除信号量。

（1）源程序（sem.c）

```
1.  #include <stdio.h>
2.  #include <sys/types.h>
3.  #include <sys/ipc.h>
4.  #include <sys/sem.h>
5.  union semun{
6.      int val;
7.      struct semid_ds *buf;
8.      unsigned short *array;
9.      struct seminfo *_buf;
10.   };

11.  int P(int semid,int semnum)
12.  {
13.      struct sembuf sops={semnum,-1,SEM_UNDO};
14.      return (semop(semid,&sops,1));
15.  }
16.  int V(int semid,int semnum)
17.  {
18.      struct sembuf sops={semnum,+1,SEM_UNDO};
19.      return (semop(semid,&sops,1));
20.  }
21.  int main(int argc,char **argv)
22.  {
23.      int key,rt;
24.      int semid,ret;
25.      union semun arg; //semctl 第 4 个参数，表示信号量
26.      struct sembuf semop; //信号量操作
27.      int flag;

28.      if(argc>2 || (argc= =2 && strcmp("del",argv[1])!=0))
29.      {
30.        printf("usage:%s\n",argv[0]);
31.        printf("usage:%s del\n",argv[0]);
32.        return -1;
33.      }
34.      key = ftok("/tmp",0x66);
35.      if(key<0)
36.      {
37.          perror("ftok key error");
38.          return -1;
39.      }
```

```
40.        semid = semget(key,3,IPC_CREAT|0600); //创建 3 个信号量，或打开
41.        printf("semid %d\n",semid);
42.        if(semid = = -1)
43.        {
44.              perror("create semget error");
45.              return ;
46.        }

47.        if(argc = = 1)
48.        {
49.             arg.val = 1;
50.             //对 0 号信号量设置初值
51.             ret=semctl(semid,0,SETVAL,1);
52.             if(ret < 0)
53.             {
54.                perror("ctl sem error");
55.                rt=semctl(semid,0,IPC_RMID); //删除信号量集
56.                if(rt= =-1)
57.                   perror("semctl");
58.                else
59.                   printf("semaphore %d deleted!\n",semid);
60.                   return -1;
61.             }

62.             //取 0 号信号量的值
63.             ret=semctl(semid,0,GETVAL,arg);
64.             printf("after semctl setval sem[0].val=[%d]\n",ret);
65.           system("date");

66.           printf("P operate begin\n");

67.           flag = P(semid,0);

68.           if(flag)
69.           {
70.                 perror("P operate error");
71.                 return -1;
72.           }
73.           printf("P operate end\n");
74.           ret = semctl(semid,0,GETVAL,arg);
75.           printf("after P sem[0].val=[%d]\n",ret);
76.           system("date");

77.           printf("waiting for 5 seconds\n");
78.           sleep(5);

79.           printf("V operate begin\n");
80.           if(V(semid,0)<0)
81.           {
82.                 perror("V operate error");
83.                 return -1;
84.           }
85.           printf("V operate end\n");
```

```
86.            ret = semctl(semid,0,GETVAL,arg);
87.            printf("after V sem[0].val=[%d]\n",ret);
88.            system("date");
89.        }
90.        else if(argc= =2)
91.        {
92.            if(strcmp("del",argv[1])= =0)
93.            {
94.                 rt=semctl(semid,0,IPC_RMID);   //删除信号量集
95.                if(rt= =-1)
96.                    perror("semctl");
97.                else
98.                    printf("semaphore %d deleted!\n",semid);
99.            }

100.    }
101.    return 0;
102. }
```

（2）编译

```
#gcc sem.c -o sem
```

（3）运行及结果

运行前查看信号量资源情况。

```
#ipcs -s
```

得到结果如下，此时没有用户创建的信号量：

```
[root@bogon 10]# ipcs -s
------ Semaphore Arrays --------
key          semid        owner      perms       nsems
0x000000a7   0            root       600         1
```

第一次运行创建信号量并赋 0 号信号量初值为 1：

```
#./sem
```

得到结果如下，执行了对 0 号信号量的申请和释放过程：

```
[root@bogon 10]# ./sem
semid 458753
after semctl setval sem[0].val=[1]
2016 年 06 月 03 日 星期五 21:00:34 CST
P operate begin
P operate end
after P sem[0].val=[0]
2016 年 06 月 03 日 星期五 21:00:34 CST
waiting for 5 seconds
V operate begin
V operate end
after V sem[0].val=[1]
2016 年 06 月 03 日 星期五 21:00:39 CST
```

再次查看信号量资源情况如下，此时 semid 为 458753 的就是刚刚创建的信号量集：

```
[root@bogon 10]# ipcs -s
------ Semaphore Arrays --------
key          semid        owner     perms       nsems
0x000000a7   0            root       600         1
0x66036681   458753       root       600         3
```

执行程序删除信号量：

```
#./sem   del
```

得到结果如下：

```
[root@bogon 10]# ./sem del
semid 458753
semaphore 458753 deleted!
```

再次查看信号量资源，发现刚创建的信号量集已经被删除：

```
[root@bogon 10]# ipcs -s
------ Semaphore Arrays --------
key            semid          owner          perms          nsems
0x000000a7   0              root           600            1
```

10.3 System V 共享内存

共享内存是最快的一种 IPC 方式，它使得多个进程能够访问一段指定的内存区。但需要注意的一个问题是，进程在访问共享内存时要同步。通常使用信号量实现共享内存的同步。

共享内存相关的系统调用有 4 个：shmget、shmat、shmdt 和 shmctl。

shmget 用于创建共享内存或打开已存在的共享内存。

shmat 用于把共享内存区域映射到调用进程的地址空间。

shmdt 用于断开共享内存区域与调用进程之间的关联。

shmctl 用于对共享内存的控制。例如，获取共享内存的状态、删除共享内存等。

系统调用 shmget 见表 10.7。

表 10.7　系统调用 shmget

项目	描　述
头文件	#include <sys/ipc.h> #include <sys/shm.h>
原型	int shmget (key_t key, size_t size, int shmflg);
功能	创建共享内存
参数	key：共享内存的键值 size：共享内存大小 shmflg：创建标志
返回值	成功时返回共享内存 ID；失败时返回-1

key 可以是系统调用 ftok 的返回值，也可以是 IPC_PRIVATE。size 指定以字节为单位的内存区大小。如果创建共享内存，则 size 必须要大于 0；如果访问已存在的共享内存，则 size 为 0。shmflg 可以为 IPC_CREAT 或 IPC_CREAT | IPC_EXCL，同时也可以设置共享内存的访问权限。shmget 返回共享内存 ID，这个共享内存 ID 可供 shmat、shmdt 和 shmctl 系统调用使用。

系统调用 shmat 和 shmdt 见表 10.8。

表 10.8　系统调用 shmat 和 shmdt

项目	描　述
头文件	#include <sys/ipc.h> #include <sys/shm.h>

续表

项目	描　述
原型	void *shmat(int shmid, const void *shmaddr, int shmflg); int shmdt(const void *shmaddr);
功能	共享内存映射和解除映射
参数	shmid：共享内存 ID shmaddr：映射地址 shmflg：映射此内存的读写方式，SHM_RDLONLY 只读，否则就是读写
返回值	shmat 成功时返回实际映射地址；shmdt 成功时返回 0，失败时返回-1

shmat 把内存区附加到调用进程的地址中。shmaddr 为 NULL 时，由系统指定进程空间的地址。这是推荐的使用方法。

shmat 返回共享内存在此调用进程的地址。

shmdt 把 shamaddr 指定的共享内存从调用进程地址空间断开。

系统调用 shmctl 见表 10.9。

表 10.9　系统调用 shmctl

项目	描　述
头文件	#include <sys/ipc.h> #include <sys/shm.h>
原型	int shmctl(int shmid, int cmd, struct shmid_ds *buf);
功能	消息队列控制
参数	shmid：共享内存 ID cmd：控制命令 buf：指向 shmid_ds 结构体的指针
返回值	成功时返回 0；失败时返回-1

shmctl 用于操作共享内存对象。cmd 的取值见表 10.10。

表 10.10　cmd 参数取值

项目	说　明
IPC_STAT	获取 shmid 共享内存在内核中的信息，存储由 buf 指向的 shmid _ds 对象
IPC_SET	设置新的共享内存在内核中的信息。新的信息由 buf 指向的 shmid _ds 对象给出
IPC_RMID	删除 shmid 消息队列

【例 10-2】利用共享内存实现进程间通信。

编写一个创建共享内存并将数据写入共享内存的程序。

（1）源程序（shmwrite.c）

```
1.  //创建共享内存，向共享内存中写入数据
2.  #include<stdio.h>
3.  #include<stdlib.h>
4.  #include<unistd.h>
5.  #include<string.h>
6.  #include<sys/types.h>
7.  #include<sys/ipc.h>
```

```
8.  #include<sys/shm.h>
9.  #define SHMSIZE 4096
10.  int main(int argc,char * argv[])
11.  {
12.      int shmid;
13.      key_t key;
14.      void * shmptr;
15.      key = ftok("/tmp",1); //产生关键字
16.      if(argc != 2)
17.      {
18.          printf("shmsrv needs a string. $shmsrv \"123456\"\n");
19.          exit(1);
20.      }
21.      if(key = = -1)
22.      {
23.          perror("ftok failed");
24.          exit(1);
25.      }
26.      //创建或打开共享内存
27.      shmid = shmget(key,SHMSIZE,IPC_CREAT | IPC_EXCL | 0600);
28.      if(shmid = = -1)
29.      {
30.          perror("shmget failed");
31.          exit(1);
32.      }
33.      printf("%d\n",shmid);
34.      shmptr = shmat(shmid,0,0); //共享内存映射到进程空间
35.      if(shmptr = = (void *) -1)
36.      {
37.          perror("shmat error");
38.          exit(1);
39.      }
40.      memcpy(shmptr,argv[1],strlen(argv[1]) + 1); //对共享内存空间操作
41.      if(shmdt(shmptr) = = -1) //解除映射
42.      {
43.          perror("shmdt failed");
44.          exit(1);
45.      }
46.      return 0;
47.  }
```

（2）编译

```
#gcc  -o  shmwrite  shmwrite.c
```

（3）运行

```
#./shmwrite
```

【例 10-3】读共享内存。

编写一个从共享内存中读取数据的程序。

（1）源程序（shmread.c）

```
1.  //从共享内存中读取数据
2.  #include<stdio.h>
3.  #include<stdlib.h>
```

```
4.  #include<unistd.h>
5.  #include<string.h>
6.  #include<sys/types.h>
7.  #include<sys/ipc.h>
8.  #include<sys/shm.h>

9.  #define SHMSIZE 4096

10.  int main(int argc,char * argv[])
11.  {
12.      int shmid;
13.      key_t key;
14.      void * shmptr;
15.      char buf[SHMSIZE];
16.      key = ftok("/tmp",1);
17.      //打开共享内存
18.      shmid = shmget(key,SHMSIZE,SHM_R |SHM_W);
19.      if(shmid = = -1)
20.      {
21.          perror("shmget failed");
22.          exit(1);
23.      }
24.      shmptr = shmat(shmid,0,0); //共享内存映射到进程空间
25.      if(shmptr = = (void *) -1)
26.      {
27.          perror("shmat error");
28.          exit(2);
29.      }
30.      memcpy(buf,shmptr,strlen(shmptr) + 1); //对共享内存空间操作
31.      printf("%s\n",buf);
32.      if( shmdt(shmptr) = = -1) //解除映射
33.      {
34.          perror("shmdt failed");
35.          exit(3);
36.      }
37.      return 0;
38.  }
```

（2）编译

```
#gcc  -o  shmread  shmread.c
```

（3）运行

```
#./shmread
```

【例 10-4】删除共享内存。

编写一个删除共享内存的程序。

（1）源程序（shmdel.c）

```
1.  //删除共享内存
2.  #include<stdio.h>
3.  #include<stdlib.h>
4.  #include<unistd.h>
5.  #include<string.h>
6.  #include<sys/types.h>
7.  #include<sys/ipc.h>
8.  #include<sys/shm.h>
```

```
9.  #define SHMSIZE 4096

10. int main(int argc,char * argv[])
11. {
12.     int shmid;
13.     key_t key;
14.     key = ftok("/tmp",1);
15.     //打开共享内存
16.     shmid = shmget(key,SHMSIZE,SHM_R|SHM_W);
17.     if(shmid = = -1)
18.     {
19.         perror("shmget failed");
20.         exit(1);
21.     }
22.     if(shmctl(shmid,IPC_RMID,NULL) = = -1) //删除共享内存
23.     {
24.         perror("shmctl failed");
25.         exit(1);
26.     }
27.     return 0;
28. }
```

（2）编译

```
#gcc  -o  shmdel  shmdel.c
```

（3）运行

```
#./shmdel
```

10.4 System V 消息队列

操作系统提供消息队列，有权限的进程可以把消息（message）发送到消息队列（message queue）中。消息一直存放在消息队列中，直到另一个进程将其取走。消息由两部分组成：

（1）固定大小的消息首部；

（2）可变长度的消息正文。

消息队列的主要系统调用如表 10.11 所示。

表 10.11　消息队列相关系统调用

名称	说　明
msgget	创建、打开消息队列
msgsnd	发送消息
msgrcv	接收消息
msgctl	操作消息队列

msgget 用于创建或打开消息队列，如表 10.12 所示。

表 10.12　系统调用 msgget

项目	描　述
头文件	#include <sys/types.h> #include <sys/ipc.h> #include <sys/msg.h>

续表

项目	描　述
原型	intmsgget(key_t key, int msgflg);
功能	创建、打开消息队列
参数	key：消息队列键值 msgflg：创建方式
返回值	成功时返回消息队列 ID；失败时返回-1

key 可以指定为调用 ftok 生成的值，也可以指定为 IPC_PRIVATE。当 msgflg 设置为 IPC_CREAT 或 IPC_CREAT | IPC_EXCL 时，msgget 创建消息队列；如果要打开一个存在的消息队列，则 msgflg 指定为访问消息队列的权限。

msgget 返回消息队列 ID，另外 3 个系统调用（msgsnd，msgrcv 和 msgctl）都需要这个消息队列 ID 来访问消息队列。

msgsnd 用于发送消息，如表 10.13 所示。

表 10.13　系统调用 msgsnd

项目	描　述
头文件	#include <sys/types.h> #include <sys/ipc.h> #include <sys/msg.h>
原型	intmsgsnd(intmsqid, const void *msgp, size_tmsgsz, intmsgflg)
功能	发送消息
参数	msgid：消息队列 ID msgp：指向要发送消息的首地址 msgsz：消息长度 msgflg：发送方式
返回值	成功返回消息队列 ID；失败返回-1

msqid 为目标消息队列 ID。msgp 是一个指针，指向一个 msgbuf 结构体的地址，该结构体的值为要发送消息的类型和正文：

```
structmsgbuf {
      long mtype;//消息的类型
      char mtext[1];//消息正文
};
```

msgsz 指定 mtext 成员的最大字节数。msgflg 是控制系统调用行为的标志，若为 0 表示忽略标志位；若为 IPC_NOWAIT，如果消息队列已满，则消息将不被写入队列，控制权返回调用的线程。如果不指定这个参数，则线程将被阻塞直到消息可以被写入。

msgrcv 用于从消息队列接收消息，如表 10.14 所示。

表 10.14　系统调用 msgrcv

项目	描　述
头文件	#include <sys/types.h> #include <sys/ipc.h> #include <sys/msg.h>
原型	ssize_tmsgrcv(intmsqid, void *msgp, size_tmsgsz, long msgtyp, intmsgflg);

续表

项目	描　　述
功能	接收消息
参数	msgid：消息队列 ID msgp：指向保存接收消息首地址 msgsz：消息长度 msgtyp：要接收消息的类型 msgflg：接收方式
返回值	成功时返回消息正文字节数；失败时返回-1

msqid 为目标消息队列 ID，msgp 是一个指针，指向一个 msgbuf 结构体的地址，作为接收消息的空间。msgsz 指定 mtext 成员的最大字节数，msgtyp 指定要接收的消息的类型，msgflg 可以是表 10.15 中 3 个值的按位或运算的结果。

表 10.15　msgflg 参数取值

项目	说　　明
IPC_NOWAIT	如果消息队列中没有请求类型的消息，则立刻返回。系统会设置错误码（errno）为 ENOMSG
MSG_EXCEPT	此参数与 msgtyp（大于 0）一起使用，读出消息队列中非 msgtyp 类型的第一条消息
MSG_NOERROR	如果消息的长度大于 msgsz，则截短消息

msgctl 用于操作消息队列，如表 10.16 所示。

表 10.16　系统调用 msgctl

项目	描　　述
头文件	#include <sys/types.h> #include <sys/ipc.h> #include <sys/msg.h>
原型	intmsgctl(intmsqid, intcmd, structmsqid_ds *buf);
功能	消息队列控制
参数	msgid：消息队列 ID cmd：控制命令
返回值	成功时返回 0；失败时返回-1

参数 msqid 为目标消息队列 ID，参数 cmd 的取值如表 10.17 所示。

表 10.17　cmd 参数取值

项目	说　　明
IPC_STAT	获取 msqid 消息队列在内核中的信息，存储由 buf 指向的 msqid_ds 对象
IPC_SET	设置新的消息队列在内核中的信息。新的信息由 buf 指向的 msqid_ds 对象给出
IPC_RMID	删除 msqid 消息队列

【例 10-5】通过消息队列实现进程间通信。

编写一个创建消息队列的程序，假设当前目录下有一个名为“key.msg”的文件，现在利用该文件名调用 ftok 生成消息队列资源的 key 值。

（1）源程序

头文件 mymsg.h：

```
1.  //mymsg.h
2.  //定义消息
```

```
3.  typedef struct MESSAGE
4.  {
5.      int mtype;
6.      char mtext[512];
7.  }mymsg,*pmymsg
```

主文件 msgcreate.c：

```
1.  //创建消息队列
2.  #include<stdio.h>
3.  #include<stdlib.h>
4.  #include<unistd.h>
5.  #include<sys/types.h>
6.  #include<sys/msg.h>
7.  #include<sys/ipc.h>
8.    #include<string.h>
9.    #include"mymsg.h"

10.   int main(int argc,char * argv[])
11.   {
12.       int rtn;
13.       int msqid;
14.       key_t key;
15.       mymsg msginfo;
16.       key = ftok("/tmp",1);
17.       if(key = = -1){
18.           perror("ftok failed");
19.           exit(1);
20.       }
21.       //创建或打开消息队列
22.       msqid = msgget(key,IPC_CREAT | IPC_EXCL | 0644);
23.       if(msqid = = -1){
24.           perror("msgget failed");
25.           exit(2);
26.       }
27.       return 0;
28.   }
```

（2）编译

```
# gcc   -o   msgcreate   msgcreate.c
```

（3）运行

在运行程序前，先执行 ipcs 命令查看系统原有的 IPC 资源情况。

执行结果如下：

```
------ Shared Memory Segments --------
key          shmid      owner      perms      bytes      nattch     status
0x00000001   32768      root       600        655360     2

------ Semaphore Arrays --------
key          semid      owner      perms      nsems

------ Message Queues --------
key          msqid      owner      perms      used-bytes   messages
```

可以看到系统原有一个共享内存资源，而没有信号量和消息队列资源。下面执行刚刚编译好的程序，创建一个消息队列资源：

```
#./msgcreate
```

接下来再次执行 ipcs 命令查看系统目前的 IPC 资源情况，执行结果如下：

```
------ Shared Memory Segments --------
key          shmid     owner     perms     bytes     nattch    status
0x00000001   32768     root      600       655360    2

------ Semaphore Arrays --------
key       semid      owner      perms      nsems

------ Message Queues --------
key         msqid      owner      perms      used-bytes   messages
0x6d03c905  65536      root       660        0            0
```

可以看到系统中增加了一个消息队列资源，该资源的 key 为 0x6d03c905，其 id 值为 65536，该资源的拥有者为 root 用户，其访问权限为 660。消息队列中目前没有消息。

【例 10-6】向消息队列发送消息。

编写一个向消息队列发送消息的程序。该程序在执行时需要一个命令行参数，它是要发送的消息正文。

该程序也通过相同的文件名“key.msg”得到相同的 key 值，打开【例 10-5】创建的消息队列资源，然后向该消息队列发送消息。

（1）源程序（msgsendtest.c）

```
1.  //发送消息
2.  #include<stdio.h>
3.  #include<stdlib.h>
4.  #include<unistd.h>
5.  #include<sys/types.h>
6.  #include<sys/msg.h>
7.  #include<sys/ipc.h>
8.  #include<string.h>
9.  #include"mymsg.h"
10.  int main(int argc,char * argv[])
11.  {
12.      int rtn;
13.      int msqid;
14.      key_t key;
15.      mymsg msginfo;
16.      key = ftok("/tmp",1);
17.      if(argc != 2){
18.          printf("sendmsg needs a string.exa $sendmsg \"123456\"\n");
19.          exit(0);
20.      }
21.      if(key = = -1){
22.          perror("ftok failed");
23.          exit(2);
24.      }
25.      msqid = msgget(key,0600); //打开消息队列
26.      if(msqid = = -1){
27.          perror("msgget failed");
28.          exit(3);
29.      }
30.      msginfo.mtype = 1; //设置消息类型
31.      memcpy(&msginfo.mtext,argv[1],strlen(argv[1]) + 1); //设置消息正文
32.      rtn = msgsnd(msqid,(pmymsg)&msginfo,strlen(msginfo.mtext) + 1,0); //发送
```

```
33.        if(rtn = = -1){
34.            perror("msgsnd failed");
35.            exit(4);
36.        }
37.        printf("you send a message\"%s\" to msq %d\n",argv[1],msqid);
38.        return 0;
39.    }
```

（2）编译

```
#gcc  -o  msgsendtest  msgsendtest.c
```

（3）运行

```
#./msgsendtest  abc
```

【例 10-7】从消息队列获取消息。

编写一个从消息队列中接收消息的程序。

（1）源程序（msgrecvtest.c）

```
1.  //接收消息
2.  #include<stdio.h>
3.  #include<stdlib.h>
4.  #include<unistd.h>
5.  #include<sys/types.h>
6.  #include<sys/msg.h>
7.  #include<sys/ipc.h>
8.  #include<string.h>
9.  #include"mymsg.h"

10.  int main(int argc,char * argv[])
11.  {
12.        int rtn;
13.        int msqid;
14.        key_t key;
15.        mymsg msginfo;
16.        key = ftok("/tmp",1);
17.        if(key = = -1){
18.            perror("ftok failed");
19.            exit(0);
20.        }
21.        msqid = msgget(key,0644); //打开消息队列
22.        if(msqid = = -1){
23.            perror("msgget failed");
24.            exit(2);
25.        }
26.        //接收消息类型为 1 的消息保存到 msginfo 起始的地址空间中
27.        rtn = msgrcv(msqid,(pmymsg)&msginfo,512,1,0);
28.        if(rtn = = -1){
29.            perror("msgrcv failed");
30.            exit(3);
31.        }
32.        printf("%s\n",msginfo.mtext);
33.        return 0;
34.  }
```

（2）编译

```
#gcc  -o  msgrecvtest  msgrecvtest.c
```

（3）运行

```
#./msgrecvtest
```

【例 10-8】删除消息队列。

编写一个删除消息队列的程序。

（1）源程序（msgdel.c）

```
1.  //删除消息队列
2.  #include<stdio.h>
3.  #include<stdlib.h>
4.  #include<unistd.h>
5.  #include<sys/types.h>
6.  #include<sys/msg.h>
7.  #include<sys/ipc.h>
8.  #include<string.h>
9.  #include"mymsg.h"

10.  int main(int argc,char * argv[])
11.  {
12.      int rtn;
13.      int msqid;
14.      key_t key;
15.      key = ftok("/tmp",1);
16.      if(key = = -1){
17.          perror("ftok failed");
18.          exit(0);
19.      }
20.      msqid = msgget(key,0644); //打开消息队列
21.      if(msqid = = -1){
22.          perror("msgget failed");
23.          exit(1);
24.      }
25.      rtn = msgctl(msqid,IPC_RMID,NULL); //删除消息队列
26.      if(rtn = = -1){
27.          perror("msgctl failed");
28.          exit(3);
29.      }
30.      return 0;
31.  }
```

（2）编译

```
#gcc  -o  msgdel  msgdel.c
```

（3）运行

```
#./msgdel
```

习　　题

1．利用信号量编程实现生产者—消费者问题。

2．分别利用共享内存和消息队列编程实现进程 Sender 向 Receiver 发送“hello IPC！”。

3．使用信号量互斥功能编程完成两个进程对共享内存的同一个变量进行读写操作。

第 11 章 网 络 编 程

前几章所介绍的信号、管道、信号量、共享内存、消息队列等进程间通信方式，都是为了实现本机内的进程之间进行通信。如果需要不同主机之间的进程进行通信，就涉及网络编程，套接字（Socket）就是为了实现网络主机之间进程通信而提供的一种通信机制。在讲解套接字之前，本章首先介绍 Linux 下与网络相关的命令和配置文件，另外还介绍与网络编程相关的一些概念。

本章 11.4 节设计了一个“基于网络的进程间通信”案例，该案例要求客户端通过命令行参数向指定服务器端发起连接，服务器端向请求连接的客户端发送欢迎信息，客户端接收欢迎信息并显示。在这个案例中涉及如下内容：流式套接字，套接字地址结构，面向连接套接字通信过程及相关系统调用及函数的应用。

11.1 网络编程基本概念

11.1.1 常用网络相关命令和配置文件

1．ifconfig 命令

（1）作用

ifconfig 命令用于查看和更改网络接口的地址和参数，包括 IP 地址、网络掩码、广播地址，使用权限是超级用户。

（2）格式

```
ifconfig   [interface]
ifconfig   interface   [options]   address
```

（3）主要参数

interface：指定的网络接口名，如eth0 和eth1。

address：设置指定接口设备的IP地址。

options可以有很多参数，以下仅介绍几个常用的参数。

up：激活指定的网络接口卡。

down：关闭指定的网络接口。

broadcast address：设置接口的广播地址。

netmask address：设置接口的子网掩码。

（4）应用说明

ifconfig 命令是用来设置和配置网卡的命令行工具。为了手工配置网络，这是一个必须掌握的命令。

【举例 1】若运行不带任何参数的 ifconfig 命令，将显示主机所有激活接口的信息。

```
# ifconfig
```

【举例 2】带有“-a”参数的命令显示所有接口的信息，包括没有激活的接口。

```
# ifconfig -a
```

【举例 3】要赋给 eth0 接口 IP 地址 192.168.0.3，并且马上激活它，使用下面命令：

```
# ifconfig   eth0   192.168.0.3   netmask 255.255.255.0   up
```

注意：用 ifconfig 命令配置的网络设备参数，主机重新启动以后将会丢失。

【举例 4】如果要暂停某个网络接口的工作，则可以使用 down 参数：

```
# ifconfig eth0 down
```

2．ping 命令

（1）作用

ping 命令用于检测主机网络接口状态，使用权限是所有用户。

（2）格式

```
ping  [ -LRUbdfnqrvVaAB]  [-c count]  [-i interval]  [-l preload]  [-p pattern]  [-s packetsize]
[-t ttl]  [ -w deadline]  [-F flowlabel]  [-I interface]  [-M hint]  [-Q tos]  [-S sndbuf]
[-T timestamp option]  [-W time-out]  [hop ...]  destination
```

（3）主要参数

-R：记录路由过程。

-c count：设置完成要求回应的次数。

（4）应用说明

ping 命令是使用最多的网络指令，通常使用它检测网络是否连通，它使用 ICMP 协议。但有时会有这样的情况，我们可以用浏览器查看一个网页，却无法 ping 通，这是因为一些网站出于安全考虑安装了防火墙。

【举例】测试本机与 192.168.0.1 的连通情况。

```
#ping 192.168.0.1
```

3．netstat 命令

（1）作用

netstat 命令用于检查整个 Linux 网络状态。

（2）格式

```
netstat [选项参数]
```

（3）主要参数

-a：显示所有连线中的套接字。

-c：持续列出网络状态。

-e：显示网络其他相关信息。

-h：在线帮助。

-r：显示路由表。

-s：显示网络工作信息统计表。

-t：显示 TCP 传输协议的连线状况。

-u：显示 UDP 传输协议的连线状况。

（4）应用说明

netstat 命令主要用于 Linux 查看自身的网络状况，如开启的端口、在为哪些用户服务，以及服务的状态等。此外，它还显示系统路由表、网络接口状态等。可以说，它是一个综合性的网络状态的查看工具。在默认情况下，netstat 命令只显示已建立连接的端口。如果要显示处于监听状态的所有端口，则使用-a 参数即可。

【举例】

```
#netstat -a
```

显示结果如下：

```
Active Internet connections (servers and established)
```

```
Proto Recv-Q Send-Q  Local Address               Foreign Address             State
tcp        0      0 *:32768                     *:*                         LISTEN
tcp        0      0 localhost.localdo:32769     *:*                         LISTEN
tcp        0      0 *:netbios-ssn               *:*                         LISTEN
tcp        0      0 *:sunrpc                    *:*                         LISTEN
tcp        0      0 *:x11                       *:*                         LISTEN
tcp        0      0 *:ssh                       *:*                         LISTEN
tcp        0      0 localhost.localdoma:ipp     *:*                         LISTEN
tcp        0      0 localhost.localdom:smtp     *:*                         LISTEN
tcp        0      0 localhost.localdo:37728     localhost.localdoma:ipp     TIME_WAIT
tcp        0      0 192.168.0.3:32915       xd-22-5-a8.bta.net:http         ESTABLISHED
tcp        0      0 localhost.localdo:37721 localhost.localdoma:ipp     TIME_WAIT
tcp        0      0 192.168.0.3:32938       61.135.163.87:http          ESTABLISHED
udp        0      0 192.168.0.3:netbios-dgm     *:*
udp        0      0 *:netbios-dgm               *:*
udp        0      0 *:631                       *:*
Active UNIX domain sockets (servers and established)
Proto RefCnt Flags       Type       State         I-Node   Path
unix  2      [ACC]       STREAM     LISTENING     2398     /tmp/orbit-root /linc-70c-0-5b 352d92e37a5
unix  2      [ACC]       STREAM     LISTENING     2531     /tmp/orbit-root/linc-750 -0-77fad521dbf4b
unix  3      [ ]         STREAM     CONNECTED     2860
unix  3      [ ]         STREAM     CONNECTED     2853     /tmp/.X11-unix/X0
```

4. route 命令

（1）作用

route 命令表示手工产生、修改和查看路由表。

（2）格式

```
route [-add][-net|-host] targetaddress [-netmask nm][dev]if]
route [-delete][-net|-host] targetaddress [gw gw] [-netmask nm] [ [dev] if ]
```

（3）主要参数

-add：增加路由。

-delete：删除路由。

-net：路由到达的是一个网络，而不是一台主机。

-host：路由到达的是一台主机。

-netmask nm：指定路由的子网掩码。

gw：指定路由的网关。

[dev]if：强迫路由链接指定接口。

（4）应用说明

route 命令用来查看和设置 Linux 系统的路由信息，以实现与其他网络的通信。要实现两个不同的子网之间的通信，需要一台连接两个网络的路由器，或者同时位于两个网络的网关来实现。

5. /etc/sysconfig/network-scripts/ifcfg-eth0 文件

该文件保存了系统网卡配置的相关信息，保存在文件中的配置在系统重启后依然生效。以下是文件内容：

```
DEVICE=eth0                    //网卡设备名称
ONBOOT=yes                     //启动时是否激活
BOOTPROTO=static               //协议类型，static 或 dhcp
IPADDR=192.168.174.3           //网络 IP 地址
```

```
NETMASK=255.255.255.0          //子网掩码
GATEWAY=192.168.174.254        //网关
```

6．/etc/hosts 文件

当主机启动时，在可以查询 DNS 以前，主机需要查询一些主机名到 IP 地址的匹配。这些匹配信息存放在/etc/hosts文件中。在没有域名服务器的情况下，系统上的所有网络程序都通过查询该文件来解析对应于某个主机名的 IP 地址。

下面是一个“/etc/hosts”文件的示例：

```
IP Address          Hostname                          Alias
127.0.0.1           Localhost                         Gate.openarch.com
208.164.186.1       gate.openarch.com Gate
…………               …………                              ………
```

最左边一列是主机 IP 信息，中间一列是主机名，后面一列是该主机的别名。配置完主机的网络配置文件，应该重新启动网络使得修改生效。

使用下面的命令来重新启动网络：

```
# /etc/rc.d/init.d/network   restart
```

7．/etc/host.conf 文件

该文件指定如何解析主机名。Linux 通过解析器库来获得主机名对应的 IP 地址。下面是一个“/etc/host.conf”的示例：

```
order bind，hosts
multi on
nospoof on
```

“order bind，hosts”指定主机名查询顺序，这里规定先使用 DNS 来解析域名，然后再查询“/etc/hosts”文件（也可以相反）。

“multi on”指定“/etc/hosts”文件中指定的主机是否可以有多个地址，拥有多个 IP 地址的主机一般称为多穴主机。

“nospoof on”指不允许对该服务器进行 IP 地址欺骗。IP 欺骗是一种攻击系统安全的手段，通过把 IP 地址伪装成别的计算机，来取得其他计算机的信任。

8．/etc/resolv.conf 文件

该文件是由域名解析器（resolver，一个根据主机名解析 IP 地址的库）使用的配置文件，内容示例如下：

```
search localdomain
nameserver 192.168.0.1
```

“nameserver”表示解析域名时使用该地址指定的主机为域名服务器。其中域名服务器是按照文件中出现的顺序来查询的。

11.1.2　软件体系结构

网络编程主要目的是使得用户可以在本机获得其他计算机提供的服务。软件产品有的可在本机上完成一定功能，有的还可以通过网络连接到其他计算机上，请求并获得其他计算机提供的服务。目前软件系统体系结构主要分为两类：C/S 模式和 B/S 模式。

1．C/S 模式

C/S 模式即客户机/服务器模式（Client/Server），通过将任务合理分配到客户端和服务器端，降低了系统的通信开销，可以充分利用两端硬件环境的优势。

C/S 模式的软件系统至少包括服务器端和客户端两个程序，分别运行在两台计算机上，客

户端向服务器端发出请求，服务器端收到后进行响应并做出相应处理，然后反馈给客户端，这样就完成了一次网络通信过程。C/S 模式的原理图如图 11.1 所示。

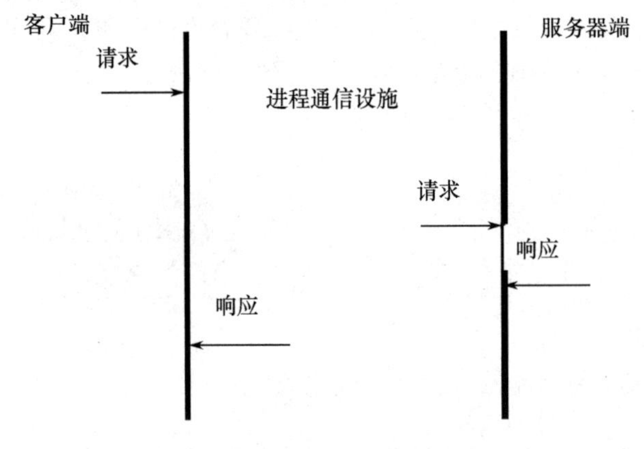

图 11.1　C/S 模式原理图

早期的软件系统多以此作为首选设计标准。服务器通常采用高性能的 PC、工作站或小型机，并采用大型数据库系统，如 Oracle、Sybase、Informix 或 SQL Server；客户端需要安装专用的客户端软件。比较典型的 C/S 模式软件产品为腾讯 QQ，用户需要在本机上下载客户端并安装，通过客户端访问腾讯服务器端获取所需的功能。

优点：充分发挥客户端 PC 的处理能力，很多工作可以在客户端处理后再提交给服务器端，因此客户端响应速度快。

缺点：客户端需要安装专用的客户端软件。对于像网吧等计算机较多的场所，对客户端软件的安装、升级、维护等的工作量将会很大。另外，客户端软件对不同操作系统一般也有限制，如微软公司的 Windows98/2000/XP/Vista/7，以及 UNIX、Linux 等操作系统，由于系统特性不同，因此很难运行同一款客户端软件。

2．B/S 模式

B/S 模式即浏览器/服务器模式（Browser/Server），是随着 Internet 的兴起，对 C/S 结构的一种变化或改进的结构。B/S 模式利用不断成熟的 WWW 浏览器技术，结合浏览器的多种 Script 语言（VBScript、JavaScript 等）和 ActiveX 技术，用通用浏览器就实现了原来需要复杂专用软件才能实现的强大功能，节约开发成本，是一种全新的软件系统构造技术。

在这种模式下，客户机上只要安装一个浏览器（Browser），如微软的 Internet Explorer；服务器安装 Oracle、Sybase、Informix 或 SQL Server 等数据库。浏览器通过 Web Server 同数据库进行数据交互。用户界面完全通过 WWW 浏览器实现，一部分事务逻辑在浏览器实现，但是主要事务逻辑在服务器端实现，形成 3 层结构，如图 11.2 所示。

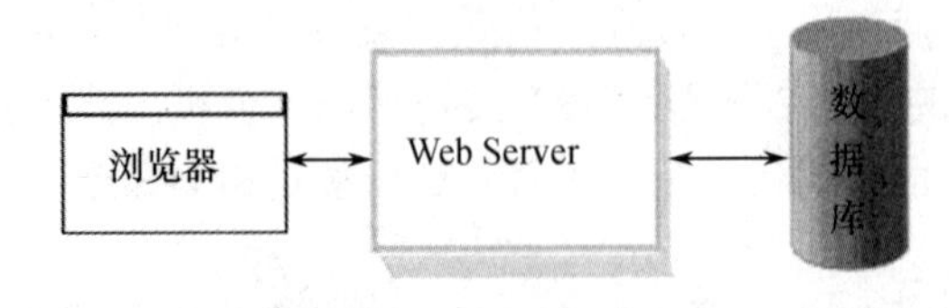

图 11.2　B/S 模式原理图

优点：客户机只需要有浏览器，且可以上网，就能满足要求，维护、升级较容易。

缺点：客户机只能完成浏览、查询、数据输入等简单功能，绝大部分工作由服务器承担，这使得服务器的负担很重，会导致数据查询等速度较慢。另外，正因为所有数据处理都依赖于服务器，所以不适合做大数据量分析、实时控制等应用。

11.1.3 网络协议及 OSI 参考模型

1．协议的基本概念

协议（Protocol）是指两个或两个以上实体为了开展某项活动，经过协商后达成的一致意见。协议总是指某一层的协议，即在同等层之间的实体通信时，有关通信规则和约定的集合就是该层协议，例如物理层协议、传输层协议、应用层协议等。

在计算机网络系统中，为了保证通信双方能正确而自动地进行数据通信，针对通信过程的各种情况，制定了一整套约定——网络系统的通信协议。网络协议是计算机网络不可缺少的组成部分。

简单地说，协议是指通信双方必须遵循的、控制信息交换的规则的集合，是一套语义和语法规则，用来规定有关功能部件在通信过程中的操作，它定义了数据发送和接收操作中必经的过程。协议规定了网络中使用的格式、定时方式、顺序和纠错。

网络系统体系结构是有层次的，通信协议也被分为多个层次，在每个层次内又可分成若干子层次，协议各层次有高低之分。每一层和相邻层有接口，较低层通过接口向它的上一层提供服务，但这一服务的实现细节对上层是屏蔽的。较高层又是在较低层提供的低级服务的基础上实现更高级的服务。

只有通信协议有效，才能实现系统内各种资源共享。如果通信协议不可靠，就会造成通信混乱和中断。在设计和选择协议时，不仅要考虑网络系统的拓扑结构、信息的传输量、所采用的传输技术、数据存取方式，还要考虑到其效率、价格和适应性等问题。

2．OSI 参考模型

在计算机网络产生之初，每个计算机厂商都有一套自己的网络体系结构的概念，它们之间互不相容。为此，国际标准化组织（International Organization for Standardization，ISO）在 1979 年建立了一个分委员会来专门研究一种用于开放系统互连的体系结构（Open Systems Interconnection，OSI）。“开放”这个词表示：只要遵循 OSI 标准，一个系统可以和位于世界上任何地方的、也遵循 OSI 标准的其他任何系统进行连接。

开放系统互连 OSI 参考模型是在 1984 年由国际标准化组织 ISO 发布的，现在已被公认为计算机互连通信的基本体系结构模型。该模型是设计和描述网络通信的基本框架，描述了信息如何从一台计算机的应用层软件通过网络媒介传输到另一台计算机的应用层软件中。

OSI 参考模型的系统结构是层次式结构，由 7 层组成，它从高层到低层依次是应用层、表示层、会话层、传输层、网络层、数据链路层和物理层，各个层次包含不同的网络活动和设备，以及相应的技术接口。此外，各个层次还拥有独立的称之为协议的标准。各层间相对独立，并且下一层为上一层提供服务。如图 11.3 所示。

（1）物理层：OSI 模型的最低层或第一层，该层包括物理联网媒介，如电缆连线连接器。物理层的协议产生并检测电压，以便发送和接收携带数据的信号。在 PC 上插入网络接口卡，就建立了计算机联网的基础。尽管物理层不提供纠错服务，但它能够设定数据传输速率并监测数据出错率。网络物理问题，如电线断开，将影响物理层。

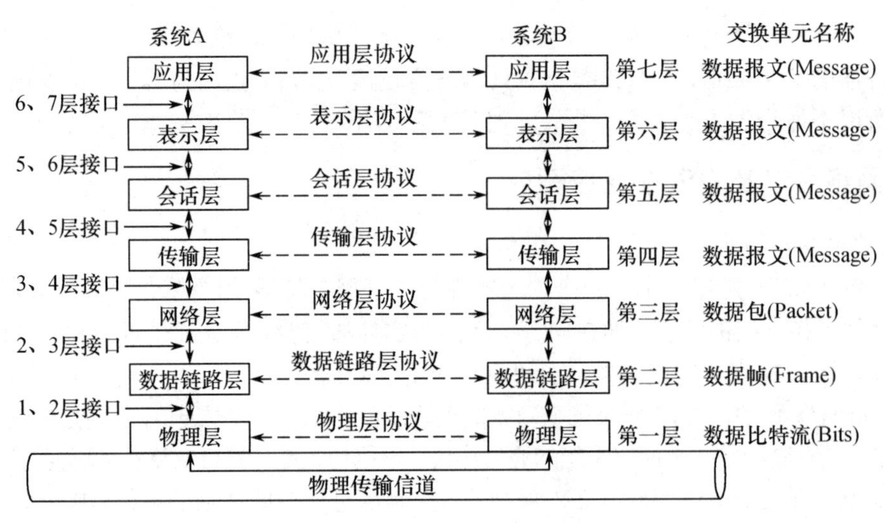

图 11.3　OSI 参考模型组成

（2）数据链路层：OSI 模型的第二层，它控制网络层与物理层之间的通信。它的主要功能是如何在不可靠的物理线路上进行数据的可靠传递。为了保证传输，从网络层接收到的数据被分割成特定的可被物理层传输的帧。帧是用来移动数据的结构包，它不仅包括原始数据，还包括发送方和接收方的网络地址以及纠错和控制信息。其中的网络地址确定了帧将发送到何处，而纠错和控制信息则确保帧无差错到达。

（3）网络层：OSI 模型的第三层，其主要功能是将网络地址翻译成对应的物理地址，并决定如何将数据从发送方路由到接收方。网络层通过综合考虑发送优先权、网络拥塞程度、服务质量以及可选路由的花费来决定从一个网络中节点 A 到另一个网络中节点 B 的最佳路径。因为网络层处理路由，而路由器因为既连接网络各段，并智能指导数据传送，所以属于网络层。在网络中，“路由”基于编址方案、使用模式及可达性来指引数据的发送。

（4）传输层：OSI 模型中最重要的一层。传输协议同时进行流量控制或基于接收方可接收数据的快慢程度规定适当的发送速率。除此之外，传输层按照网络能处理的最大尺寸将较长的数据报进行强制分割。例如，以太网无法接收大于 1500 字节的数据包。发送方节点的传输层将数据分割成较小的数据片，同时对每一数据片安排一序列号，以便数据到达接收方节点的传输层时，能以正确的顺序重组。该过程即被称为排序。

（5）会话层：负责在网络中的两节点之间建立和维持通信。会话层的功能包括：建立通信连接，保持会话过程通信连接的畅通，同步两个节点之间的对话，决定通信是否被中断以及通信中断时决定从何处重新发送。

（6）表示层：应用程序和网络之间的“翻译官”。在表示层，数据将按照网络能理解的方案进行格式化，这种格式化也因所使用网络的类型不同而不同。

（7）应用层：负责对软件提供接口以使程序能使用网络服务。术语“应用层”并不是指运行在网络上的某个特别应用程序，应用层提供的服务包括文件传输、文件管理及电子邮件的信息处理等。

3. TCP/IP 协议

OSI 参考模型的标准最早是由 ISO 和 CCITT（ITU 的前身）制定的，有浓厚的通信背景，因此也打上了深厚的通信系统的特色，比如对服务质量（QoS）、差错率的保证，只考虑了面向连接的服务。另外，OSI 参考模型是先定义一套功能完整的构架，再根据该构架来发展相应的协议与系统，有些太理想化，不易适应变化与实现。

TCP/IP 协议产生于对 Internet 网络的研究与实践中，是应实际需求而产生的，再由 IAB、IETF 等组织标准化。而且 TCP/IP 最早是在 UNIX 系统中实现的，考虑了计算机网络的特点，比较适合计算机实现和使用。

也就是说，OSI 参考模型不是基于某个特定的协议集而设计的，而是网络体系结构的模型，具有通用性。而在实际应用中，采用的是 TCP/IP 协议。

TCP/IP（Transmission Control Protocol/Internet Protocol，传输控制协议/互联网络协议）是 Internet 最基本的协议，简单地说，就是由网络层的 IP 协议和传输层的 TCP 协议组成的。

TCP/IP 协议采用 4 层的层级结构，每一层都呼叫它的下一层所提供的网络来完成自己的需求。如图 11.4 所示。

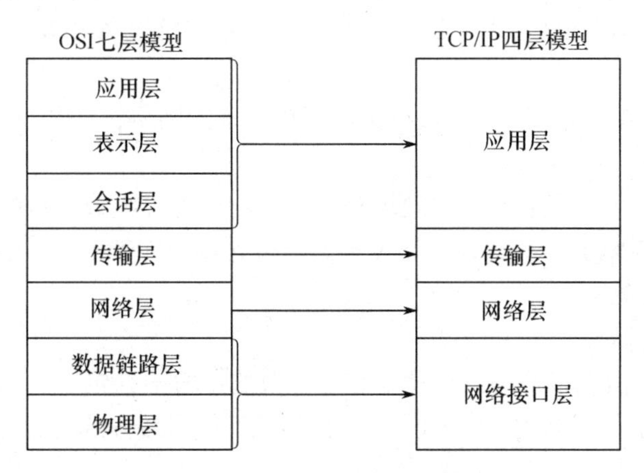

图 11.4　TCP/IP 协议分层结构

（1）应用层：应用程序间沟通的层，如简单电子邮件传输协议（SMTP）、文件传输协议（FTP）、网络远程访问协议（Telnet）等。

（2）传输层：在此层中，提供了节点间的数据传输服务，如传输控制协议（TCP）、用户数据报协议（UDP）等，TCP 和 UDP 给数据包加入传输数据并把它传输到下一层中，这一层负责传输数据，并且确定数据已被送达并接收。

（3）网络层：负责提供基本的数据包传输功能，让每一个数据包都能够到达目的主机（但不检查是否被正确接收），如网际协议（IP）。

（4）网络接口层：对实际的网络媒介的管理，定义如何使用实际网络（如 Ethernet、Serial Line 等）来传输数据。

11.1.4　IP 地址和端口

1．IP 地址

IP 地址用于标志网络中的一个通信实体，这个通信实体可以是一台主机，也可以是一台打印机，或者是路由器的某一个端口。而在基于 IP 协议网络中传输的数据包，都必须使用 IP 地址来进行标识。

如同写信一样，要标明收信人的通信地址和发信人的地址，而邮政工作人员则通过该地址来决定邮件的去向。类似的过程也发生在计算机网络里，每个被传输的数据包也要包括一个源 IP 地址和一个目的 IP 地址，当该数据包在网络中传输时，这两个地址要保持不变，以确保网络设备总能根据确定的 IP 地址，将数据包从源通信实体送往指定的目的通信实体。

TCP/IP 协议簇中的 IP 是网络层的协议，也是核心协议。目前 IP 协议的版本号是 4（简称 IPv4），它的下一个版本就是 IPv6。IPv6 正处在不断发展和完善的过程中，在不久的将来将取代目前被广泛使用的 IPv4。

在 IPv4 协议中，IP 地址是一个 32 位的整数，使用二进制数表示；然而为了便于记忆，也把 IP 地址表示成 4 个 8 位的二进制数，每 8 位之间用圆点隔开，每个 8 位整数可以转换成一个 0～255 的十进制整数，因此我们看到的 IP 地址常常是如下形式：192.168.102.42，也称为“点分十进制”记法。

NIC（Internet Network Information Center）统一负责全球 Internet IP 地址的规划、管理，而 Inter NIC、APNIC、RIPE 这 3 大网络信息中心具体负责美国及其他地区的 IP 地址分配。其中 APNIC 负责亚太地区的 IP 管理，我国申请 IP 地址也要通过 APNIC，APNIC 的总部设在日本东京大学。

IP 地址被分成了 A、B、C、D、E 五类，每个类别的网络标识和主机标识各有规则。

（1）A 类 IP 地址

一个 A 类 IP 地址由 1 字节的网络地址和 3 字节主机地址组成，网络地址的最高位必须是“0”，即第一段数字范围为 1～127。每个 A 类地址可连接 16387064 台主机，Internet 有 126 个 A 类地址。

（2）B 类 IP 地址

一个 B 类 IP 地址由 2 字节的网络地址和 2 字节的主机地址组成，网络地址的最高位必须是“10”，即第一段数字范围为 128～191。每个 B 类地址可连接 64516 台主机，Internet 有 16256 个 B 类地址。

（3）C 类 IP 地址

一个 C 类地址是由 3 字节的网络地址和 1 字节的主机地址组成，网络地址的最高位必须是“110”，即第一段数字范围为 192～223。每个 C 类地址可连接 254 台主机，Internet 有 2054512 个 C 类地址。

（4）D 类 IP 地址

第一个字节以“1110”开始，其数字范围为 224～239，是多点播送地址，用于多目的地信息的传输及作为备用。全零（“0.0.0.0”）的 IP 地址对应于当前主机，全“1”的 IP 地址（“255.255.255.255”）是当前子网的广播地址。

（5）E 类 IP 地址

以“11110”开始，即第一段数字范围为 240～254。E 类地址保留，仅用于实验和开发。

另外，还有几种用作特殊用途的 IP 地址。

① 主机段（即宿主机）ID 全部设为“0”的 IP 地址称为网络地址，如 129.45.0.0 就是 B 类网络地址。

② 主机 ID 部分全设为“1”（即 255）的 IP 地址称为广播地址，如 129.45.255.255 就是 B 类的广播地址。

③ 网络 ID 不能以十进制数“127”作为开头，在地址中数字 127 保留给诊断用。如 127.1.1.1 用于回路测试，同时网络 ID 的第一个 8 位组也不能全置为“0”，全置“0”表示本地网络。网络 ID 部分全为“0”和全为“1”的 IP 地址被保留使用。

2．端口

IP 地址可以唯一地确定网络上的一个通信实体，但一个通信实体可以有多个通信程序同时提供网络服务，此时还需要使用端口。端口是一个16位的整数，用于表示数据交给哪个通信程序处理。因此，端口就是应用程序与外界交流的出入口，它是一种抽象的软件结构，包括一些数据结构和I/O缓冲区。

如果把IP地址理解为某个人所在地方的地址（包括街道和门牌号），但仅有地址还是找不到这个人，还需要知道他所在的房号才可以找到这个人。因此如果认为应用程序是人，而计算机网络充当邮递员的角色，当一个程序需要发送数据时，就需要指定目的地的IP地址和端口，如果指定了正确的IP地址和端口，计算机网络就可以将数据传送给该IP地址和端口所对应的程序。

不同的应用程序处理不同端口上的数据，同一台机器上不能有两个程序使用同一个端口，端口号可以从0～65535，通常将它分为两类：公认端口和动态/私有端口。

（1）公认端口（Well Known Ports）

公认端口是众所周知的端口号，范围从0～1023，其中80端口分配给WWW服务，21端口分配给FTP服务等。我们在IE的地址栏里输入一个网址的时候（比如www.neusoft.edu.cn），是不必指定端口号的，因为在默认情况下WWW服务的端口号是“80”。

网络服务是可以使用其他端口号的，如果不是默认的端口号，则应该在地址栏上指定端口号，方法是在地址后面加上冒号“:”（半角），再加上端口号。比如，使用“8080”作为WWW服务的端口，则需要在地址栏里输入“www.cce.com.cn:8080”。

但是有些系统协议使用固定的端口号，它是不能被改变的，比如139端口专门用于NetBIOS与TCP/IP之间的通信，不能手动改变。

（2）动态/私有端口（Dynamic/Private Ports）

动态端口的范围是从1024～65535。之所以称为动态端口，是因为它一般不固定分配某种服务，而是动态分配的。动态分配是指当一个系统进程或应用程序进程需要网络通信时，它向主机申请一个端口，主机从可用的端口号中分配一个供它使用。当这个进程关闭时，同时也就释放了所占用的端口号。

应用程序（调入内存运行后一般称为进程）通过系统调用与某端口绑定后，传输层传给该端口的数据都被相应的进程所接收，相应进程发给传输层的数据都从该端口输出。在TCP/IP协议的实现中，端口操作类似于一般的I/O操作，进程获取一个端口，相当于获取本地唯一的I/O文件，可以用一般的读写方式访问。类似于文件描述符，每个端口都拥有一个叫端口号的整数描述符，用来区别不同的端口。

按照常见的服务划分，端口还分为TCP端口和UDP端口两种。由于TCP/IP传输层的TCP和UDP两个协议是两个完全独立的软件模块，因此各自的端口号也相互独立。如TCP有一个255号端口，UDP也可以有一个255号端口，两者并不冲突。端口号有两种基本分配方式：①全局分配，这是一种集中分配方式，由一个公认权威的中央机构根据用户需要进行统一分配，并将结果公布于众；②本地分配，又称动态连接，即进程需要访问传输层服务时，向本地操作系统提出申请，操作系统返回本地唯一的端口号，进程再通过合适的系统调用，将自己和该端口绑定。TCP/IP端口号的分配综合了以上两种方式，将端口号分为两部分，少量的作为保留端口，以全局方式分配给服务进程。每一个标准服务器端都拥有一个全局公认的端口（叫周知口），即使在不同的机器上，其端口号也相同。剩余的为自由端口，以本地方式进行分配。TCP和UDP规定，小于256的端口才能作为保留端口。

11.1.5 字节顺序

在计算机中，一个 0 或 1 称为一位（bit），连续的 8 位称为 1 字节（Byte），通常一个 ASCII 码用 1 字节存放。

用户在写字符流时，由于字符型值只占 1 字节，计算机只需按一个字符一个字符写入文件即可。但如果处理整型值，由于整型值可能占 4 字节，那么一个整型值内部的字节排列顺序将直接关系到被计算机识别出来的整型值。所谓的字节顺序，是指大于 1 字节的数据在内存中的存放顺序，1 字节的数据就不涉及此类问题了。

不同的计算机结构可能使用不同的字节顺序存储数据，共有两类字节顺序：Big-Endian 和 Little-Endian。

Big-Endian：低位字节保存在内存高地址端。

Little-Endian：低位字节保存在内存低地址端。

对于 Big-Endian 处理器，在将字节放在内存中时，是从最低位地址开始的，首先放入最重要的字节。对于 Little-Endian 处理器，首先放入的是最不重要的字节。例如，Intel、VAX 和 Unisys 处理器采用的是 Little-Endian，而 IBM 370、Motorola、IBM 大型机和大多数 UNIX 平台采用的是 Big-Endian。

由于网络的发展使得不同地域、不同结构的主机都有可能进行数据交换，因为字节顺序的差异会导致数据的传输错误，因此在将应用程序从一种架构类型迁移至另一种架构类型的过程中，会遇到字节顺序问题，目前网络上采用的是 Big-Endian。例如，在调用 bind 时 IP 地址（4 字节整型）和端口（2 字节整型）就需要进行字节顺序转换。

【例 11-1】 Little-Endian 字节顺序。

将一个整型值按照内存存放顺序按字节输出对应的值（十六进制数）。

（1）源程序（byteorder.c）

```
1.  #include <stdio.h>
2.  int main()
3.  {
4.      int i=0x41424344;
5.      char* pAddress=(char*)&i;
6.      int j;
7.      printf("int Address:%x Value:%x\n",&i,i);
8.      printf("------------------------------\n");
9.      for(j=0 ; j<=3 ; j++)
10.     {
11.         printf("char Address:%x Value:%c\n",pAddress,*pAddress);
12.         pAddress++;
13.     }
14. }
```

（2）编译

```
#gcc   -o   byteorder     byteorder.c
```

（3）运行

```
#./byteorder
```

（4）可能的运行结果

在 Intel 系列处理器上，使用 RedHat Linux 9.0 环境的执行结果为：

```
int Address:bffff0b4 Value:41424344
------------------------------
```

```
char Address:bffff0b4 Value:D
char Address:bffff0b5 Value:C
char Address:bffff0b6 Value:B
char Address:bffff0b7 Value:A
```

由此可以看出，Intel 系列处理器采用的是 Little-Endian，变量 i 的低位字节 44 对应的 ASCII 码为 D，保存在 bffff0b4——低地址端。如果在 Big-Endian 字节顺序的处理器上运行此程序，结果则恰好相反。

为了实现 Little-Endian 到 Big-Endian 字节顺序的转换，UNIX/Linux 系统提供了一些字节顺序转换函数，如表 11.1 所示。

表 11.1　字节顺序转换函数

函数名	作　用
htons	主机字节顺序到网络字节顺序的转换，短整型，见表 11.2
htonl	主机字节顺序到网络字节顺序的转换，长整型，见表 11.3
ntohs	网络字节顺序到主机字节顺序的转换，短整型，见表 11.4
ntohl	网络字节顺序到主机字节顺序的转换，长整型，见表 11.5
备注	h—host，n—network，s—short，l—long，帮助记忆识别

表 11.2　函数 htons

项目	描　述
头文件	#include <netinet/in.h>
原型	uint16_t htons(uint16_t hostshort);
功能	主机字节顺序到网络字节顺序的转换，短整型
参数	hostshort：一个 16 位的短整型数据
返回值	一个 16 位的短整型数据，网络字节顺序

表 11.3　函数 htonl

项目	描　述
头文件	#include <netinet/in.h>
原型	uint32_t htonl(uint32_t hostlong);
功能	主机字节顺序到网络字节顺序的转换，长整型
参数	hostlong：一个 32 位的长整型数据
返回值	一个 32 位的长整型数据，网络字节顺序

表 11.4　函数 ntohs

项目	描　述
头文件	#include <netinet/in.h>
原型	uint16_t ntohs(uint16_t netshort);
功能	网络字节顺序到主机字节顺序的转换，短整型
参数	netshort：一个 16 位的短整型数据
返回值	一个 16 位的短整型数据，主机字节顺序

表 11.5　函数 ntohl

项目	描　述
头文件	#include <netinet/in.h>
原型	uint32_t ntohl(uint32_t netlong);
功能	网络字节顺序到主机字节顺序的转换，长整型
参数	netlong：一个 32 位的长整型数据
返回值	一个 32 位的长整型数据，主机字节顺序

11.1.6　网络数据传输方式

网络中两台主机之间的数据传输方式主要有两种：面向连接和面向无连接。在 TCP/IP 协议簇中，传输层的 TCP 协议和 UDP 协议分别实现的是面向连接和面向无连接的数据传输。

1．面向连接

所谓面向连接，是指通信双方在进行通信之前，事先在双方之间建立起一个完整的可以彼此沟通的通道。这个通道也就是连接，在通信过程中，整个连接的情况一直可以被实时地监控和管理。比如打电话，必须等线路接通了，对方拿起话筒才能相互通话，最后还要释放连接——挂断电话。

面向连接服务具有连接建立、数据传输和连接释放这 3 个阶段，在网络层中又称为虚电路服务。

在面向连接的数据传输过程中，数据按序传输，可靠性高，适合于在一定期间内向同一目的地发送许多数据的情况。

TCP（Transmission Control Protocol，传输控制协议）是基于连接的协议，也就是说，在正式收发数据前，必须和对方建立可靠的连接。一个 TCP 连接必须要经过 3 次“对话”才能建立起来。

建立连接的过程一般需要 3 次握手，如图 11.5 所示。释放连接的过程一般需要 4 次握手，如图 11.6 所示。

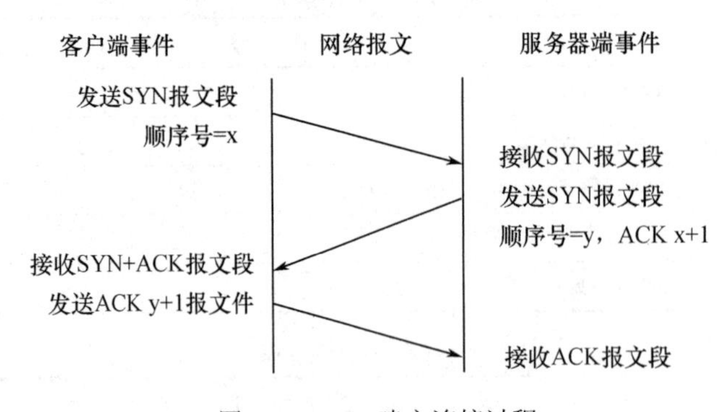

图 11.5　TCP 建立连接过程

2．面向无连接

对于无连接的服务，发送信息的计算机把数据以一定的格式封装在帧中，把目的地址和源地址加在信息头上，然后把帧交给网络进行发送。网络会根据数据中的地址进行转发，最终到达目标主机上。类似寄信一样，地址姓名填好以后直接往邮筒一扔，在大多数情况下收信人就能收到信件，但也有可能收不到。

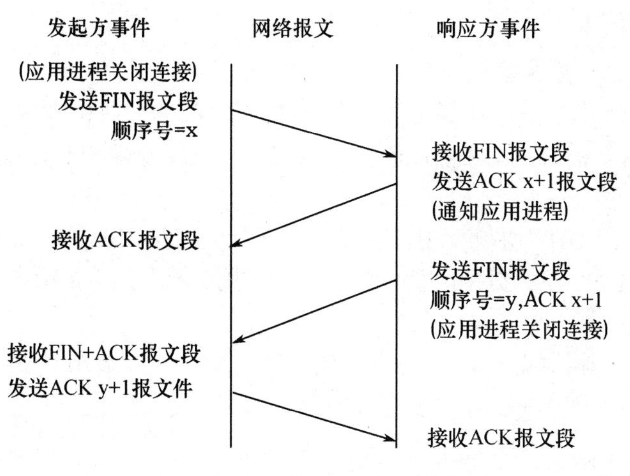

图 11.6　TCP 释放连接过程

无连接服务的优点是通信比较迅速，使用灵活方便，连接开销小；但可靠性低，不能防止报文的丢失、重复或失序，适合于传送少量零星的报文。

UDP（User Data Protocol，用户数据报协议）是与 TCP 相对应的协议。它是面向无连接的协议，它不与对方建立连接，而是直接就把数据报发送过去。

11.2　套接字编程基础

UNIX/Linux 都是计算机使用的主流操作系统，TCP/IP 是广为应用的互联网协议，UNIX/Linux 为 TCP/IP 网络编程提供了一种网络进程通信机制：套接字接口。

11.2.1　套接字简介

套接字（Socket）是网络通信的基本操作单元，它提供了不同主机间进程双向通信的端点，这些进程在通信前各自建立一个套接字，并通过对套接字的读写操作实现网络通信功能，因此套接字也是进程间通信的一种方式，其通信过程如图 11.7 所示。

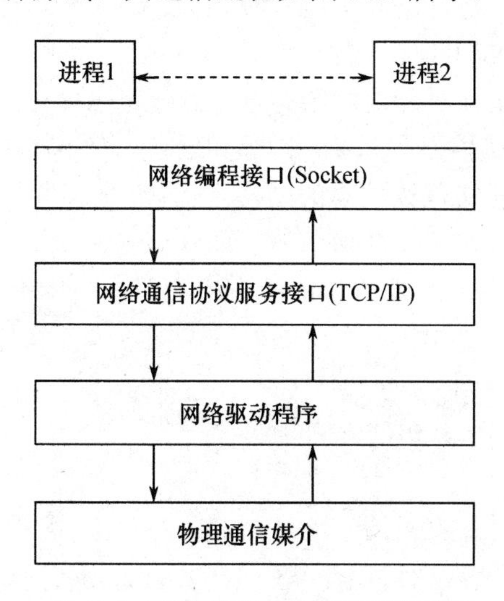

图 11.7　套接字实现网络进程间通信

套接字主要分为以下 3 种类型。

（1）字节流套接字（流式套接字）

这是最常用的套接字类型，TCP/IP 协议簇中的 TCP 协议使用此类接口，它提供面向连接的（建立虚电路）、无差错的、发送先后顺序一致的、包长度不限和非重复的网络数据包传输。

（2）数据报套接字

TCP/IP 协议簇中的 UDP 协议使用此类接口，它是无连接的服务，以独立的数据包进行网络传输，传输不保证顺序性、可靠性和无重复性，它通常用于单个报文传输或可靠性不重要的场合。

（3）原始套接字

提供对网络下层通信协议（如 IP 协议）的直接访问，它一般不是提供给普通用户的，主要用于开发新的协议或用于提取协议较隐蔽的功能。

11.2.2 套接字地址结构

套接字作为网络进程间通信的一种方式，自然需要明确进程所在主机的网络地址以及进程所使用的端口。另外，进程间通信还需要遵守同样的协议，这些信息必须要通过某种类型数据记录下来。

套接字的地址结构记录了以上必须的信息，一个通用的地址结构体 sockaddr 可用于同一或不同的 UNIX/Linux 主机进程间通信。

sockaddr 结构体定义在/usr/src/linux-2.4/include/linux/socket.h 文件中：

```
struct sockaddr
{
    unsigned short   sa_family;       /* address family，AF_xxx */
    char   sa_data[14];               /* 14 bytes of protocol address */
};
```

sa_family 是地址家族或协议簇，有 INET 协议（TCP/IP）、IPX 协议等，一般都是“AF_xxx”的形式。通常大多用的是 AF_INET，表示 TCP/IP 协议。关于协议簇的宏定义也在上述文件中。

sa_data 是 14 字节协议地址，里面的信息是 IP 地址和端口，可能是本机的也可能是目标主机的。

此地址结构常用作套接字进行进程间通信时 bind、connect、recvfrom、sendto 等系统调用的参数，指明本机或目标主机的地址信息。

然而一般编程中并不直接针对此地址结构进行操作，因为把一个 32 位整型的 IP 地址和 16 位短整型的端口以及协议簇信息写入 14 字节，是一件比较麻烦的事情，所以通常采用另一个与 sockaddr 类型等价的带有协议簇信息的结构来代替。地址结构类型的名字以“sockaddr_”开始，并以协议簇作为后缀，如 INET 协议簇（即互联网协议簇、TCP/IP 协议簇）的地址结构类型名为 sockaddr_in。TCP/IP 协议簇目前的版本为 IPv4，以下仅介绍 IPv4 的地址结构：

```
struct   sockaddr_in
{
    short int sin_family;    /* Address family */
    unsigned short int    sin_port;    /* Port number */
    struct in_addr sin_addr;    /* Internet address */
    unsigned char sin_zero[8];    /* Same size as struct sockaddr */
};
```

sin_family 代表协议簇，其取值可以为 AF_INET（Internet 协议簇）、AF_UNIX（UNIX 内部协议簇）等，一般选择 AF_INET。

sin_port 存储端口号，注意是网络字节顺序。

sin_addr 存储 IP 地址，使用 in_addr 这个数据结构，in_addr 定义如下：

```
struct  in_addr
{
    unsigned long s_addr;
};
```

注意：s_addr 按照网络字节顺序存储 IP 地址。

sin_zero 是为了让 sockaddr 与 sockaddr_in 两个地址结构保持大小相同而保留的空字节，协议簇、端口号、IP 地址共占用了 8 字节，而 sockaddr 通用地址结构共 16 字节，所以 sin_zero 数组元素个数为 8。一般在使用时，将 sin_zero 清 0。

sockaddr_in 和 sockaddr 是并列的地址结构，指向 sockaddr_in 的结构体的指针也可以指向 sockaddr 的结构体，并代替它。也就是说，当 bind、connect 等系统调用的形参类型为 sockaddr_in 指针类型时，可以使用 sockaddr_in 的指针类型代替作为实参，为保持参数类型匹配可以使用强制类型转换。

举例如下：

```
struct  sockaddr_in  mysock;
bzero((char*)&mysock,sizeof(mysock)); //初始化 mysock 为 0
mysock.sa_family=AF_INET;
mysock.sin_addr.s_addr=inet_addr("192.168.0.1");
mysock.sinport=htons(1032);
//等到需要 sockaddr 指针类型时，可将 mysock 做如下强制类型转换
（struct sockaddr*）&mysock
```

11.2.3 面向连接套接字通信过程

基于 TCP 协议进行通信的方式是面向连接的通信过程，通信进程双方之间在通信之前必须要建立连接，从而通过此连接进行数据通信，通信结束后释放连接，这是可靠的传输。但是建立连接和释放连接需要一定过程，因此速度有所降低。流式套接字就是使用 TCP 协议进行网络进程间通信的套接字方式。

使用流式套接字建立连接及通信的步骤如图 11.8 所示。

服务器端先启动，进行 socket、bind、listen、accept 一系列准备工作，然后如果没有客户端请求建立连接，则服务器端处于阻塞状态，等待客户端请求建立连接。

客户端启动后，首先向服务器端发起建立连接请求，得到服务器端同意后，连接建立成功，客户端和服务器端开始进行数据通信（即数据的发送和接收过程），客户端完成通信过程后释放连接，关闭套接字。

服务器端关闭与某客户端的连接，并根据情况决定是否结束整个服务器端的服务。一般大型的服务器端是不间断服务的，除非进行系统维护和升级，所以一般服务器端将会使用循环方式，不断接收客户端请求以及与客户端进行通信。另外，服务器端可以选择一次只处理一个客户端请求（重复性服务器），也可以采用多进程或多线程等方式同时处理多个客户端请求（并发服务器）。

1．服务器端过程

（1）服务进程首先调用 socket 创建一个流式套接字。

（2）调用 bind 将服务器端所在主机地址和端口绑定在该套接字上。

（3）调用 listen 将套接字转换成被动监听套接字，并在套接字指定端口上监听客户端连接请求。

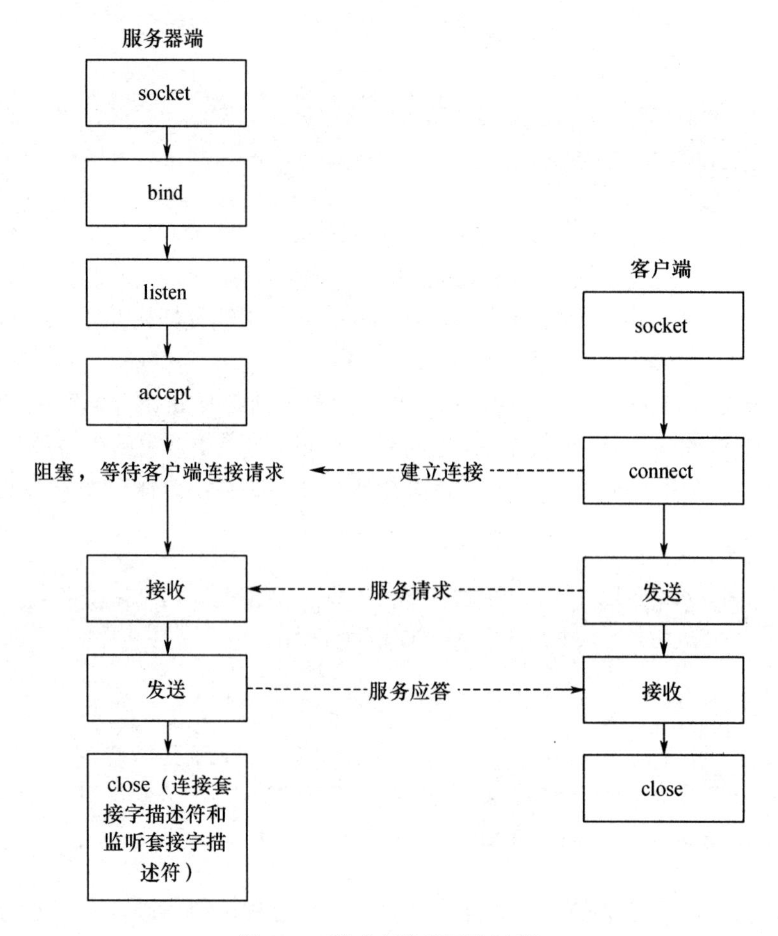

图 11.8　流式套接字通信过程

（4）调用 accept 做好与客户端进程建立连接的准备，如果没有客户端连接请求，那么服务进程将因为调用 accept 被阻塞，直到有客户端请求建立连接为止。

（5）当收到客户端请求后，服务进程从 accept 阻塞状态被唤醒，生成一个新的连接套接字，并用连接套接字同客户端进程的套接字建立连接，而服务进程最早生成的套接字则继续用于监听网络上的服务请求。服务器端通过连接套接字与客户端进行数据的发送和接收，一般使用 send(write)/recv(read)进行。

（6）与某客户端通信结束后，关闭连接套接字。

（7）如果要关闭服务器端，则关闭监听套接字。

2．客户端过程

（1）客户端进程调用 socket 创建流式套接字。

（2）根据服务器端的地址和端口，调用 connect 向服务进程发出连接请求。

（3）当服务器端同意建立连接后，客户端就可以通过 send(write)/recv(read)与服务器端进行数据通信。

（4）通信结束后，客户端关闭套接字，中断连接。

11.2.4　面向无连接套接字通信过程

基于 UDP 协议进行通信的方式是面向无连接的通信过程，通信进程双方之间在通信过程中不必建立连接，只要指定了目标主机的 IP 地址和端口就可以向对方发送信息。因此速度快，但是不保证可靠性，很有可能丢失或到达目的主机但服务器端尚未启动。数据报套接字就是使用 UDP 协议进行网络进程间通信的套接字方式。

数据报套接字通信的步骤如图 11.9 所示。

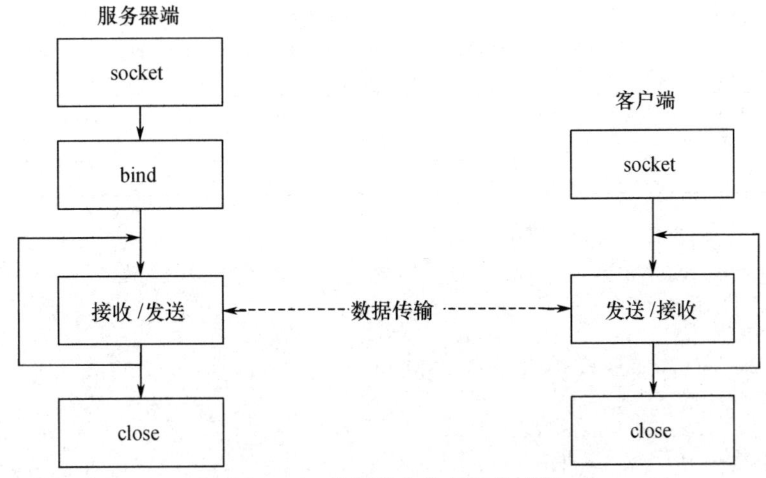

图 11.9 数据报套接字通信过程

1. 服务器端过程

（1）服务器端首先调用 socket 创建一个数据报套接字。

（2）调用 bind 将服务器端地址绑定在该套接字上。

（3）等待接收客户端进程发来的数据请求，一般使用 recvfrom 接收客户端请求。如果没有客户端请求数据，则 recvfrom 将阻塞服务器端进程；一旦有客户端请求，则唤醒服务器端进程，并对客户端请求进行处理和反馈，一般使用 sendto 发送反馈信息。

（4）根据情况决定是否继续处理客户端情况。如果继续，则可以使用循环方式进行；如果停止服务，则可以直接调用 close 关闭套接字。

2. 客户端过程

（1）客户端调用 socket 创建一个数据报套接字。

（2）调用 sendto 向服务进程发送请求，然后调用 recvfrom 等待服务器端返回对该请求的处理结果。

（3）客户端调用 close 撤销套接字。

11.3 套接字编程相关系统调用

11.3.1 系统调用 socket

系统调用 socket 用于创建套接字，得到套接字描述符，其相关信息如表 11.6 所示。

表 11.6 系统调用 socket

项目	描 述
头文件	#include <sys/types.h> #include <sys/socket.h>
原型	int socket(int domain, int type, int protocol);

续表

项目	描　　述
参数	domain：网络程序所在的主机采用的通信协议簇(AF_UNIX、AF_INET 等)。AF_UNIX 只能够用于单一的 UNIX 系统进程间通信，而 AF_INET 是针对 Internet 的，允许在远程主机之间通信，有时看到的形式是 PF_*，与 AF_*相同 type：网络程序所采用的通信协议，也可以理解为套接字类型。其中 SOCK_STREAM 代表流式套接字，即表明采用 TCP 协议；SOCK_DGRAM 代表数据报套接字，即表明采用 UDP 协议；SOCK_RAW 代表原始套接字 protocol：如果 type 指定为 SOCK_STREAM 或 SOCK_DGRAM，则已经确定协议，所以 protocol 置 0；如果指定 SOCK_RAW，还需要进一步指定使用的协议，通过 protocol 指定，如 IPPROTO_ICMP
返回值	成功：返回一个新的套接字描述符 失败：返回-1，并置错误代码
备注	原始套接字只能由超级用户创建

【例 11-2】系统调用 socket 举例。

```
#include <sys/types.h>
#include <sys/socket.h>
int sockfd;
sockfd = socket ( AF_INET, SOCK_STREAM, 0);
if(sockfd <0)
{
    perror("socket");
    return(1);
}
```

11.3.2　系统调用 bind

系统调用 bind 把一个地址簇中的特定地址赋给套接字，详细信息如表 11.7 所示。

表 11.7　系统调用 bind

项目	描　　述
头文件	#include <sys/types.h> #include <sys/socket.h> #include <arpa/inet.h>
原型	int bind(int sockfd, struct sockaddr *my_addr, socklen_t addrlen);
功能	绑定本地地址到套接字上
参数	sockfd：由 socket 调用返回的套接字描述符 my_addr：一个指向 sockaddr 的指针，实际应用中，一般使用指向 struct sockaddr_in 的指针代替 addrlen：sockaddr 结构的长度，一般可用 sizeof(struct sockaddr) 或 sizeof(struct sockaddr_in)代替
返回值	成功：返回 0 失败：返回-1，并置错误代码
备注	①设置端口号时，可以选择大于 1024 的端口号；如果端口号为 0，则表明由系统自动分配端口号 ②设置 IP 地址时，如果地址为 INADDR_ANY，则表明自动加载本地 IP

需要注意的是，系统调用 bind 调用之前，需要设置好地址结构，其中 IP 和端口都要进行向网络字节顺序的转换，因为它们是多于 1 字节的数据。

【例 11-3】系统调用 bind 举例。

```
struct sockaddr_in my_addr;
int rt;

//调用 socket 返回 sockfd 描述符，见 socket 举例

my_addr.sin_family=AF_INET;             //协议簇
my_addr.sin_port=htons(1500);           //服务器端进程使用的端口号，网络字节顺序
```

```
my_addr.sin_addr.s_addr=inet_addr("127.0.0.1");      //IP 地址，网络字节顺序
bzero(&(my_addr.sin_zero), 8);

rt = bind ( sockfd , (struct sockaddr *)&my_addr, ,sizeof(struct sockaddr ));
if(rt < 0)
{
  perror("bind");
  return(1);
}
```

11.3.3 系统调用 listen

服务器端在调用 socket、bind 之后就会调用 listen（见表 11.8）来监听这个套接字，以便对客户端发来的请求进行处理。

表 11.8 系统调用 listen

项目	描　述
头文件	#include <sys/socket.h>
原型	int listen(int sockfd, int backlog);
功能	在 bind 对应的地址和端口上监听
参数	sockfd：由 socket 调用返回的套接字描述符 backlog：请求队列大小，一般默认为 20
返回值	成功：返回 0 失败：返回-1，并置错误代码
备注	backlog 并不代表服务器端可同时处理的客户端个数，而是向服务器端同时发起连接请求的客户端个数

【例 11-4】系统调用 listen 举例。

```
int BACKLOG=5;
//socket，bind 省略
if (listen( sockfd, BACKLOG) = = -1)
{
   perror("listen");
   return(1);
}
```

11.3.4 系统调用 accept

TCP 服务器端依次调用 socket、bind、listen 之后，就会监听指定的套接字地址了。TCP 客户端依次调用 socket、connect 之后，就向 TCP 服务器端发送了一个连接请求。TCP 服务器端监听到这个请求之后，就会调用 accept（见表 11.9）接收请求，这样就建立好了连接。之后就可以开始网络 I/O 操作了，即类似于普通文件的读写 I/O 操作。

表 11.9 系统调用 accept

项目	描　述
头文件	#include <sys/types.h> #include <sys/socket.h>
原型	int accept(int sockfd, struct sockaddr *addr, socklen_t *addrlen);
功能	接收客户端的连接请求

续表

项目	描　述
参数	sockfd：由 socket 调用返回的套接字描述符 addr 与 addrlen：用来给客户端的程序填写的，服务器端只要传递对应类型的指针就可以了
返回值	成功：返回非负整数，代表连接套接字描述符 失败：返回-1，并置错误代码

【例 11-5】系统调用 accept 举例。

```
int connfd;
struct sockaddr_in c_addr;
int   c_addrlen;
//socket、bind、listen 省略
connfd = accept(sockfd, (struct sockaddr *)&c_addr, &c_addrlen);
if (connfd  == -1)
{
    perror("accept");
    return(1);
}
```

11.3.5　系统调用 connect

当服务器端已经准备好提供服务后，客户端可以调用 connect（见表 11.10）发出连接请求，服务器端就会接收到这个请求，客户端等待服务器端的回复。

表 11.10　系统调用 connect

项目	描　述
头文件	#include <sys/types.h> #include <sys/socket.h>
原型	int connect(int sockfd, const struct sockaddr *serv_addr,socklen_t addrlen);
功能	客户端向服务器端发起连接请求
参数	sockfd：由 socket 调用返回的套接字描述符 serv_addr：保存服务器端地址端口等信息，可用 struct sockaddr_in 形式代替 addrlen：serv_addr 的长度，可用 sizeof(struct sockaddr_in)代替
返回值	成功：返回 0 失败：返回-1，并置错误代码
备注	需要事先绑定好服务器端地址等信息

【例 11-6】系统调用 connect 举例。

```
struct sockaddr_in s_addr;
//绑定服务器端地址结构的方法见 bind 举例（略）
if ( connect(sockfd, (struct sockaddr*)&s_addr, sizeof(struct sockaddr_in)) < 0)
{
    perror ("connect");
    return(1);
}
```

11.3.6　系统调用 send

不论是客户端还是服务器端，都用系统调用 send（见表 11.11）来向 TCP 连接的另一端发

送数据。客户端一般用 send 向服务器端发送请求，而服务器端则通常用 send 来向客户端发送应答。send 和 write 唯一的不同点是标志位的存在，当标志位为 0 时，send 等同于 write。

表 11.11　系统调用 send

项目	描　述
头文件	#include <sys/types.h> #include <sys/socket.h>
原型	ssize_t send(int s, const void *buf, size_t len, int flags);
功能	面向连接的套接字发送数据
参数	s：由 socket 调用返回的套接字描述符 buf：即将发送的数据区域首地址 len：发送的数据区域字节个数 flags：标志位 　　0：表明此时 send 功能与 write 相同 　　MSG_DONTROUTE：目标为本地主机，告诉 IP 协议不查找路由表
返回值	成功：返回已经成功发送的字节个数 失败：返回-1，并置错误代码

【例 11-7】系统调用 send 举例。

```
char buf[30]="hello world";
//socket 等省略，假设 accept 返回 connfd 连接套接字
send(connfd,buf,strlen(buf),0);
```

11.3.7　系统调用 sendto

前面介绍的系统调用 send 只可用于面向连接的套接字，而 sendto（见表 11.12）既可用于面向无连接的套接字，也可用于面向连接的套接字。除了套接字设置为非阻塞模式，调用将会阻塞直到数据被发送完。

表 11.12　系统调用 sendto

项目	描　述
头文件	#include <sys/types.h> #include <sys/socket.h>
原型	ssize_t sendto(int s, const void *buf, size_t len, int flags, const struct sockaddr *to, socklen_t tolen);
功能	面向连接或面向无连接的套接字发送数据
参数	s：由 socket 调用返回的套接字描述符 buf：即将发送的数据区域首地址 len：发送的数据区域字节个数 flags：标志位 　　0：表明此时 send 功能与 write 相同 　　MSG_DONTROUTE：目标为本地主机，告诉 IP 协议不查找路由表 to：对方地址信息 tolen：对方地址长度
返回值	成功：返回已经成功发送的字节个数 失败：返回-1，并置错误代码

【例 11-8】系统调用 sendto 举例。

```
char buf[30]="hello world";
struct sockaddr_in toaddr;
int toaddrlen;
//socket 等省略，假设 accept 返回 connfd 连接套接字
//填充 toaddr 地址信息方法与 bind 中相同
toaddrlen=sizeof(toaddr);
send(connfd,buf,strlen(buf),0,&toaddr,toaddrlen);
```

11.3.8　系统调用 recv

不论是客户端还是服务器端，都用系统调用 recv（见表 11.13）从 TCP 连接的另一端接收数据。recv 和 read 唯一的不同点是标志位的存在，当标志位为 0 时，recv 等同于 read。

表 11.13　系统调用 recv

项目	描　述
头文件	#include <sys/types.h> #include <sys/socket.h>
原型	ssize_t recv(int s, void *buf, size_t len, int flags);
功能	面向连接的套接字接收数据
参数	s：由 socket 调用返回的套接字描述符 buf：将接收的数据所保存的区域首地址 len：将接收的数据字节个数 flags：标志位 0：表明此时 recv 功能与同 read 相同 MSG_PEEK：只查看数据，不读出数据，下一次还能读到刚才的数据 MSG_WAITALL：等希望接收的数据字节个数到达后返回，否则阻塞等待，除非遇到以下条件才结束阻塞：读到指定字节数据；读到文件结束符；被信号中断；发生错误
返回值	成功：返回已经成功接收的字节个数 失败：返回-1，并置错误代码

【例 11-9】系统调用 recv 举例。

```
char buf[30];
//socket 等省略，假设 accept 返回 connfd 连接套接字
recv(connfd,buf,sizeof(buf)-1,0);
```

11.3.9　系统调用 recvfrom

系统调用 recvfrom（见表 11.14）可以从套接字上接收一个消息，既可以应用于面向连接的套接字，也可以用于面向无连接的套接字。

表 11.14　系统调用 recvfrom

项目	描　述
头文件	#include <sys/types.h> #include <sys/socket.h>
原型	ssize_t recvfrom(int s, void *buf, size_t len, int flags, struct sockaddr *from, socklen_t *fromlen);
功能	面向连接或面向无连接的套接字接收数据

续表

项目	描　述
参数	s：由 socket 调用返回的套接字描述符 buf：将接收的数据所保存的区域首地址 len：将接收的数据字节个数 flags：标志位 　　0：表明此时 recv 功能与同 read 相同 　　MSG_PEEK：查看数据，不读出数据，下一次读还能读到刚才的数据 　　MSG_WAITALL：等希望接收的数据字节个数到达后返回，否则阻塞等待，除非遇到以下条件才结束 　　阻塞：读到指定字节数据；读到文件结束符；被信号中断；发生错误 from：对方地址信息 formlen：保存对方地址长度
返回值	成功：返回已经成功接收的字节个数 失败：返回-1，并置错误代码

【例 11-10】系统调用 recvfrom 举例。

```
char buf[30];
sturct sockaddr_in fromaddr;
int fromaddrlen;
//socket 等省略，假设 accept 返回 connfd 连接套接字
recvfrom(connfd,buf,sizeof(buf)-1,0,&fromaddr,&fromaddrlen);
```

11.3.10　系统调用 close

与第 4 章介绍的 close 使用方法相同，参数为套接字描述符。close 是把调用进程的套接字描述符标记为已关闭，然后立即返回到调用进程，该套接字描述符不能再由调用进程使用，也就是说，它不能再作为 read 或 write 的第一个参数，然而 TCP 将尝试发送已排队等待发送到对方的任何数据，发送完毕后 TCP 连接终止。

在多进程并发服务器中，父、子进程共享套接字，套接字描述符引用计数记录共享的进程个数。当父进程或某一子进程 close 套接字时，引用计数记录会相应减 1，当引用计数记录仍大于零时，这个 close 调用就不会引发 TCP 的 4 次握手而断开连接过程。

11.3.11　系统调用 shutdown

close 终止读和写两个方向的数据传送，而 shutdown（见表 11.15）可以指定哪个方向被关闭，读出端还是写入端还是两个都关闭。如果使用 shutdown 将某端关闭，不管这个套接字的引用计数记录是否为零，那些试图读的进程将会接收到 EOF 标识，试图写的进程将会检测到 SIGPIPE 信号。

表 11.15　系统调用 shutdown

项目	描　述
头文件	#include <sys/socket.h>
原型	int shutdown(int s, int how);
功能	能关闭 s 所指套接字描述符的单向或双向的连接
参数	s：由 socket 调用返回的套接字描述符 how：SHUT_RD　只关闭连接的读 　　SHUT_WD　只关闭连接的写 　　SHUT_RDWR 连接的读和写都关闭
返回值	成功时返回 0，失败时返回-1，并置错误代码

11.4　案例 9：基于网络的进程间通信

11.4.1　分析与设计

“基于网络的进程间通信”是一个基于 TCP 协议的网络通信，要求客户端通过命令行参数向指定服务器端发起连接，服务器端向请求连接的客户端发送欢迎信息，客户端接收欢迎信息并显示。

（1）程序结构设计

这是一个最简单的服务器端与客户端的一对一通信过程，程序基本框架与 11.2.3 节中介绍的流程一致。

（2）程序数据设计

服务器端与 socket 相关的数据：

```
int sockfd,client_fd; //sock_fd，监听套接字描述符；client_fd，连接套接字描述符
struct sockaddr_in    my_addr;        //服务器端地址
struct sockaddr_in    remote_addr;    //客户端地址
```

客户端与 socket 相关的数据：

```
int sockfd;    //套接字描述符
struct sockaddr_in serv_addr; //服务器端地址结构
```

客户端与通信相关的数据：

```
char buf[MAXDATASIZE];    //保存接收到的数据
int    recvbytes;          //接收到的数据字符个数
```

（3）程序基本流程

程序流程图如图 11.10 所示。

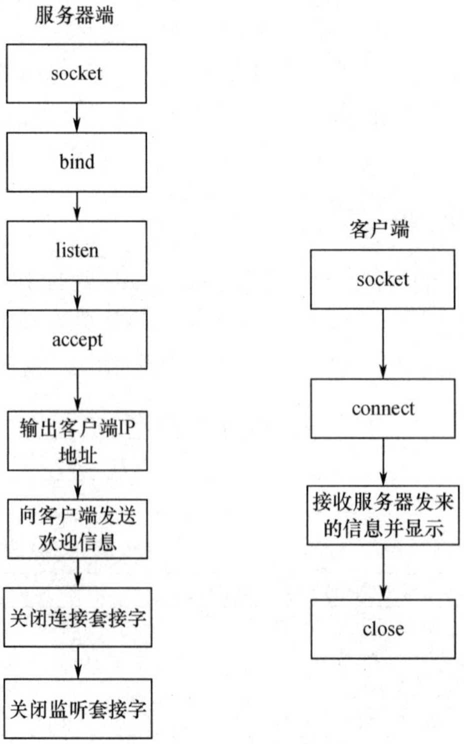

服务器端

socket → bind → listen → accept → 输出客户端IP地址 → 向客户端发送欢迎信息 → 关闭连接套接字 → 关闭监听套接字

客户端

socket → connect → 接收服务器发来的信息并显示 → close

图 11.10　程序流程图

11.4.2 实施

（1）源代码

服务器端（nettcpserver.c）：

```
1.  #include <arpa/inet.h>
2.  #include <sys/socket.h>

3.  #define SERVPORT 3333       //服务器端监听端口号
4.  #define BACKLOG 10          //最大同时连接请求数

5.  int main()
6.  {
7.      int sockfd,connfd;          //sock_fd，监听套接字描述符；connfd，连接套接字描述符
8.      struct sockaddr_in my_addr;       //服务器端进程地址
9.      struct sockaddr_in remote_addr;   //客户端地址
10.     int val=1;
11.
12.     //创建套接字
13.     if ((sockfd = socket(AF_INET, SOCK_STREAM, 0)) = = -1)
14.     {
15.         perror("socket");
16.         exit(1);
17.     }
18.     //设置地址端口可重用
19.     setsockopt( sockfd, SOL_SOCKET, SO_REUSEADDR, (char*)&val, sizeof(val));

20.     //设置本地地址信息
21.     my_addr.sin_family=AF_INET;                 //协议簇
22.     my_addr.sin_port=htons(SERVPORT);           //端口
23.     my_addr.sin_addr.s_addr=inet_addr("127.0.0.1"); //IP 地址
24.     bzero(&(my_addr.sin_zero),8);               //填充 0

25.     //绑定地址到套接字描述符上
26.     if (bind(sockfd, (struct sockaddr *)&my_addr, sizeof(struct sockaddr))= = -1)
27.     {
28.         perror("bind");
29.         exit(1);
30.     }
31.     //在地址端口上监听
32.     if (listen(sockfd, BACKLOG) = = -1)
33.     {
34.         perror("listen");
35.         exit(1);
36.     }
37.     int sin_size = sizeof(struct sockaddr_in);
38.     //等待客户端连接，如果有客户端连接，则产生新的连接套接字
39.     if ((connfd = accept(sockfd, (struct sockaddr *)&remote_addr,&sin_size)) = = -1)
40.     {
41.         perror("accept");
42.         exit(1);
43.     }
44.     //输出客户端 IP 地址
45.     printf("received a connection from %s\n", inet_ntoa(remote_addr.sin_addr));
```

```
46.        //向客户端发送欢迎信息
47.        if (send(connfd, "Hello, you are connected!\n", 26, 0) = = -1)
48.        {
49.            perror("send");
50.            close(connfd);
51.            exit(2);
52.        }
53.        //关闭连接套接字
54.        close(connfd);
55.        //关闭监听套接字
56.        close(sockfd);
57.        return 0;
58.    }
```

客户端（nettcpclient.c）：

```
1.  #include <arpa/inet.h>
2.  #include <sys/socket.h>
3.  #define SERVPORT 3333                   //服务器端端口
4.  #define MAXDATASIZE 100             //每次最大数据传输量
5.  int main(int argc, char *argv[])
6.  {
7.          int sockfd, recvbytes;
8.          char buf[MAXDATASIZE];
9.          struct hostent *host;
10.         struct sockaddr_in serv_addr;
11.         //创建套接字
12.         if ((sockfd = socket(AF_INET, SOCK_STREAM, 0)) = = -1)
13.         {
14.             perror("socket");
15.             exit(1);
16.         }
17.         //设置服务器端地址结构体
18.         serv_addr.sin_family=AF_INET;
19.         serv_addr.sin_port=htons(SERVPORT);
20.         server_addr.sin_addr.s_addr=inet_addr("127.0.0.1");
21.         bzero(&(serv_addr.sin_zero),8);
22.         //向服务器端发起连接
23.         if (connect(sockfd, (struct sockaddr *)&serv_addr,sizeof(struct sockaddr)) = = -1)
24.         {
25.             perror("connect");
26.             exit(1);
27.         }
28.         //接收服务器端发来的信息并显示
29.         if ((recvbytes=recv(sockfd, buf, MAXDATASIZE, 0)) = = -1)
30.         {
31.             perror("recv");
32.             exit(1);
33.         }
34.         buf[recvbytes] = '\0';     //设置字符串结尾
35.         printf("Received: %s",buf);
36.        //关闭套接字
37.         close(sockfd);
38.         return 0;
39.  }
```

（2）编译

```
#gcc -o   nettcpserver   nettcpserver.c
#gcc -o   nettcpclient   nettcpclient.c
```

11.4.3 编译与运行

在一个终端中运行服务器端 nettcpserver：

```
#./nettcpserver
```

在另一个终端中运行客户端 nettcpclient：

```
#./nettcpclient
```

服务器端运行结果：

```
received a connection from 127.0.0.1
```

客户端运行结果：

```
Received: Hello, you are connected!
```

【例 11-11】重复性服务器。

上述服务器端只能处理一个客户端请求就关闭了，重复性服务器是指服务器端在处理完一个客户端后还可以继续处理下一个客户端请求。在以下的例子中，假设服务器端对每个客户端处理过程为 5s。

（1）源代码

服务器端（nettcpserver2.c）：

```
1.  #include <stdio.h>
2.  #include <stdlib.h>
3.  #include <string.h>
4.  #include <unistd.h>
5.  #include <arpa/inet.h>
6.  #include <sys/socket.h>
7.  #define SERVPORT 3333        //服务器端监听端口号
8.  #define BACKLOG 10           //最大同时连接请求数
9.  int main()
10.  {
11.      int sockfd,connfd;     //sock_fd 为监听套接字描述符；client_fd 为连接套接字描述符
12.      struct sockaddr_in my_addr;            //本机地址
13.      struct sockaddr_in remote_addr;        //客户端地址
14.      int val=1;
15.      int sin_size;
16.
17.      //创建套接字
18.      if ((sockfd = socket(AF_INET, SOCK_STREAM, 0)) = = -1)
19.      {
20.          perror("socket");
21.          exit(1);
22.      }
23.      //设置地址端口可重用
24.      setsockopt( sockfd, SOL_SOCKET, SO_REUSEADDR, (char*)&val, sizeof(val) );
25.      //设置本地地址信息
26.     my_addr.sin_family=AF_INET;            //协议簇
27.      my_addr.sin_port=htons(SERVPORT);        //端口
28.      my_addr.sin_addr.s_addr=inet_addr("127.0.0.1");     //地址
29.      bzero(&(my_addr.sin_zero),8);            //填充 0
30.      //绑定地址到套接字描述符上
```

```
31.         if (bind(sockfd, (struct sockaddr *)&my_addr, sizeof(struct sockaddr))= = -1)
32.         {
33.             perror("bind");
34.             exit(1);
35.         }
36.         //在地址端口上监听
37.         if (listen(sockfd, BACKLOG) = = -1)
38.         {
39.             perror("listen");
40.             exit(1);
41.         }
42.         while(1)
43.         {
44.             sin_size = sizeof(struct sockaddr_in);
45.             //等待客户端连接，如果有客户端连接，则产生新的连接套接字
46.             if ((connfd = accept(sockfd, (struct sockaddr *)&remote_addr,&sin_size)) = = -1)
47.             {
48.                 perror("accept");
49.                 exit(1);
50.             }
51.             //输出客户端 IP 地址
52.             printf("received a connection from %s\n", inet_ntoa(remote_addr.sin_addr));
53.             //向客户端发送欢迎信息
54.             if (send(connfd, "Hello, you are connected!\n", 26, 0) = = -1)
55.             {
56.                 perror("send");
57.                 close(connfd);
58.                 exit(2);
59.             }
60.             printf("Simulation processing start(5s).......\n");
61.             sleep(5);
62.             printf("Simulation processing stop.......\n");
63.             //关闭连接套接字
64.                 close(connfd);
65.         }
66.         //关闭监听套接字
67.         close(sockfd);
68.         return 0;
69.     }
```

客户端可以使用 nettcpclient.c 程序。

（2）编译

```
#gcc   -o   nettcpserver2   nettcpserver2.c
#gcc   -o   nettcpclient   nettcpclient.c
```

（3）运行

在一个终端中运行服务器端 nettcpserver2：

```
#./nettcpserver2
```

在其他多个终端中运行客户端 nettcpclient：

```
#./nettcpclient
```

（4）运行结果

服务器端：

```
received a connection from 127.0.0.1
Simulation processing start(5s).......
```

```
Simulation processing stop.......
received a connection from 127.0.0.1
Simulation processing start(5s).......
Simulation processing stop.......
received a connection from 127.0.0.1
Simulation processing start(5s).......
Simulation processing stop.......
received a connection from 127.0.0.1
Simulation processing start(5s).......
Simulation processing stop.......
```

每个客户端都会显示：

```
Received: Hello, you are connected!
```

【例 11-12】多进程服务器。

上述服务器端是一个重复性服务器，此时服务器端还不能宏观上同时去处理多个客户端请求，终止服务器端使用强制终止方式。可以使用其他条件控制终止服务器端的方法，如果同时去处理，则需要使用多进程或多线程方式。

在以下的例子中，服务器端采用多进程方式实现，假设服务器端对每个客户端处理过程为5s。

（1）源代码

服务器端（nettcpserver3.c）：

```
1.  #include <stdlib.h>
2.  #include <stdio.h>
3.  #include <string.h>
4.  #include <unistd.h>
5.  #include <strings.h>
6.  #include <sys/types.h>
7.  #include <sys/socket.h>
8.  #include <netinet/in.h>
9.  #include <arpa/inet.h>
10.
11.  int main()
12.  {
13.        //sock_fd 为监听套接字描述符；client_fd 为连接套接字描述符
14.        int sockfd,client_fd;
15.        struct sockaddr_in my_addr;              //本机地址
16.        struct sockaddr_in remote_addr;          //客户端地址
17.        pid_t pid;
18.        int sin_size;
19.        //创建套接字
20.        if ((sockfd = socket(AF_INET, SOCK_STREAM, 0)) = = -1)
21.        {
22.              perror("socket");
23.              exit(1);
24.        }
25.        //设置地址端口可重用
26.        int val=1;
27.        setsockopt( sockfd, SOL_SOCKET, SO_REUSEADDR, (char*)&val, sizeof(val) );
28.        //设置本地地址信息
29.        my_addr.sin_family=AF_INET;                    //协议簇
30.        my_addr.sin_port=htons(3333);                  //端口
31.        my_addr.sin_addr.s_addr=inet_addr("127.0.0.1"); //地址
32.        bzero(&(my_addr.sin_zero),8);                  //填充 0
```

```
33.        //绑定地址到套接字描述符上
34.        if (bind(sockfd, (struct sockaddr *)&my_addr, sizeof(struct sockaddr))= = -1)
35.        {
36.             perror("bind");
37.             exit(1);
38.        }
39.        //在地址端口上监听
40.        if (listen(sockfd, 10) = = -1)
41.        {
42.           perror("listen");
43.             exit(1);
44.        }
45.     sin_size = sizeof(struct sockaddr_in);
46.
47.     while(1)
48.     {
49.          if ((client_fd = accept(sockfd, (struct sockaddr *)&remote_addr,&sin_size)) = = -1)
50.          {
51.                perror("accept");
52.                exit(1);
53.          }
54.        if ((pid=fork())>0)
55.        {
56.                close(client_fd);
57.                continue;
58.        }
59.        else if (pid= =0)
60.        {
61.                close(sockfd);
62.                //输出客户端 IP 地址
63.                printf("%d received a connection from %s\n", getpid(),inet_ntoa(remote_addr.sin_addr));
64.                //向客户端发送欢迎信息
65.                if (send(client_fd, "Hello, you are connected!\n", 26, 0) = = -1)
66.                {
67.                     perror("send");
68.                     close(client_fd);
69.                     exit(2);
70.                }
71.                printf("%d Simulation processing start(5s).......\n", getpid());
72.                sleep(5);
73.                printf("%d Simulation processing stop.......\n", getpid());
74.                //关闭连接套接字
75.                close(client_fd);
76.                exit(0);
77.         }
78.         else
79.         {
80.                perror("fork");
81.                exit(0);
82.         }
83.     }
84.
85.     //关闭监听套接字
86.     close(sockfd);
```

```
87.        return 0;
88.    }
```

客户端可以使用 nettcpclient.c 程序。

（2）编译

```
#gcc   -o   nettcpserver3   nettcpserver3.c
#gcc   -o   nettcpclient   nettcpclient.c
```

（3）运行

在一个终端中运行服务器端 nettcpserver3：

```
#./nettcpserver3
```

在其他多个终端中运行客户端 nettcpclient：

```
#./nettcpclient
```

（4）可能的运行结果

服务器端：

```
5188 received a connection from 127.0.0.1
5188 Simulation processing start(5s).......
5190 received a connection from 127.0.0.1
5190 Simulation processing start(5s).......
5192 received a connection from 127.0.0.1
5192 Simulation processing start(5s).......
5188 Simulation processing stop.......
5190 Simulation processing stop.......
5192 Simulation processing stop.......
```

以上服务器端运行结果显示的是某次先后运行 3 个客户端时服务器端多进程并发处理的过程，第一个数字是服务器端处理客户端的子进程 pid。

每个客户端都会显示：

```
Received: Hello, you are connected!
```

11.5 基于 UDP 的网络编程

【例 11-13】UDP 套接字通信。

服务器端向客户端发送欢迎信息，客户端通过命令行参数向指定服务器端发起连接，接收欢迎信息并显示。

（1）源程序

服务器端（netudpserver.c）：

```
1.  #include <stdio.h>
2.  #include <unistd.h>
3.  #include <stdlib.h>
4.  #include <string.h>
5.  #include <sys/types.h>
6.  #include <sys/socket.h>
7.  #include <netinet/in.h>
8.  #include <arpa/inet.h>
9.  #define PORT 1234
10.  #define MAXDATASIZE 100
11.  int main()
12.  {
13.      int sockfd; /* socket descriptors */
14.      struct sockaddr_in server;
```

```
15.         struct sockaddr_in client;
16.         int sin_size;
17.         int num;
18.         char msg[MAXDATASIZE];
19.         char sbuf[100]=" ";
20.         if ((sockfd = socket(AF_INET, SOCK_DGRAM, 0)) = = -1)
21.         {
22.             perror("socket");
23.             exit(1);
24.         }
25.         bzero(&server,sizeof(server));
26.         server.sin_family=AF_INET;
27.         server.sin_port=htons(PORT);
28.         server.sin_addr.s_addr = htonl (INADDR_ANY);
29.        if (bind(sockfd,(struct sockaddr *)&server,sizeof(struct sockaddr))= = -1)
30.         {
31.             perror("bind");
32.             exit(1);
33.         }
34.         sin_size=sizeof(struct sockaddr_in);
35.         while (1)
36.         {
37.             num=recvfrom(sockfd,msg,MAXDATASIZE,0,
38.             (struct sockaddr *)&client, &sin_size);
39.             if (num < 0)
40.             {
41.                 perror("recvfrom\n");
42.                 exit(1);
43.             }
44.             msg[num] = '\0';
45.             printf("You got a message (%s) from %s\n",msg,inet_ntoa(client.sin_addr) );
46.             strcpy(sbuf,msg);
47.             sendto(sockfd,sbuf,strlen(sbuf),0,(struct sockaddr *)&client,sin_size);
48.             if (!strcmp(msg,"quit"))
49.                 break;
50.             }
51.             close(sockfd);      /* close listenfd */
52.             return 0;
53.  }
```

客户端（netudpclient.c）：

```
1.   #include <string.h>
2.   #include <stdlib.h>
3.   #include <sys/types.h>
4.   #include <sys/socket.h>
5.   #include <netinet/in.h>
6.   #include <netdb.h>
7.   #define PORT 1234
8.   #define MAXDATASIZE 100
9.   int main(int argc, char *argv[])
10.   {
11.        int fd, numbytes;
12.        char buf[MAXDATASIZE];
13.        char sendbuf[20]="hello";
14.        struct hostent *he;
```

```
15.         struct sockaddr_in server,reply;
16.         int len;
17.         if (argc !=2)
18.         {
19.             printf("Usage: %s <IP Address> \n",argv[0]);
20.             exit(1);
21.         }
22.         if ((he=gethostbyname(argv[1]))= =NULL)
23.         {
24.             perror("gethostbyname");
25.             exit(1);
26.         }
27.         if ((fd=socket(AF_INET, SOCK_DGRAM, 0))= = -1)
28.         {
29.             perror("socket");
30.             exit(1);
31.         }
32.         bzero(&server,sizeof(server));
33.         server.sin_family = AF_INET;
34.         server.sin_port = htons(PORT);
35.         server.sin_addr = *((struct in_addr *)he->h_addr);
36.         sendto(fd, sendbuf, strlen(sendbuf),0,(struct sockaddr *)&server,
37.         sizeof(struct sockaddr));
38.         while (1)
39.         {
40.             len= sizeof(struct sockaddr_in);
41.             if ((numbytes=recvfrom(fd,buf,MAXDATASIZE,0,
42.                 (struct sockaddr *)&reply,&len)) = = -1)
43.             {
44.                 perror("recvfrom");
45.                 exit(1);
46.             }
47.             //check if server is right
48.             if (len != sizeof(struct sockaddr) || memcmp((const void *)&server,
49.                (const void *)&reply,len) != 0)
50.             {
51.                 printf("Receive message from other server.\n");
52.                 continue;
53.             }
54.             //printf message from server
55.             buf[numbytes]='\0';
56.             printf("Server Message: %s\n",buf);
57.             printf("input:");
58.             fgets(sendbuf,sizeof(sendbuf),stdin);
59.             sendbuf[strlen(sendbuf)-1]='\0'; //去掉 fgets 获得的回车
60.             sendto(fd, sendbuf, strlen(sendbuf),0,(struct sockaddr *)&server,
61.             sizeof(struct sockaddr));
62.             if(strcmp(sendbuf,"quit")= =0)
63.                 break;
64.         }
65.         close(fd);
66.         return 0;
67.     }
```

（2）编译

```
#gcc -o   netudpserver   netudpserver.c
#gcc -o   netudpclient   netudpclient.c
```

（3）运行

在一个终端中运行服务器端 netudpserver：

```
#./netudpserver
```

在另一个终端中运行客户端 netudpclient：

```
#./netudpclient   127.0.0.1
```

（4）运行结果

服务器端：

```
[root@localhost ch11]# ./netudpserver
You got a message (hello) from 127.0.0.1
You got a message (world) from 127.0.0.1
You got a message (sss) from 127.0.0.1
You got a message (quit) from 127.0.0.1
```

客户端：

```
[root@localhost ch11]# ./netudpclient   127.0.0.1
Server Message: hello
input:world
Server Message: world
input:sss
Server Message: sss
input:quit
```

此时服务器端会根据客户端输入的“quit”自动结束，用户可以使用其他条件控制服务器端结束。

11.6 域名解析

11.6.1 域名解析

1. 域名

在实际网络环境中，网站空间可以通过网站服务器的 IP 地址和端口来访问，但是如果网站多了，那么记忆 IP 地址就是一件很麻烦的事情。就像每个家庭都有属于自己的地理坐标（经度、纬度），但是都通过这种方式来标识每个家庭对送货人员来说是一件头疼的事情，实际中送货人员是通过门牌号来访问的。因此，网站空间也可以通过类似门牌号的形式来访问，于是就产生了域名，这些域名既有统一的规则，又有具有网站特色的名称，因此很容易记住。如 www.neusoft.edu.cn，代表的是中国大连东软信息学院的教育网域名。

为了全球统一管理域名，20 世纪 90 年代初，美国国家科学基金会（NSF）为 Internet 提供资金并代表美国政府与 NSI 公司（Network Solutions）签订协议，将 Internet 顶级域名系统的注册、协调与维护职责都交给了 NSI，而 Internet 的地址资源分配则交由 IANA 来分配，由 IANA 将地址分配到 ARIN（北美地区）、RIPE（欧洲地区）和 APNIC（亚太地区），然后再由这些地区性组织将地址分配给各个 ISP。但是，随着近年来 Internet 的全球性发展，越来越多的国家对由美国独自对 Internet 进行管理的方式表示不满，强烈呼吁对 Internet 的管理进行改革。因此，美国于 1998 年 6 月 5 日发布了“白皮书”，提议在保证稳定性、竞争性、民间协调性和充分代表性的原则下，在 1998 年 10 月成立一个民间性的非盈利公司，即 ICANN，开始参与管理 Internet 域名及地址资源的分配。

目前互联网上的域名体系中共有 3 类顶级域名：类别顶级域名、地理顶级域名、新顶级域名。

（1）类别顶级域名

类别顶级域名共有 7 个，也就是现在通常说的国际域名。由于 Internet 最初是在美国发源的，因此最早的域名并无国家标识，人们按用途把它们分为几个大类，分别以不同的后缀结尾，如表 11.16 所示。

表 11.16　类别顶级域名表

类别顶级域名	代表组织	类别顶级域名	代表组织
.com	商业公司	.edu	教育机构
.net	网络服务	.mil	军事领域
.org	组织协会	.int	国际组织
.gov	政府部门		

最初的域名体系也主要供美国使用，因此美国的企业、机构、政府部门等所用的都是“国际域名”。随着 Internet 向全世界的发展，.edu、.gov、.mil 一般只被美国专用外，另外 3 类常用的域名.com、.org、.net 则成为全世界通用，因此这类域名通常称为“国际域名”，直到现在仍然为世界各国所应用。

（2）地理顶级域名

共有 243 个国家和地区的代码，例如.CN 代表中国，.UK 代表英国，.US 代表美国等。这样以.CN 为后缀的域名就相应地称为“国内域名”。

与国际域名的后缀命名类似，在.cn 顶级域名下也分设了不同意义的二级域，主要包括类别域和行政区域，这就是通常说的二级域名，如.com.cn、.net.cn、.edu.cn 等。二级域下注册 3 级域名，如在 cctv.com 中，cctv 就是顶级域名.com 下的二级域名，cctv.com 还可以有 3 级域名 mail.cctv.com 的形式。

（3）新顶级域名

ICANN 根据互联网发展需要，在 2000 年 11 月做出决议，从 2001 年开始使用新的国际顶级域名，也包含 7 类：biz，info，name，pro，aero，coop，museum。其中前 4 个是非限制性域，后 3 个是限制性域，如 aero 需是航空业公司注册，museum 需是博物馆注册，coop 需是集体企业（非投资人控制，无须利润最大化）注册。这 7 个新顶级域名的含义和注册管理机构如下：

.aero，航空运输业专用，由比利时国际航空通信技术协会（SITA）负责；

.biz，可以替代.com 的通用域名，监督机构是 JVTeam；

.coop，商业合作社专用，由位于华盛顿的美国全国合作商业协会（NCBA）负责管理；

.info，可以替代.net 的通用域名，由 19 个因特网域名注册公司联合成立的 Afilias 负责；

.museum，博物馆专用，由博物馆域名管理协会（MDMA）监督；

.name，是个人网站的专用域名，由英国的“环球姓名注册”（Globe Name Registry）负责；

.pro，医生和律师等职业专用，监督机构是爱尔兰都柏林的一家网络域名公司“职业注册”（RegistryPro）负责。

2．域名解析

域名是方便用户记忆的地址，但是计算机实际只认识整型的 IP 地址，有了好记的域名，如何用它来访问网站呢？域名解析就是将域名重新转换为 IP 地址的过程。域名系统 DNS

（Domain Name System）就是一个提供域名指向的服务器软件。

一个域名只能对应一个 IP 地址，而多个域名可以同时被解析到一个 IP 地址。域名解析需要由专门的域名解析服务器来完成。比如，一个域名为 www.stasp.com，实现 HTTP 服务。如果想看到这个网站，就需要进行解析。首先在域名注册商那里通过专门的 DNS 服务器解析到一个 Web 服务器的一个固定 IP 上：211.214.1.***，然后通过 Web 服务器来接收这个域名，把 www.stasp.com 这个域名映射到这台服务器上，输入 www.stasp.com 这个域名就可以实现访问网站内容了，整个过程是自动进行的。这也是配置网络环境时一般需要配置 DNS 服务器的原因。

需要注意的是，当用户需要进行域名解析时，解析函数将待转换的域名放在 DNS 请求中，以 UDP 报文方式发给本地域名服务器。本地的域名服务器查到域名后，将对应的 IP 地址放在应答报文中返回。同时域名服务器还必须具有连向其他服务器的信息，以支持不能解析时的转发。若域名服务器不能回答该请求，则此域名服务器就暂时成为 DNS 中的另一个客户端，向根域名服务器发出请求解析，根域名服务器一定能找到下面的所有二级域名的域名服务器，这样以此类推，一直向下解析，直到查询到所请求的域名。

Internet 上的域名解析一般是静态的，即一个域名所对应的 IP 地址是静态的、长期不变的。也就是说，如果要在 Internet 上搭建一个网站，则需要有一个固定的 IP 地址。

动态域名的功能，就是实现固定域名到动态 IP 地址之间的解析。用户每次上网得到新的 IP 地址之后，安装在用户计算机里的动态域名软件就会把这个 IP 地址发送到动态域名解析服务器，更新域名解析数据库。Internet 上的其他人要访问这个域名时，动态域名解析服务器会返回正确的 IP 地址给他。

因为绝大部分 Internet 用户上网时分配到的 IP 地址都是动态的，用传统的静态域名解析方法，用户想把自己上网的计算机做成一个有固定域名的网站是不可能的。而有了动态域名，这个美梦就可以成真。用户可以申请一个域名，利用动态域名解析服务，把域名与自己上网的计算机绑定在一起，这样就可以在家里或公司里搭建自己的网站，非常方便。

域名注册后，注册商为域名提供免费的静态解析服务。一般的域名注册商不提供动态解析服务，如果需要动态解析服务，则需要向动态域名服务商支付域名动态解析服务费。

11.6.2 IP 地址形式转换

1. 点分十进制形式转换为整型形式

inet_addr、inet_network、inet_aton 这 3 个函数（见表 11.17 至表 11.19）都可以完成 IP 地址从点分十进制的字符串形式转换成 32 位整型形式。

表 11.17 函数 inet_addr

项目	描　述
头文件	#include <sys/socket.h> #include <netinet/in.h> #include <arpa/inet.h>
原型	in_addr_t inet_addr(const char *cp);
功能	将 IP 地址从点分十进制的字符串形式转换成 32 位整型形式，网络字节顺序
参数	cp：点分十进制字符串形式的 IP 地址
返回值	有效返回 32 位整型 IP 地址（网络字节顺序），无效返回-1
备注	对 255.255.255.255 认为是无效的

表 11.18　函数 inet_network

项目	描　述
头文件	#include <sys/socket.h> #include <netinet/in.h> #include <arpa/inet.h>
原型	in_addr_t inet_network(const char *cp);
功能	将 IP 地址从点分十进制的字符串形式转换成 32 位整型形式，主机字节顺序
参数	cp：点分十进制字符串形式的 IP 地址
返回值	有效返回 32 位整型 IP 地址（主机字节顺序），无效返回-1

表 11.19　函数 inet_aton

项目	描　述
头文件	#include <sys/socket.h> #include <netinet/in.h> #include <arpa/inet.h>
原型	int inet_aton(const char *cp, struct in_addr *inp);
功能	将 IP 地址从点分十进制的字符串形式转换成 32 位整型形式，网络字节顺序
参数	cp：点分十进制字符串形式的 IP 地址 inp：将转换后的 IP 地址保存在结构体中
返回值	如果 cp 有效则返回非 0，无效则返回 0

这 3 个函数是有区别的。

inet_addr 和 inet_network 函数都是用于将字符串形式转换为整型形式，两者区别很小，inet_addr 返回的整型形式是网络字节顺序，而 inet_network 返回的整型形式是主机字节顺序。问题是当 IP 为 255.255.255.255 时，这两个函数都认为这是一个无效的 IP 地址，而实际在大部分路由器上，都认为 IP 为 255.255.255.255 是有效的。

inet_aton 函数返回的是网络字节顺序的整型 IP 地址，但是它认为 255.255.255.255 是有效的。

因此，如果确定字符串形式 IP 不是 255.255.255.255，那么为了方便可以使用 inet_addr；如果不确定，则推荐使用 inet_aton。

【举例】将 buf 所保存的字符串形式的 IP 地址转换成整型形式。

（1）调用 inet_addr

```
char buf[20]="192.168.0.3";
inet_addr(buf);
```

（2）调用 inet_aton

由于 IP 地址一般在 sockaddr_in 中使用，因此直接定义 sockaddr_in 变量：

```
char buf[20]="192.168.0.3";
struct sockaddr_in myaddr;
inet_aton(buf,&(myaddr.sin_addr));
```

2．整型形式转换为点分十进制形式

有时为了使 IP 地址具有可读性，还需要将整型的 IP 转换为点分十进制的字符串形式，可以通过 inet_ntoa（见表 11.20）实现。n 代表网络（network），a 代表 ASCII。

表 11.20　函数 inet_ntoa

项目	描　述
头文件	#include <sys/socket.h> #include <netinet/in.h> #include <arpa/inet.h>
原型	char *inet_ntoa(struct in_addr in);
功能	将 IP 地址从整型的 IP 转换为点分十进制的字符串形式
参数	in：结构体 in_addr 代表 IP 地址
返回值	点分十进制形式的字符串首地址，代表 IP 地址
备注	字符串保存在静态存储区，因此这个函数不是线程安全的

【举例】假设已经获得某主机地址信息，保存在 sockaddr_in 类型的变量 myaddr 中，要打印字符串形式的 IP 地址。

```
struct sockaddr_in myaddr;
//获取某主机地址信息保存到 myaddr 中（略）
pintf("IP=%s\n",inet_ntoa(myaddr.sin_addr));
```

11.6.3　IP 地址与主机名

1．获取本地主机名

通过系统调用 gethostname（见表 11.21）来获取本地主机名：

```
#include <unistd.h>
int gethostname(char *name, size_t namelen);
```

系统调用 gethostname 将主机的网络名放入 name 字符串，长度为 namelen 个字符，成功返回 0，否则返回-1。

表 11.21　系统调用 gethostname

项目	描　述
头文件	#include <unistd.h>
原型	int gethostname(char *name, size_t len);
功能	获取本地主机名
参数	name：保存获取的主机名 len：可保存的主机名最长的长度
返回值	成功：返回 0 失败：返回-1，置错误代码

【例 11-14】获取本地主机名。

（1）源程序（gethostnametest.c）

```
1.  #include <stdio.h>
2.  #include <stdlib.h>
3.  #include <unistd.h>
4.  int main()
5.  {
6.      char buf[30];
7.      if(gethostname(buf,sizeof(buf)-1)= = -1)
8.      {
9.          perror("gethostname");
10.         exit(1);
11.     }
12.     printf("hostname=%s\n",buf);
13.     return 0;
```

```
14.  }
```

（2）编译

```
#gcc -o  gethostnametest  gethostnametest.c
```

（3）运行

```
#./gethostnametest
```

（4）可能的运行结果

```
hostname=localhost.localdomain
```

通过 uname 系统调用还可以获取有关主机的更多详细信息，如操作系统名、系统版本号等信息。对该系统调用不做介绍，仅通过一个例子说明情况。

【例 11-15】 获取主机信息。

（1）源程序（gethostinfo.c）

```
#include <sys/utsname.h>
#include <unistd.h>
#include <stdlib.h>
#include <stdio.h>

int main()
{
        char computer[256];
        struct utsname uts;

        if (gethostname(computer, 255) != 0 || uname(&uts) < 0)
        {
                fprintf(stderr, "Could not get host information\n");
                exit(1);
        }
  printf("Computer host name is %s\n", computer);
  printf("System is %s on %s hardware\n", uts.sysname, uts.machine);
  printf("Nodename is %s\n", uts.nodename);
  printf("Version is %s %s\n", uts.release, uts.version);

  exit(0);
}
```

（2）编译

```
#gcc -o  gethostinfo  gethostinfo.c
```

（3）运行

```
#./gethostinfo
```

（4）可能的运行结果

```
System is Linux on i686 hardware
Nodename is localhost.localdomain
Version is 2.4.20-8 #1 Thu Mar 13 17:54:28 EST 2003
```

2．主机名转换为 IP 地址

使用 gethostbyname 函数完成将主机名转换成 IP 地址的功能，如表 11.22 所示。

表 11.22　函数 gethostbyname

项目	描　述
头文件	#include <netdb.h>
原型	struct hostent *gethostbyname(const char *name);
功能	将主机名转换成 IP 地址

续表

项目	描　述
参数	name：主机名

返回值	指向 hostent 结构体的指针，hostent 结构体定义如下：
	struct hostent {
	　char　*h_name;　//主机的正式名称
	　char **h_aliases;　//主机的别名列表
	　int　h_addrtype;　//主机的地址类型
	　int　h_length;　//主机的地址长度
	　char **h_addr_list;　//主机的 IP 地址列表
	}
	#define h_addr h_addr_list[0]　//主机的第一个 IP 地址

备注	因为返回的指针指向一个静态存储区，所以这不是一个线程安全的函数，相应的线程安全的函数为 gethostbyname_r

【例 11-16】将主机名转换成 IP 地址。

通过主机名 localhost.localdomain 获取 IP 地址。

（1）源程序（nametoip.c）

```
1.  #include <stdio.h>
2.  #include <stdlib.h>
3.  #include <string.h>
4.  #include <sys/types.h>
5.  #include <sys/socket.h>
6.  #include <netinet/in.h>
7.  #include <arpa/inet.h>
8.  #include <netdb.h>
9.  int main(int argc, const char **argv)
10.  {
11.      struct hostent *hp;
12.      char **p;
13.      if (argc != 2)
14.      {
15.          printf("usage: %s host_name\n", argv[0]);
16.          exit (1);
17.      }
18.      hp = gethostbyname(argv[1]);
19.      if (hp = = NULL)
20.      {
21.          printf("host information for %s not found\n", argv[1]);
22.          exit (2);
23.      }
24.      for (p = hp->h_addr_list; *p != 0; p++)
25.      {
26.          struct in_addr in;
27.          char **q;
28.          memcpy(&in.s_addr, *p, sizeof (in.s_addr));
29.          printf("%s\t%s", inet_ntoa(in), hp->h_name);
30.          for (q = hp->h_aliases; *q != 0; q++)
31.              printf(" %s", *q);
32.          putchar('\n');
33.      }
34.      exit (0);
35.  }
```

(2) 编译

```
#gcc  -o  nametoip  nametoip.c
```

(3) 运行

```
#./nametoip  localhost.localdomain
```

(4) 运行结果

```
127.0.0.1        localhost.localdomain localhost
```

3. IP 地址转换为主机名

使用 gethostbyaddr 函数完成将 IP 地址转换成主机名的功能，如表 11.23 所示。

表 11.23 函数 gethostbyaddr

项目	描述
头文件	#include <netdb.h> #include <sys/socket.h>
原型	struct hostent *gethostbyaddr(const void *addr, socklen_t len, int type);
功能	将 IP 地址转换成主机名
参数	addr：指向 IP 地址，是一个指向地址结构为 in_addr 的指针 len：地址长度 type：协议簇，如 AF_INET
返回值	指向 hostent 结构体的指针

【例 11-17】将 IP 地址转换成主机名。

将命令行参数指定的点分十进制形式 IP 转换为对应的主机名。

(1) 源程序（iptoname.c）

```
1.  #include <stdio.h>
2.  #include <stdlib.h>
3.  #include <string.h>
4.  #include <sys/types.h>
5.  #include <sys/socket.h>
6.  #include <netinet/in.h>
7.  #include <arpa/inet.h>
8.  #include <netdb.h>
9.  int main(int argc, const char **argv)
10. {
11.     unsigned long addr;
12.     struct hostent *hp;
13.     char **p;
14.     if (argc != 2)
15.     {
16.         printf("usage: %s IP-address\n", argv[0]);
17.         exit (1);
18.     }
19.     if ((int)(addr = inet_addr(argv[1])) = = -1)
20.     {
21.         printf("IP-address must be of the form a.b.c.d\n");
22.         exit (2);
23.     }
24.     hp = gethostbyaddr((char *)&addr, sizeof (addr), AF_INET);
25.     if (hp = = NULL)
```

```
26.        {
27.            printf("host information for %s not found\n", argv[1]);
28.            exit (3);
29.        }
30.        for (p = hp->h_addr_list; *p != 0; p++)
31.        {
32.            struct in_addr in;
33.            char **q;
34.            memcpy(&in.s_addr, *p, sizeof (in.s_addr));
35.            printf("%s\t%s", inet_ntoa(in), hp->h_name);
36.            for (q = hp->h_aliases; *q != 0; q++)
37.                printf(" %s", *q);
38.            putchar('\n');
39.        }
40.    }
```

（2）编译

```
#gcc  -o  iptoname  iptoname.c
```

（3）运行

```
#./iptoname  127.0.0.1
```

（4）运行结果

```
127.0.0.1        localhost.localdomain localhost
```

4．获取本地及远端套接字地址信息

在面向连接的套接字编程过程中，通常会出现以下几种情况。

（1）客户端可以通过 bind 将本地地址和端口绑定在套接字上，但一般情况下可以不需要这么做，系统会在 connect 调用时自动加载本地 IP 和本地端口。

（2）服务器端调用 bind 时，如果对 IP 地址的参数设置为 INADDR_ANY，则表明自动加载本地的 IP 地址。

（3）调用 bind，但是端口位置设置为 0，即让系统选择相应端口。

在以上情况下，服务器端或客户端如果还要获取本地地址和端口，则可以使用 getsockname 通过套接字获取本地地址和端口。

另外，在面向连接的套接字编程过程中，可以通过 accept 获取对方的地址信息。如果已经建立连接了，则使用新的子进程处理数据通信，可以使用 getpeername 获取远端的套接字地址信息。

习　　题

1．用图示或文字描述面向连接的客户端和服务器端的编程过程。

2．用图示或文字描述面向无连接的客户端和服务器端的编程过程。

3．编程实现客户端向服务器端请求某文件内容功能，文件名由客户端发送给服务器端，服务器端收到后将对应文件的内容发给客户端，客户端保存该文件内容。

4．简述监听套接字和连接套接字的区别。

第12章 综合案例

12.1 Linux网络传输系统

12.1.1 构思

我们经常会接触到一些网络应用程序，如网络聊天程序等。下面将开发一个类似的系统，该系统运行于网络环境中。通信的双方可以互相传输数据，并可以将接收的数据保存到文件中。

1．项目功能

服务器端：可以通过多进程/多线程（应更侧重多线程）并发服务器方式与客户端通信。接收客户端连接后，显示客户端 IP，接收客户端发来的数据并显示到屏幕上，然后将该数据反转后发回客户端。如果客户端发来bye，则给客户端返回eyb信息后断开与客户端的连接。

客户端：与服务器端建立连接后，用户从键盘输入用户名和数据并发送给服务器端，然后接收服务器端发来的信息并显示到屏幕上。如果从键盘输入bye，则断开与服务器端的连接。另外，将建立连接、发送数据、接收数据、断开连接过程的时间及相关信息写入日志文件（日志文件名在连接建立成功后根据当前的用户名确定）。

2．本项目涉及的知识技能

Linux下项目开发工具：编辑器、编译器、调试器、Makefile等。

命令行参数：程序运行时客户端通过命令行参数指定服务器端IP。

时间：客户端文件名字定义为当前时间。

错误代码：对关键函数或系统调用要进行必要的错误判断处理。

进程、线程：服务器端要创建多进程/多线程与多个客户端进行通信。

文件：客户端将接收到的数据写入文件。

进程间通信：套接字网络编程，完成服务器端与客户端通信。

12.1.2 设计

1．程序结构设计

在数据传输过程中，为保证数据传输的可靠性，采用流式套接字，即TCP套接字。TCP套接字传输过程如图11.8所示。

由于服务器端可能要处理多个客户端请求，因此要采用多进程方式处理客户端问题。

2．程序数据设计（以多进程方式为例）

（1）服务器端

根据套接字编程过程，需要定义以下数据：

```
int listenfd, connfd; //前者为监听套接字描述符，后者为连接套接字描述符
struct sockaddr_in server; //服务器端地址结构
struct sockaddr_in client; //客户端地址结构
```

多进程编程需要定义以下数据：

```
pid_tpid;
```

与客户端进行数据传输，需要定义以下数据：

```
/*recvbuf 是接收数据缓冲区，sendbuf 是发送数据缓冲区，cli_name 保存客户端名字*/
charrecvbuf[MAXDATASIZE], sendbuf[MAXDATASIZE], cli_name[MAXDATASIZE];
```

（2）客户端

根据套接字编程过程，需要定义以下数据：

```
intsockfd;                    //套接字描述符
structsockaddr_in server;     //服务器端地址结构
```

与服务器端进行数据传输，需要定义以下数据：

```
/*recvbuf 是接收数据缓冲区，sendbuf 是发送数据缓冲区*/
char    sendline[MAXDATASIZE], recvline[MAXDATASIZE];
char cname[30]; //保存用户输入的名字
```

保存日志文件，需要定义以下数据：

```
char wtext[100]; //保存要写入文件的数据
time_t t1; //保存当前时间
struct tm *t2; //当前时间的结构体形式
intfd;//文件描述符
```

3．程序基本流程

服务器端流程图如图 12.1 所示，客户端流程图如图 12.2 所示。

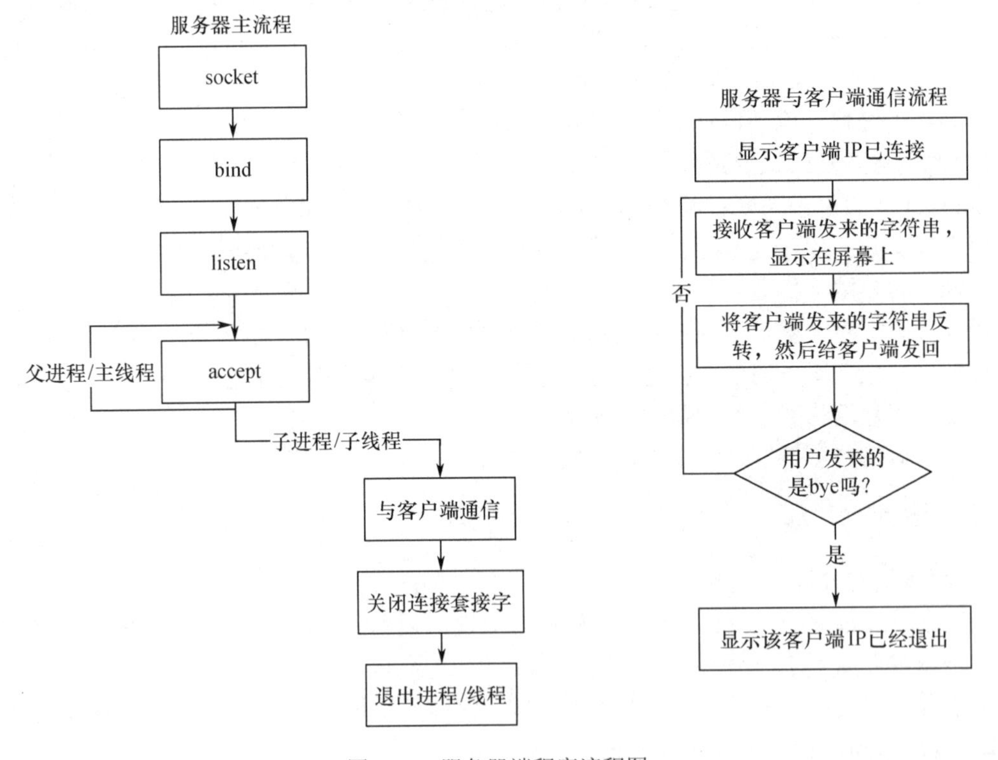

图 12.1　服务器端程序流程图

12.1.3　实施

1．源代码

根据分析，本案例源代码如下所示，保存在 nettran 目录中，如图 12.3 所示。

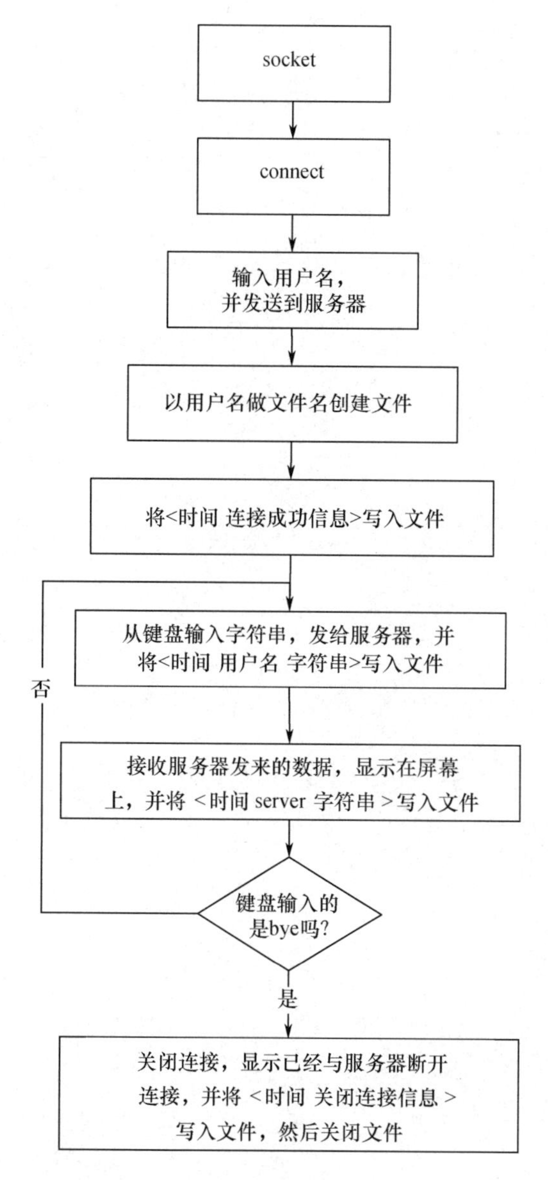

图 12.2　客户端程序流程图

```
[root@localhost nettran]# ls
client.c  makefile  server.c
```

图 12.3　nettran 目录中的文件

（1）服务器端（server.c）

```
//server.c
1.  #include <stdio.h>
2.  #include <strings.h>
3.  #include <unistd.h>
4.  #include <sys/types.h>
5.  #include <sys/socket.h>
6.  #include <netinet/in.h>
7.  #include <arpa/inet.h>
8.  #define PORT 1234
```

```
9.  #define BACKLOG 5
10. #define MAXDATASIZE 1000
11. void process_cli(int connfd, struct sockaddr_in client);
12. main()
13. {
14. int listenfd, connfd;
15. pid_t pid;
16. struct sockaddr_in server;
17. struct sockaddr_in client;
18. int len;
19. int opt = SO_REUSEADDR;
20.
21. if ((listenfd = socket(AF_INET, SOCK_STREAM, 0)) = = -1)
22. {
23. perror("socket");
24. exit(1);
25. }
26. setsockopt(listenfd, SOL_SOCKET, SO_REUSEADDR, &opt, sizeof(opt));
27. bzero(&server,sizeof(server));
28. server.sin_family=AF_INET;
29. server.sin_port=htons(PORT);
30. server.sin_addr.s_addr = htonl(INADDR_ANY);
31. if (bind(listenfd, (struct sockaddr *)&server, sizeof(server)) = = -1)
32. {
33. perror("bind");
34. exit(1);
35. }
36. if(listen(listenfd,BACKLOG) = = -1)
37. {
38. perror("listen");
39. exit(1);
40. }
41. len=sizeof(client);
42. while(1)
43. {
44. if ((connfd = accept(listenfd,(struct sockaddr *)&client,&len))= = -1)
45. {
46. perror("accept");
47. exit(1);
48. }
49. if ((pid=fork())>0)
50. {
51. close(connfd);
52. continue;
53. }
54. else if (pid= =0)
55. {
56. close(listenfd);
57. process_cli(connfd, client);
58. exit(0);
59. }
60. else
61. {
62. perror("fork");
```

```
63.  exit(0);
64.  }
65.  }
66.  close(listenfd);
67.  }
68.  void exchange(char *src,int num)
69.  {
70.  char c;
71.  int i;
72.  src[num-1]=0;
73.  num=num-1;
74.  printf("%d\n",num);
75.  for(i=0;i<num;i++)
76.  {
77.  c=src[i];
78.  src[i]=src[num-1];
79.  src[num-1]=c;
80.  num=num-1;
81.  if(num<=i)
82.  break;
83.  }
84.  }
85.  void process_cli(int connfd, struct sockaddr_in client)
86.  {
87.  int num;
88.  char exitflag=0;
89.  char recvbuf[MAXDATASIZE], sendbuf[MAXDATASIZE], cli_name[MAXDATASIZE];
90.  printf("got a connection from %s.\n",inet_ntoa(client.sin_addr) );
91.  num = recv(connfd, cli_name, MAXDATASIZE,0);
92.  if (num = = -1)
93.  {
94.  close(connfd);
95.  perror("recv");
96.  return;
97.  }
98.  cli_name[num - 1] = '\0';
99.  printf("%s client's name is %s.\n",inet_ntoa(client.sin_addr),cli_name);
100.  while (num = recv(connfd, recvbuf, MAXDATASIZE,0))
101.  {
102.  recvbuf[num] = '\0';
103.  printf("%s:%s",cli_name, recvbuf);
104.  if(strcmp(recvbuf,"bye")= =0)
105.  exitflag=1;
106.  exchange(recvbuf,num);
107.  send(connfd,recvbuf,num,0);
108.  if(exitflag= =1)
109.  break;
110.  }
111.  close(connfd);
112.  printf("client %s from %s    end.\n",cli_name,inet_ntoa(client.sin_addr));
113.  }
```

（2）客户端（client.c）

```
//client.c
1.  #include <stdio.h>
```

```
2.  #include <unistd.h>
3.  #include <strings.h>
4.  #include <sys/types.h>
5.  #include <sys/socket.h>
6.  #include <netinet/in.h>
7.  #include <netdb.h>
8.  #include <time.h>
9.  #include <fcntl.h>
10.  #define PORT 1234
11.  #define MAXDATASIZE 100
12.  void process(FILE *fp, int sockfd);
13.  char* getMessage(char* sendline,int len, FILE* fp);
14.  int main(int argc, char *argv[])
15.  {
16.  int sockfd;
17.  struct hostent *he;
18.  structsockaddr_in server;
19.  if (argc !=2)
20.  {
21.  printf("Usage: %s <IP Address>\n",argv[0]);
22.  exit(1);
23.  }
24.  if ((he=gethostbyname(argv[1]))= =NULL)
25.  {
26.  printf("gethostbyname() error\n");
27.  exit(1);
28.  }
29.  if ((sockfd=socket(AF_INET, SOCK_STREAM, 0))= = -1)
30.  {
31.  perror("socket");
32.  exit(1);
33.  }
34.  bzero(&server,sizeof(server));
35.  server.sin_family = AF_INET;
36.  server.sin_port = htons(PORT);
37.  server.sin_addr = *((structin_addr *)he->h_addr);
38.  if(connect(sockfd, (struct sockaddr *)&server,sizeof(server))= = -1)
39.  {
40.  perror("connect");
41.  exit(1);
42.  }
43.  process(stdin,sockfd);
44.  close(sockfd);
45.  }
46.  void writefile(int fd,char *str)
47.  {
48.  time_t t1;
49.  struct tm *t2;
50.  char wtext[100];
51.  t1=time(NULL);
52.  t2=localtime(&t1);
53.  sprintf(wtext,"%d-%d-%d-%d:%d:%d",t2->tm_year+1900,t2->tm_mon+1,t2->tm_mday,t2->tm_hour,
    t2->tm_min,t2->tm_sec);
54.  sprintf(wtext,"%s    %s\n",wtext,str);
```

```
55. write(fd,wtext,strlen(wtext));
56. }
57. void process(FILE *fp, int sockfd)
58. {
59. char    sendline[MAXDATASIZE], recvline[MAXDATASIZE];
60. int num;
61. int fd;
62. time_t    t1;
63. struct tm *t2;
64. char cname[30];
65. char tmp[100];
66. printf("Connected to server. \n");
67. printf("Input client's name : ");
68. if ( fgets(cname, 30, fp) = = NULL)
69. {
70. printf("\nExit.\n");
71. return;
72. }
73. send(sockfd, cname, strlen(cname),0);
74. cname[strlen(cname)-1]=0;
75. fd=open(cname,O_WRONLY|O_CREAT|O_APPEND,0644);
76. if(fd= = -1)
77. {
78. perror("open");
79. }
80. writefile(fd,"connection success");
81. while (getMessage(sendline, MAXDATASIZE, fp) != NULL)
82. {
83. send(sockfd, sendline, strlen(sendline),0);
84. sendline[strlen(sendline)-1]=0;
85. sprintf(tmp,"%s    :    %s",cname,sendline);
86. writefile(fd,tmp);
87. if ((num = recv(sockfd, recvline, MAXDATASIZE,0)) = = 0)
88. {
89. printf("Server terminated.\n");
90. return;
91. }
92. recvline[num]='\0';
93. printf("Server Message: %s\n",recvline);
94. sprintf(tmp,"server    :    %s",recvline);
95. writefile(fd,tmp);
96. if(strcmp(sendline,"bye")= =0)
97. break;
98. }
99. printf("\nExit.\n");
100.  writefile(fd,"close connection");
101.  }
102.  char* getMessage(char* sendline,int len, FILE* fp)
103.  {
104.  printf("Input string to server:");
105.  return(fgets(sendline, MAXDATASIZE, fp));
106.  }
```

```
//makefile
1.  SP=server
2.  C=client
3.  all:$(SP) $(C)
4.  $(SP):$(SP).c
5.  gcc $^  -o  $@
6.  $(C):$(C).c
7.  gcc $^  -o  $@
8.  clean:
9.  rm -f $(SP)  $(C)
```

2. 编译

编译程序命令：

```
make
```

12.1.4 运行

服务器端运行命令：

```
./server
```

客户端运行命令：

```
./client  127.0.0.1
```

服务器端和 3 个客户端的运行界面如图 12.4 所示。

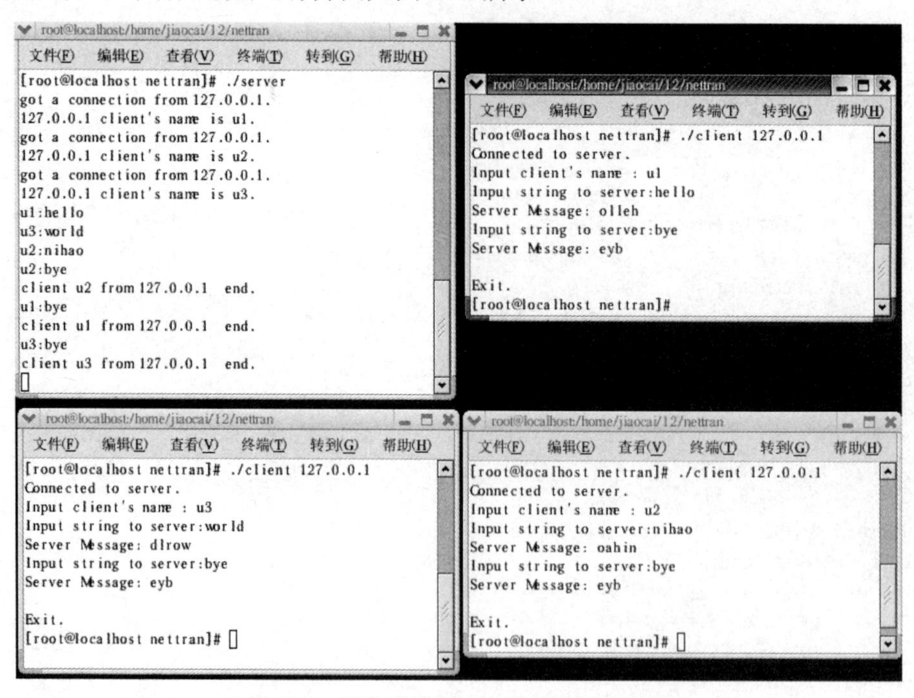

图 12.4　服务器端和 3 个客户端运行界面

客户端保存的日志文件内容如图 12.5 所示。

可以对该案例继续改造，实现两个客户端之间通过服务器端进行通信。两个客户端都与服务器端建立连接，它们通过服务器端互相传输数据。即一个客户端将数据先传输给服务器端，服务器端再将数据转发给另一个客户端。请读者根据给出的程序自行完成。

```
[root@localhost nettran]# cat u1
2011-5-13-21:3:13        connection success
2011-5-13-21:3:25        u1      :       hello
2011-5-13-21:3:25        server  :       olleh
2011-5-13-21:3:40        u1      :       bye
2011-5-13-21:3:40        server  :       eyb
2011-5-13-21:3:40        close connection
[root@localhost nettran]# cat u2
2011-5-13-21:3:19        connection success
2011-5-13-21:3:32        u2      :       nihao
2011-5-13-21:3:32        server  :       oahin
2011-5-13-21:3:34        u2      :       bye
2011-5-13-21:3:34        server  :       eyb
2011-5-13-21:3:34        close connection
[root@localhost nettran]# cat u3
2011-5-13-21:3:22        connection success
2011-5-13-21:3:29        u3      :       world
2011-5-13-21:3:29        server  :       dlrow
2011-5-13-21:3:43        u3      :       bye
2011-5-13-21:3:43        server  :       eyb
2011-5-13-21:3:43        close connection
[root@localhost nettran]#
```

图 12.5　客户端日志文件内容

12.2　简易的文件传输系统

12.2.1　构思

文件传输是在交互类软件中经常出现的功能，用户在交互通信的过程中往往需要传输文件，本案例就是一个简易的文件传输系统，完成多进程并发服务器与客户端进行文件列表查看、上传、下载的简易功能，类似 FTP 的上传和下载。

服务器端等待用户连接，等待客户端连接后创建子进程，并在子进程中根据客户端输入的命令进行响应，如“ls”命令能显示服务器端进程所在目录文件，“get　文件名”命令将指定文件传输给客户端，“put　文件名”命令将从客户端接收文件，“exit”命令将断开与客户端的连接。

客户端与服务器端建立连接后，可以通过“ls”、“get　文件名”、“put　文件名”、“exit”命令与服务器端进行交互。

12.2.2　设计

1．程序结构设计

在数据传输过程中，为保证数据传输的可靠性，采用流式套接字，即 TCP 套接字。TCP 套接字传输过程如图 11.8 所示。

由于服务器端可能要处理多个客户端请求，因此要采用多进程方式处理客户端问题。

2．程序数据设计（以多进程方式为例）

（1）服务器端

根据套接字编程过程，需要定义以下数据：

```
int listenfd, connfd; //前者为监听套接字描述符，后者为连接套接字描述符
struct sockaddr_in ser_addr; //服务器端地址结构
struct sockaddr_in cli_addr; //客户端地址结构
```

多进程编程，需要定义以下数据：

```
pid_t pid;//进程描述符
```

同时还定义了客户端处理过程函数：

```
void process_cli(int connfd, struct sockaddr_in client);
```

与客户端进行数据传输，需要获取客户端发来的命令，因此定义与命令相关的数据：

```
char cmd[MAXDATASIZE]; //用来保存用户发来的命令字符串
char    *cmds[64]; //将用户命令字符串进行解析，成为字符指针数组
```

同时为了处理用户的命令，还定义了 3 个处理函数：

```
void proc_ls(int);
void proc_get(int, char *);
void proc_put(int, char *);
```

（2）客户端

客户端需要获取用户输入的命令字符串，发给服务器，因此也需要定义与命令相关的字符数组：

```
char cmd[N];
```

为了处理用户与客户端交互的命令，定义了 4 个函数：

```
void proc_exit();
void proc_ls(struct sockaddr_in, char *);
void proc_get(struct sockaddr_in , char *);
void proc_put(struct sockaddr_in , char *);
```

3．程序基本流程

服务器端主流程图如图 12.6 所示，服务器端与客户端通信的过程如图 12.7 所示。

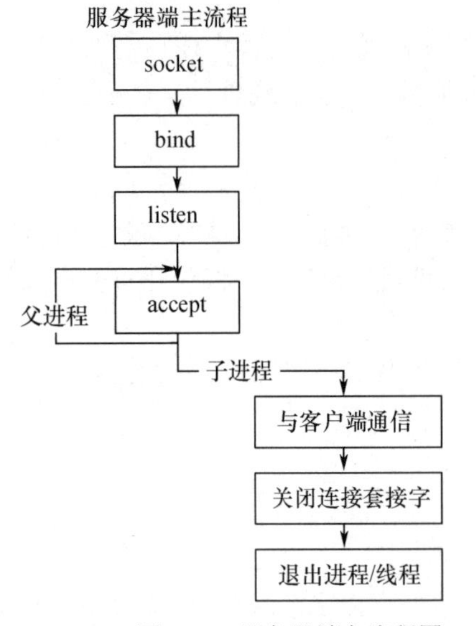

图 12.6　服务器端主流程图

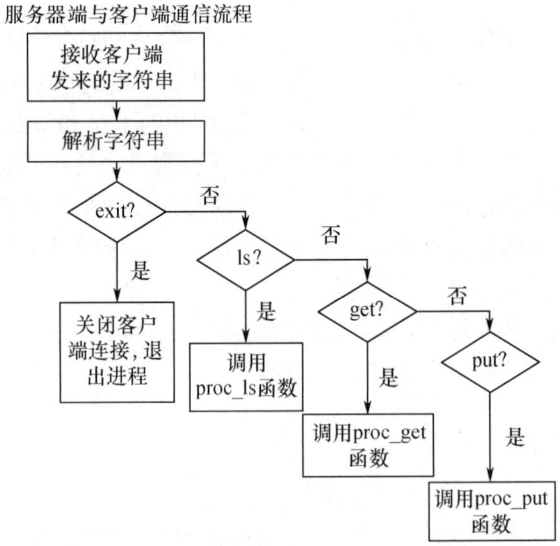

服务器端与客户端通信流程
接收客户端发来的字符串
解析字符串
exit?
否
是
关闭客户端连接，退出进程
ls?
调用proc_ls函数
get?
调用proc_get函数
put?
调用proc_put函数

图 12.7　服务器端与客户端通信的过程

客户端流程图如图 12.8 所示。

12.2.3　实施

1．源代码

根据分析，本案例源代码如下所示，保存在 filetran 目录中。

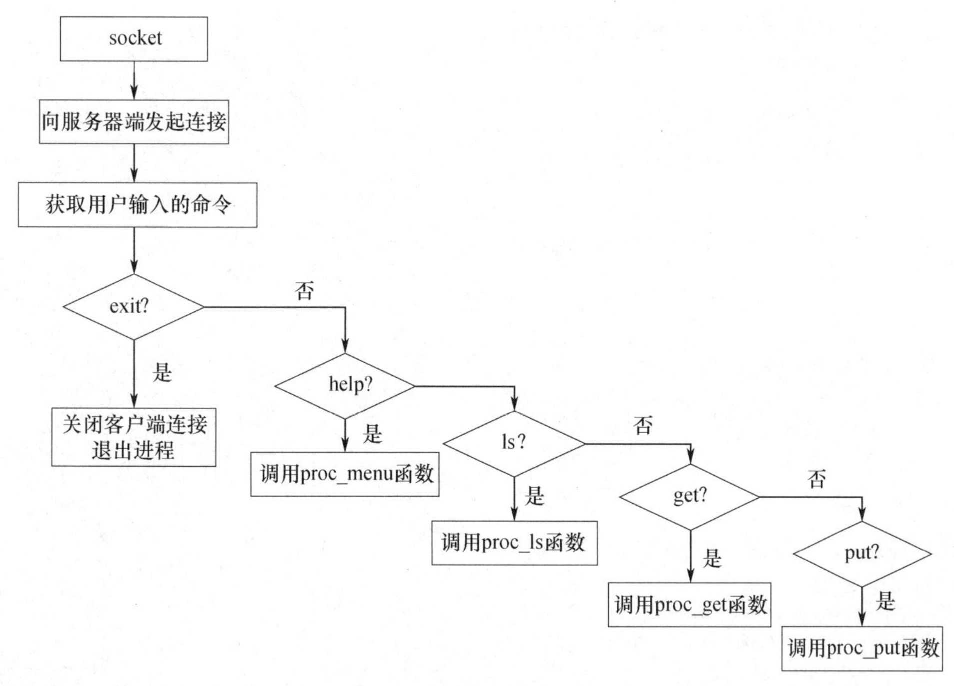

图 12.8 客户端流程图

（1）服务器端（server.c）

```
    //server.c
1.  #include <stdio.h>
2.  #include <stdlib.h>
3.  #include <unistd.h>
4.  #include <string.h>
5.  #include <sys/types.h>
6.  #include <sys/socket.h>
7.  #include <arpa/inet.h>
8.  #include <dirent.h>
9.  #include <fcntl.h>
10.
11.  #define MAXDATASIZE 128
12.  #define PORT 1235
13.  #define BACKLOG 5
14.
15.  void process_cli(intconnfd, structsockaddr_in client);
16.  void proc_ls(int);
17.  void proc_get(int, char *);
18.  void proc_put(int, char *);
19.
20.  int main(int arg, char *argv[ ])
21.  {
22.      int listenfd,connfd;
23.      struct sockaddr_in ser_addr,cli_addr;
24.      int len;
25.      pid_t pid;
26.
27.      if((listenfd=socket(AF_INET, SOCK_STREAM, 0) ) < 0)
28.      {
```

```
29.             printf("Sokcet Error!\n");
30.             return -1;
31.         }
32.
33.         bzero(&ser_addr,sizeof(ser_addr));
34.         ser_addr.sin_family = AF_INET;
35.         ser_addr.sin_addr.s_addr = htonl(INADDR_ANY);
36.         ser_addr.sin_port = htons ( PORT );
37.
38.
39.
40.          if((bind(listenfd, (structsockaddr *)&ser_addr, sizeof(struct sockaddr_in))) < 0)
41.          {
42.             printf("Bind Error!\n");
43.             return -1;
44.          }
45.
46.          if(listen(listenfd, BACKLOG) < 0)
47.          {
48.               printf("Linsten Error!\n");
49.               return -1;
50.          }
51.
52.          bzero(&cli_addr, sizeof(cli_addr));
53.
54.          len=sizeof(struct sockaddr_in);
55.          while(1)
56.          {
57.               printf("------------------------\n");
58.
59.               if((connfd=accept(listenfd, (struct sockaddr *)&cli_addr, &len)) < 0)
60.               {
61.                     perror("accept");
62.                     exit(1);
63.               }
64.               if ((pid=fork())>0)
65.               {
66.                     close(connfd);
67.                     continue;
68.               }
69.               else if (pid= =0)
70.               {
71.                     close(listenfd);
72.                     process_cli(connfd, cli_addr);
73.                     exit(0);
74.               }
75.               else
76.               {
77.                     perror("fork");
78.                     exit(0);
79.               }
80.          }
81.          close(listenfd);
82.          return 0;
```

```
83.  }
84.
85.
86.  void process_cli(int connfd, struct sockaddr_in client)
87.  {
88.        char cmd[MAXDATASIZE];
89.        char   *cmds[64];
90.        int cmdnum,num;
91.
92.        bzero(cmd,MAXDATASIZE);
93.
94.        num = recv(connfd, cmd, MAXDATASIZE,0);
95.        if (num = = -1)
96.        {
97.        close(connfd);
98.        perror("recv");
99.        exit(1);
100.       }
101.       cmd[num - 1] = '\0';
102.       printf("%s command is %s.\n",inet_ntoa(client.sin_addr),cmd);
103.       cmdnum=parse(cmd, cmds);
104.       if(strcmp(cmds[0],"exit")= =0)
105.       {
106.         close(connfd);
107.       exit(0);
108.       }
109.       else if(strcmp(cmds[0],"ls")= =0)
110.       {
111.       proc_ls(connfd);
112.       }
113.       else if(strcmp(cmds[0],"get")= =0)
114.       {
115.       if(cmds[1]!=0)
116.          proc_get(connfd,cmds[1]);
117.     else
118.     {
119.          printf("error:get command missing filename\n");
120.          close(connfd);
121.     }
122.     }
123.     else if(strcmp(cmds[0],"put")= =0)
124.     {
125.     if(cmds[1]!=0)
126.          proc_put(connfd,cmds[1]);
127.     else
128.     {
129.          printf("error:put command missing filename\n");
130.          close(connfd);
131.     }
132.     }
133. }
134. int parse (char *buf, char **args)
135. {
136.     int num=0;
```

```
137.     while (*buf != '\0')
138.     {
139.        while((* buf = =' ')||(* buf = = '\t'||(*buf = = '\n')))
140.           *buf++ = '\0';
141.        *args++ = buf;
142.        ++num;
143.        while ((*buf!='\0')&&(* buf!=' ')&&(* buf!= '\t') && (*buf!= '\n'))
144.              buf ++;
145.     }
146.     *args = '\0';
147.     return num;
148. }
149.
150. void proc_ls(int sockfd)
151. {
152.        DIR * mydir =NULL;
153.        struct dirent *myitem = NULL;
154.        char cmd[MAXDATASIZE] ;
155.        bzero(cmd, MAXDATASIZE);
156.
157. if((mydir=opendir(".")) = = NULL)
158. {
159.        perror("opendir");
160.        exit(1);
161. }
162.
163. while((myitem = readdir(mydir)) != NULL)
164. {
165.        if(sprintf(cmd, myitem->d_name, MAXDATASIZE) < 0)
166.        {
167.              printf("Sprintf Error!\n");
168.              exit(1);
169.        }
170.
171.        if(write(sockfd, cmd, MAXDATASIZE) < 0 )
172.        {
173.              perror("write");
174.              exit(1);
175.        }
176.     }
177.     closedir(mydir);
178.     close(sockfd);
179.     return ;
180. }
181.
182. void proc_get(int sockfd, char *filename)
183. {
184.       int fd, nbytes;
185.       char buffer[MAXDATASIZE];
186.       bzero(buffer, MAXDATASIZE);
187.
188.       printf("get filename : [ %s ]\n",filename);
189.       if((fd=open(filename, O_RDONLY)) < 0)
190.       {
```

```
191.            perror("open");
192.            buffer[0]='N';
193.            if(write(sockfd, buffer, MAXDATASIZE) <0)
194.            {
195.                perror("proc_get write1");
196.                exit(1);
197.            }
198.            return ;
199.        }
200.
201.        buffer[0] = 'Y';
202.        if(write(sockfd, buffer, MAXDATASIZE) <0)
203.        {
204.            perror("proc_get write2");
205.            close(fd);
206.            exit(1);
207.        }
208.
209.        while((nbytes=read(fd, buffer, MAXDATASIZE)) > 0)
210.        {
211.            if(write(sockfd, buffer, nbytes) < 0)
212.            {
213.                perror("proc_get write3");
214.                close(fd);
215.                exit(1);
216.            }
217.        }
218.        close(fd);
219.        close(sockfd);
220.
221.        return ;
222.    }
223.
224.    void proc_put(int sockfd, char *filename)
225.    {
226.        int fd, nbytes;
227.        char buffer[MAXDATASIZE];
228.        bzero(buffer, MAXDATASIZE);
229.
230.        printf("get filename : [ %s ]\n",filename);
231.        if((fd=open(filename, O_WRONLY|O_CREAT|O_TRUNC, 0644)) < 0)
232.        {
233.            perror("open");
234.            return ;
235.        }
236.
237.        while((nbytes=read(sockfd, buffer, MAXDATASIZE)) > 0)
238.        {
239.            if(write(fd, buffer, nbytes) < 0)
240.            {
241.                perror("proc_put write");
242.                close(fd);
243.                exit(1);
244.            }
```

```
245.        }
246.        close(fd);
247.        close(sockfd);
248.
249.        return ;
250.}
```

（2）客户端（client.c）

```
    //client.c
1.  #include <stdio.h>
2.  #include <stdlib.h>
3.  #include <string.h>
4.  #include <unistd.h>
5.  #include <sys/types.h>
6.  #include <sys/socket.h>
7.  #include <arpa/inet.h>
8.  #include <netinet/in.h>
9.  #include <fcntl.h>
10.
11.  #define N 256
12.  #define PORT 1235
13.
14.  typedef struct sockaddr SA;
15.
16.  void proc_menu();
17.  void proc_exit();
18.  void proc_ls(struct sockaddr_in, char *);
19.  void proc_get(struct sockaddr_in , char *);
20.  void proc_put(struct sockaddr_in , char *);
21.
22.  int main(int argc, char *argv[])
23.  {
24.       char cmd[N];
25.       struct sockaddr_inaddr;
26.       int len;
27.
28.       proc_menu();
29.
30.       bzero(&addr, sizeof(addr));
31.       addr.sin_family = AF_INET;
32.       addr.sin_addr.s_addr = inet_addr("127.0.0.1");
33.       addr.sin_port = htons(PORT);
34.       len = sizeof(addr);
35.
36.       while(1)
37.       {
38.
39.            printf(">");
40.            bzero(cmd,N);
41.            if(fgets(cmd,N,stdin) = = NULL)
42.            {
43.                 printf("Fgets Error!\n");
44.                 return -1;
45.            }
46.
```

```
47.             cmd[strlen(cmd)-1]='\0';
48.
49.
50.             //printf("Input Command Is [ %s ]\n",cmd);
51.
52.
53.             if(strncmp(cmd,"help",4) = = 0)
54.             {
55.                 proc_menu();
56.             }else if(strncmp(cmd, "exit",4) = = 0)
57.             {
58.                 proc_exit(addr);
59.                 exit(0);
60.             }else if(strncmp(cmd, "ls" , 2) = = 0)
61.             {
62.                 proc_ls(addr, cmd);
63.             }else if(strncmp(cmd, "get" , 3) = = 0)
64.             {
65.                 proc_get(addr, cmd);
66.             }else if(strncmp(cmd, "put", 3) = =0 )
67.             {
68.                 proc_put(addr, cmd);
69.             }else
70.             {
71.                 printf("Command Is Error!Please Try Again!\n");
72.             }
73.
74.         }
75.         return 0;
76.  }
77.
78.  int parse (char *buf, char **args)
79.  {
80.         int num=0;
81.         while (*buf != '\0')
82.         {
83.                 while((* buf = =' ')||(* buf = = '\t'||(*buf = = '\n')))
84.                         *buf++ = '\0';
85.                 *args++ = buf;
86.                 ++num;
87.                 while ((*buf!='\0')&&(* buf!=' ')&&(* buf!= '\t') && (*buf!= '\n'))
88.                         buf ++;
89.         }
90.         *args = '\0';
91.         return num;
92.  }
93.
94.  void proc_menu()
95.  {
96.
97.         printf("\n----------------------------------------------------------------------\n");
98.         printf("|   help : show all commands                                          |\n");
99.         printf("|   exit  : exit                                                      |\n");
100.        printf("|   ls     : show the file name list on server                        |\n");
```

```
101.        printf("|   get filename: download file named filename from server     |\n");
102.        printf("|   put filename: upload file named filename to server         |\n");
103.        printf("----------------------------------------------------------------\n");
104.
105.        return;
106.    }
107.
108.    void proc_exit(struct sockaddr_inaddr)
109.    {int sockfd;
110.        printf("Byte!\n");
111.
112.
113.        if((sockfd=socket(AF_INET, SOCK_STREAM, 0)) < 0)
114.        {
115.            printf("Socket Error!\n");
116.            exit(1);
117.        }
118.
119.        if(connect(sockfd, (struct sockaddr *)&addr, sizeof(addr)) < 0)
120.        {
121.            printf("Connect Error!\n");
122.            exit(1);
123.        }
124.
125.        if(write(sockfd, "exit", N) < 0)
126.        {
127.            printf("Write Error!\n");
128.            exit(1);
129.        }
130.
131.
132.        close(sockfd);
133.        return;
134.    }
135.
136.    void proc_ls(struct sockaddr_in addr, char *cmd)
137.    {
138.        int sockfd;
139.
140.        if((sockfd=socket(AF_INET, SOCK_STREAM, 0)) < 0)
141.        {
142.            printf("Socket Error!\n");
143.            exit(1);
144.        }
145.
146.        if(connect(sockfd, (struct sockaddr *)&addr, sizeof(addr)) < 0)
147.        {
148.            printf("Connect Error!\n");
149.            exit(1);
150.        }
151.
152.        if(write(sockfd, cmd, N) < 0)
153.        {
154.            printf("Write Error!\n");
```

```
155.            exit(1);
156.        }
157.
158.        while(read(sockfd, cmd, N) > 0)
159.        {
160.            printf(" %s ",cmd);
161.        }
162.        printf("\n");
163.
164.        close(sockfd);
165.        return;
166.    }
167.
168.    void proc_get(struct sockaddr_in addr, char *cmd)
169.    {
170.        int fd;
171.        int sockfd;
172.        char buffer[N];
173.        int nbytes;
174.        char    *cmds[64];
175.        int cmdnum;
176.
177.        if((sockfd=socket(AF_INET, SOCK_STREAM, 0)) < 0)
178.        {
179.            printf("Socket Error!\n");
180.            exit(1);
181.        }
182.
183.        if(connect(sockfd, (struct sockaddr *)&addr, sizeof(addr)) < 0)
184.        {
185.            printf("Connect Error!\n");
186.            exit(1);
187.        }
188.
189.        if(write(sockfd, cmd, N) < 0)
190.        {
191.            printf("Write Error!A tproc_get 1\n");
192.            exit(1);
193.        }
194.
195.        if(read(sockfd, buffer, N) < 0)
196.        {
197.            printf("Read Error!A tproc_get 1\n");
198.            exit(1);
199.        }
200.
201.        if(buffer[0] = ='N')
202.        {
203.            close(sockfd);
204.            printf("Can't Open The File!\n");
205.            return;
206.        }
207.        cmdnum=parse(cmd, cmds);
208.        if((fd=open(cmds[1], O_WRONLY|O_CREAT|O_TRUNC, 0644)) < 0)
```

```
209.        {
210.            printf("Open Error!\n");
211.            exit(1);
212.        }
213.
214.        while((nbytes=read(sockfd, buffer, N)) > 0)
215.        {
216.            if(write(fd, buffer, nbytes) < 0)
217.            {
218.                printf("Write Error!A tproc_get 2");
219.            }
220.        }
221.        close(fd);
222.        close(sockfd);
223.        return ;
224.    }
225.    void proc_put(struct sockaddr_in addr, char *cmd)
226.    {
227.        int fd;
228.        int sockfd;
229.        char buffer[N];
230.        int nbytes;
231.        char    *cmds[64];
232.        int cmdnum;
233.
234.        if((sockfd=socket(AF_INET, SOCK_STREAM, 0)) < 0)
235.        {
236.            printf("Socket Error!\n");
237.            exit(1);
238.        }
239.
240.        if(connect(sockfd, (structsockaddr *)&addr, sizeof(addr)) < 0)
241.        {
242.            printf("Connect Error!\n");
243.            exit(1);
244.        }
245.
246.        if(write(sockfd, cmd, N)<0)
247.        {
248.            printf("Wrtie Error!At proc_put 1\n");
249.            exit(1);
250.        }
251.        cmdnum=parse(cmd, cmds);
252.
253.        if((fd=open(cmds[1], O_RDONLY)) < 0)
254.        {
255.            printf("Open Error!\n");
256.            exit(1);
257.        }
258.        while((nbytes=read(fd, buffer, N)) > 0)
259.        {
260.            if(write(sockfd, buffer, nbytes) < 0)
261.            {
262.                printf("Write Error!At proc_put 2");
```

```
263.                }
264.            }
265.            close(fd);
266.            close(sockfd);
267.            return;
268.    }
```

```
//makefile
DIR_SERVER=./serverfolder
DIR_CLIENT=./clientfolder

SP=$(DIR_SERVER)/server
C=$(DIR_CLIENT)/client

all:$(SP) $(C)

$(SP):$(SP).c
    gcc $^  -o  $@
$(C):$(C).c
    gcc $^  -o  $@

clean:
    rm -f $ (SP)  $(C)
```

2．编译

编译程序命令：

```
make
```

12.2.4 运行

服务器端运行命令（前提是已经将终端切换进入 serverfolder）：

```
./server
```

客户端运行命令（前提是已经将终端切换进入 clientfolder）：

```
./client
```

本案例中服务器端和客户端都在同一台机器中，而且服务器端的端口已经写在代码中，所以在客户端运行时没有指定 IP 和端口。

服务器端的某次可能的运行结果如下：

```
------------------------
127.0.0.1 command is ls.
------------------------
127.0.0.1 command is get aa.txt.
get filename : [ aa.txt ]
------------------------
127.0.0.1 command is put dd.txt.
get filename : [ dd.txt ]
------------------------
127.0.0.1 command is exit.
------------------------
```

客户端的某次可能的运行结果如下：

```
----------------------------------------------------------------------
|   help : show all commands                                          |
|   exit : exit                                                       |
```

```
|   ls      : show the file name list on server                   |
|   get filename: download file named filename from server |
|   put filename: upload file named filename to server        |
------------------------------------------------------------------------
>ls
server.c~ server server.cclientfolder    aa.txt~ .. . bb.txt    cc.txt    aa.txt
>get aa.txt
>put dd.txt
>help
------------------------------------------------------------------------
|   help : show all commands                                      |
|   exit : exit                                                   |
|   ls      : show the file name list on server                   |
|   get filename: download file named filename from server |
|   put filename: upload file named filename to server        |
------------------------------------------------------------------------
>exit
Byte!
```

习　题

1．使用多线程方式编程完成本章的综合案例。

2．对于“Linux 网络传输系统”编程实现两个客户端通过服务器端进行通信的功能。

3．对于“简易的文件传输系统”编程实现更多命令操作，如对服务器端子目录进行查看和下载、下载文件时可指定存放路径等。

附录 A　Linux 主要的系统调用

表 A.1　进程控制

名称	功能	名称	功能
*fork	创建一个新进程	prctl	对进程进行特定操作
clone	按指定条件创建子进程	ptrace	进程跟踪
*execve	运行可执行文件	sched_get_priority_max	取得静态优先级的上限
*exit	中止进程	sched_get_priority_min	取得静态优先级的下限
*_exit	立即中止当前进程	sched_getparam	取得进程的调度参数
getdtablesize	进程所能打开的最大文件数	sched_getscheduler	取得指定进程的调度策略
getpgid	获取指定进程组标识号	sched_rr_get_interval	取得按 RR 算法调度的实时进程的时间片长度
setpgid	设置指定进程组标志号	sched_setparam	设置进程的调度参数
getpgrp	获取当前进程组标识号	sched_setscheduler	设置指定进程的调度策略和参数
setpgrp	设置当前进程组标志号	sched_yield	进程主动让出处理器，并将自己等候调度队列队尾
*getpid	获取进程标识号	*vfork	创建一个子进程，以供执行新程序，常与 execve 等同时使用
*getppid	获取父进程标识号	*wait	等待子进程终止
getpriority	获取调度优先级	wait3	参见 wait
setpriority	设置调度优先级	*waitpid	等待指定子进程终止
modify_ldt	读写进程的本地描述表	wait4	参见 waitpid
nanosleep	使进程睡眠指定的时间	capget	获取进程权限
nice	改变分时进程的优先级	capset	设置进程权限
*pause	挂起进程，等待信号	getsid	获取会话标识号
personality	设置进程运行域	setsid	设置会话标识号

表 A.2　文件操作

名称	功能	名称	功能
fcntl	文件控制	*lseek	移动文件指针
*open	打开文件	_llseek	在 64 位地址空间里移动文件指针

续表

名称	功能	名称	功能
*creat	创建新文件	*dup	复制已打开的文件描述符
*close	关闭文件描述符	*dup2	按指定条件复制文件描述符
*read	读文件	flock	文件加/解锁
*write	写文件	poll	I/O 多路转换
readv	从文件读入数据到缓冲数组中	*truncate	截短文件
writev	将缓冲数组里的数据写入文件	*ftruncate	参见 truncate
pread	对文件随机读	*umask	设置文件权限掩码
pwrite	对文件随机写	*fsync	把文件在内存中的部分写回磁盘

表 A.3　文件系统操作

名称	功能	名称	功能
access	确定文件的可存取性	getdents	读取目录项
*chdir	改变当前工作目录	*mkdir	创建目录
*fchdir	参见 chdir	mknod	创建索引节点
*chmod	改变文件方式	*rmdir	删除目录
*fchmod	参见 chmod	*rename	文件改名
*chown	改变文件的所有者或所属组	*link	创建链接
*fchown	参见 chown	*symlink	创建符号链接
*lchown	参见 chown	*unlink	删除链接
chroot	改变根目录	*readlink	读符号链接的值
*stat	取文件状态信息	mount	安装文件系统
*lstat	参见 stat	umount	卸载文件系统
*fstat	参见 stat	ustat	取文件系统信息
statfs	取文件系统信息	*utime	改变文件的访问修改时间
fstatfs	参见 statfs	utimes	参见 utime
*readdir	读取目录项	quotactl	控制磁盘配额

表 A.4　系统控制

名称	功能	名称	功能
ioctl	I/O 总控制	*alarm	设置进程的闹钟
_sysctl	读写系统参数	getitimer	获取计时器值
acct	启用或禁止进程记账	setitimer	设置计时器值
getrlimit	获取系统资源上限	gettimeofday	取时间和时区
setrlimit	设置系统资源上限	settimeofday	设置时间和时区
getrusage	获取系统资源使用情况	*stime	设置系统日期和时间
uselib	选择要使用的二进制函数库	*time	取得系统时间
ioperm	设置端口 I/O 权限	times	取得进程运行时间
iopl	改变进程 I/O 权限级别	uname	获取当前 UNIX 系统的名称、版本和主机等信息
outb	低级端口操作	vhangup	挂起当前终端
reboot	重新启动	nfsservctl	对 NFS 守护进程进行控制
swapon	打开交换文件和设备	vm86	进入模拟 8086 模式
swapoff	关闭交换文件和设备	create_module	创建可装载的模块项
bdflush	控制 bdflush 守护进程	delete_module	删除可装载的模块项
sysfs	取核心支持的文件系统类型	init_module	初始化模块
sysinfo	取得系统信息	query_module	查询模块信息
adjtimex	调整系统时钟	*get_kernel_syms	取得核心符号，已被 query_module 代替

表 A.5　内存管理

名称	功能	名称	功能
brk	改变数据段空间的分配	munmap	去除内存页映射
sbrk	参见 brk	mremap	重新映射虚拟内存地址
mlock	内存页面加锁	msync	将映射内存中的数据写回磁盘
munlock	内存页面解锁	mprotect	设置内存映像保护
mlockall	调用进程所有内存页面加锁	getpagesize	获取页面大小
munlockall	调用进程所有内存页面解锁	*sync	将内存缓冲区数据写回硬盘
mmap	映射虚拟内存页	cacheflush	将指定缓冲区中的内容写回磁盘

表 A.6　网络管理

名称	功能	名称	功能
getdomainname	取域名	sethostid	设置主机标识号
setdomainname	设置域名	*gethostname	获取本主机名称
gethostid	获取主机标识号	sethostname	设置主机名称

表 A.7　socket 控制

名称	功能	名称	功能
socketcall	socket 系统调用	*recvmsg	参见 recv
*socket	建立 socket	*listen	监听 socket 端口
*bind	绑定 socket 到端口	select	对多路同步 I/O 进行轮询
*connect	连接远程主机	*shutdown	关闭 socket 上的连接
*accept	响应 socket 连接请求	getsockname	取得本地 socket 名字
*send	通过 socket 发送信息	getpeername	获取通信对方的 socket 名字
*sendto	发送 UDP 信息	getsockopt	取端口设置
*sendmsg	参见 send	setsockopt	设置端口参数
*recv	通过 socket 接收信息	sendfile	在文件或端口间传输数据
*recvfrom	接收 UDP 信息	socketpair	创建一对已连接的无名 socket

表 A.8　用户管理

名称	功能	名称	功能
*getuid	获取用户标识号	setreuid	分别设置真实和有效的用户标识号
setuid	设置用户标识号	getresgid	分别获取真实的、有效的和保存过的组标识号
*getgid	获取组标识号	setresgid	分别设置真实的、有效的和保存过的组标识号
setgid	设置组标识号	getresuid	分别获取真实的、有效的和保存过的用户标识号
*getegid	获取有效组标识号	setresuid	分别设置真实的、有效的和保存过的用户标识号
setegid	设置有效组标识号	setfsgid	设置文件系统检查时使用的组标识号
*geteuid	获取有效用户标识号	setfsuid	设置文件系统检查时使用的用户标识号
seteuid	设置有效用户标识号	getgroups	获取后补组标识清单
setregid	分别设置真实和有效的组标识号	setgroups	设置后补组标识清单

表 A.9　进程间通信

名称	功能	名称	功能
ipc	进程间通信总控制调用	ssetmask	ANSI C 的信号处理函数，作用类似 sigaction
*sigaction	设置对指定信号的处理方法	msgctl	消息控制操作
sigprocmask	根据参数对信号集中的信号执行阻塞/解除阻塞等操作	msgget	获取消息队列
sigpending	为指定的被阻塞信号设置队列	msgsnd	发消息
sigsuspend	挂起进程等待特定信号	msgrcv	取消息
*signal	设置对指定信号的处理方法	pipe	创建管道

续表

名称	功能	名称	功能
*kill	向进程或进程组发信号	semctl	信号量控制
sigblock	向被阻塞信号掩码中添加信号，已被 sigprocmask 代替	semget	获取一组信号量
siggetmask	取得现有阻塞信号掩码，已被 sigprocmask 代替	semop	信号量操作
sigsetmask	用给定信号掩码替换现有阻塞信号掩码，已被 sigprocmask 代替	shmctl	控制共享内存
sigmask	将给定的信号转化为掩码，已被 sigprocmask 代替	shmget	获取共享内存
sigpause	作用同 sigsuspend，已被 sigsuspend 代替	shmat	连接共享内存
sigvec	为兼容 BSD 而设的信号处理函数，作用类似 sigaction	shmdt	拆卸共享内存

附录B　ASCII码

八进制数	十六进制数	十进制数	字符	八进制数	十六进制数	十进制数	字符
0	0	0	nul	41	21	33	!
1	1	1	soh	42	22	34	"
2	2	2	stx	43	23	35	#
3	3	3	etx	44	24	36	$
4	4	4	eot	45	25	37	%
5	5	5	enq	46	26	38	&
6	6	6	ack	47	27	39	`
7	7	7	bel	50	28	40	(
10	8	8	bs	51	29	41	)
11	9	9	ht	52	2a	42	*
12	0a	10	nl	53	2b	43	+
13	0b	11	vt	54	2c	44	,
14	0c	12	ff	55	2d	45	-
15	0d	13	er	56	2e	46	.
16	0e	14	so	57	2f	47	/
17	0f	15	si	60	30	48	0
20	10	16	dle	61	31	49	1
21	11	17	dc1	62	32	50	2
22	12	18	dc2	63	33	51	3
23	13	19	dc3	64	34	52	4
24	14	20	dc4	65	35	53	5
25	15	21	nak	66	36	54	6
26	16	22	syn	67	37	55	7
27	17	23	etb	70	38	56	8
30	18	24	can	71	39	57	9
31	19	25	em	72	3a	58	:
32	1a	26	sub	73	3b	59	;
33	1b	27	esc	74	3c	60	<
34	1c	28	fs	75	3d	61	=
35	1d	29	gs	76	3e	62	>
36	1e	30	re	77	3f	63	?
37	1f	31	us	100	40	64	@
40	20	32	sp	101	41	65	A

续表

八进制数	十六进制数	十进制数	字符	八进制数	十六进制数	十进制数	字符
102	42	66	B	141	61	97	a
103	43	67	C	142	62	98	b
104	44	68	D	143	63	99	c
105	45	69	E	144	64	100	d
106	46	70	F	145	65	101	e
107	47	71	G	146	66	102	f
110	48	72	H	147	67	103	g
111	49	73	I	150	68	104	h
112	4a	74	J	151	69	105	i
113	4b	75	K	152	6a	106	j
114	4c	76	L	153	6b	107	k
115	4d	77	M	154	6c	108	l
116	4e	78	N	155	6d	109	m
117	4f	79	O	156	6e	110	n
120	50	80	P	157	6f	111	o
121	51	81	Q	160	70	112	p
122	52	82	R	161	71	113	q
123	53	83	S	162	72	114	r
124	54	84	T	163	73	115	s
125	55	85	U	164	74	116	t
126	56	86	V	165	75	117	u
127	57	87	W	166	76	118	v
130	58	88	X	167	77	119	w
131	59	89	Y	170	78	120	x
132	5a	90	Z	171	79	121	y
133	5b	91	[	172	7a	122	z
134	5c	92	\	173	7b	123	{
135	5d	93	]	174	7c	124	|
136	5e	94	^	175	7d	125	}
137	5f	95	–	176	7e	126	~
140	60	96	'	177	7f	127	del

参 考 文 献

[1] DANIEL P．BOVET，MARCO CESATI．深入理解 Linux 内核（第 3 版）[M]．北京：中国电力出版社，2007．

[2] Kay A．Robbins，Sreven Robbins．UNIX 系统编程（英文版）[M]．北京：人民邮电出版社，2006．

[3] W．Richard Stevens，Stephen A．Rago．UNIX 环境高级编程（英文版）（第 2 版）[M]．北京：人民邮电出版社，2006．

[4] Bruce Molay．Unix/Linux 编程实践教程[M]．北京：清华大学出版社，2004．

[5] Robert Love．Linux 内核设计与实现（英文版）（第 2 版）[M]．北京：机械工业出版社，2006．

[6] Mark G．Sobell．Linux 命令、编辑器与 Shell 编程[M]．北京：清华大学出版社，2007．

[7] Neil Matthew，Richard Stones．Linux 程序设计（第 3 版）[M]．北京：人民邮电出版社，2007．

[8] Jon Masters，Richard Blum．Linux 高级程序设计[M]．北京：人民邮电出版社，2008．

[9] DAVID TANSLEY．LINUX 与 UNIX．SHELL 编程指南[M]．北京：机械工业出版社，2000．

[10] W．Richard Stevens．UNIX 网络编程[M]．北京：机械工业出版社，2004．

[11] Maurice J．Bach．UNIX 操作系统设计(英文版)[M]．北京：人民邮电出版社，2003．

[12] Abraham Silberschatz，Peter Bae Galvin，Greg Gagne．操作系统概念(第 6 版)（翻译版)[M]．北京：高等教育出版社，2004．

[13] Andrew S．Tanenbaum．现代操作系统（第 2 版）[M]．北京：机械工业出版社，2005．

[14] 甘刚．Linux/UNIX 网络编程[M]．北京：中国水利水电出版社，2008．

[15] AMIR AFZAL．UNIX 初级教程(第五版)[M]．北京：电子工业出版社，2008．

[16] SARWAR，AL-SAQABI．LINUX & UNIX 程序开发基础教程[M]．北京：清华大学出版社，2004．

[17] 陈莉君，康华．LINUX 操作系统原理与应用[M]．北京：清华大学出版社，2006．

[18] RICHARD PETERSEN．LINUX 完全参考手册[M]．北京：机械工业出版社，2009．

[19] 杨树青，王欢．LINUX 环境下 C 编程指南[M]．北京：清华大学出版社，2007．

[20] The IEEE and The Open Group．The Open Group Base Specifications Issue 6 IEEE Std 1003．1（2004 Edition）[EB/OL]．http://pubs.opengroup.org/onlinepubs/009695399．

[21] Richard Stallman，Roland Pesch，Stan Shebs，et al．Debugging with GDB[M]．the Free Software Foundation，2006．

[22] Richard M．Stallman and the GCC Developer Community．Using the GNU Compiler Collection[M]．GNU Press，2003．

[23] Solaris Internals．Solaris 内核结构（第 2 版）[M]．北京：机械工业出版社，2007．

[24] 谢蓉．Linux 基础及应用[M]．北京：中国铁道出版社，2008．

反侵权盗版声明

举报电话：（010）88254396；（010）88258888

传　　真：（010）88254397

E-mail：　dbqq@phei.com.cn

通信地址：北京市万寿路 173 信箱

　　　　　电子工业出版社总编办公室

邮　　编：100036